话说二十四节气

立春 雨水 惊蛰 春分 清明 谷雨
立夏 小满 芒种 夏至 小暑 大暑
立秋 处暑 白露 秋分 寒露 霜降
立冬 小雪 大雪 冬至 小寒 大寒

韩露 安焕章 编著

中国社会科学出版社

图书在版编目（CIP）数据

话说二十四节气／韩露，安焕章编著．—北京：中国社会科学出版社，2019.8（2019.11 重印）
（“一带一路”民间文化探源丛书）
ISBN 978－7－5203－4454－8

Ⅰ．①话…　Ⅱ．①韩…　②安…　Ⅲ．①二十四节气—介绍
Ⅳ．①P462

中国版本图书馆 CIP 数据核字（2019）第 094435 号

出 版 人　赵剑英
责任编辑　耿晓明
特约编辑　吴丽平
责任校对　李　剑
责任印制　李寡寡

出　　版　中国社会科学出版社
社　　址　北京鼓楼西大街甲 158 号
邮　　编　100720
网　　址　http://www.csspw.cn
发 行 部　010－84083685
门 市 部　010－84029450
经　　销　新华书店及其他书店

印刷装订　北京明恒达印务有限公司
版　　次　2019 年 8 月第 1 版
印　　次　2019 年 11 月第 2 次印刷

开　　本　710×1000　1/16
印　　张　30.75
插　　页　2
字　　数　351 千字
定　　价　158.00 元

凡购买中国社会科学出版社图书，如有质量问题请与本社营销中心联系调换
电话：010－84083683

《“一带一路”民间文化探源丛书》
编　委　会

目　录

话说二十四节气

第一篇

二十四节气历同太阴历构成了阴阳合历

一 日出日落的奥秘

毛泽东有诗云："坐地日行八万里，巡天遥看一千河。"是说坐在地球上一昼夜旅行八万里，远远地看到无数星河。八万里，这是地球自转一周的里程；如果绕太阳转上一圈，即地球公转一周，那就需要三百六十五又四分之一个八万里了。在哥白尼的地动说没传到中国以前，中国人直观看到的是日出日落，认为太阳在日复一日、月复一月、年复一年地东升西落绕着地球运转，而且中国人还在想象中勾勒出太阳绕地而行的轨道，且命其名曰"黄道"。这个大圆圈有360°，而太阳在黄道上的位置要用黄经度量。太阳完成在黄道运转所需之时日同地球绕太阳公转一周所需时日完全一致，也是需要三百六十五又四分之一日的。

这有点像我们从深圳乘客运专线去北京，我们觉得坐在车上一动没动，可打开车窗向外望，山川河流、城市乡村、森林原野飞闪而退去。不过我们这里所乘的车不是别的，而是地球，在我们的直观上感到的只是地球不动而日月飞速逝去。就这样，我们就不能不深深地感到光阴似箭，日月如梭，连威赫千古的汉武大帝也不得不发出“少壮几时兮奈老何”的慨叹了。

二　二十四节气与太阴历的龃龉与和谐

所谓二十四节气，不过就是依太阳在黄道中的位置（黄经）将全年划分成二十四个段落。巧的是，中国古人想象中的黄道竟是地球绕太阳公转一周所需的里程，所费的时日是完全重合的，也就是说，依太阳在黄道中的位置，将全年划分为二十四段落，也即是将地球全年在公转中的位置，分为二十四个段落。如此，我们可以说，中国的二十四节气历就是阳历（太阳历），也即今日人们所称的公历。那么，我们看到二十四节气在阳历的哪一月哪一天是基本固定的，就毫不足怪了。

二十四节气包括雨水、春分等十二个“中”气，立春、惊蛰等十二个“节”气，统称二十四节气，以节气开始的一日为节名，则各月的“中”气必在农历该月出现（如雨水必在正月出现）。二十四节气表明气候变化和农事季节，这是我国传统历法太阴历（又称夏历、农历、旧历）的重要特征。这也算是中国传统文化一个伟大创造。

季	月份	节气	日期
春	正月节	立春 315°	2 月 3 日至 5 日
	正月中	雨水 330°	2 月 18 日至 20 日
	二月节	惊蛰 345°	3 月 5 日至 7 日
	二月中	春分 0°	3 月 20 日至 22 日
	三月节	清明 15°	4 月 4 日至 6 日
	三月中	谷雨 30°	4 月 19 日至 21 日
夏	四月节	立夏 45°	5 月 5 日至 7 日
	四月中	小满 60°	5 月 20 日至 22 日
	五月节	芒种 75°	6 月 5 日至 7 日
	五月中	夏至 90°	6 月 21 日至 22 日
	六月节	小暑 105°	7 月 6 日至 8 日
	六月中	大暑 120°	7 月 22 日至 24 日
秋	七月节	立秋 135°	8 月 7 日至 9 日
	七月中	处暑 150°	8 月 22 日至 24 日
	八月节	白露 165°	9 月 7 日至 9 日
	八月中	秋分 180°	9 月 22 日至 24 日
	九月节	寒露 195°	10 月 8 日至 9 日
	九月中	霜降 210°	10 月 23 日至 24 日
冬	十月节	立冬 225°	11 月 7 日至 8 日
	十月中	小雪 240°	11 月 22 日至 23 日
	十一月节	大雪 255°	12 月 6 日至 7 日
	十一月中	冬至 270°	12 月 21 日至 23 日
	十二月节	小寒 285°	1 月 5 日至 7 日
	十二月中	大寒 300°	1 月 20 日至 21 日

但是，中国的传统历法太阴历却不是以将黄道划分为长短不等的十二个段落计算月份的，而是以人们从地球上所观察到的月亮盈亏变化的周期来定月份的，即将所谓的朔望月（29 日 12 小时 44 分 2.8 秒）算作一个月，大月有 30 天，小月只有 29 天，一年是 354 天或 355 天，同二十四节气历，即阳历相比还差 10 日 21 时。如果不及时调整，总会有一天使得阴历的十冬腊月摇大扇，五黄六月下大雪。

怎样使太阴历同二十四节气相合无间，和谐搭配，早在五六千年前，我们的先人就想好了。《尚书·尧典》说："期三百有六，旬有六日，以闰月定四时，成岁"（一周年是三百六十六天，要用加闰月的办法确定春夏秋冬而成一岁）。就这样，在十九年里设置七个闰月，有闰月的年份全年 383 天或 384 天，不过闰月的月份没有"中"气罢了。这样平均一下，阴历的一年不仍是同阳历一样是 365 天 5 时 48 分 26 秒吗！

中国的传统历法阴历不纯粹是阴历，而是阴阳历，它既重视月亮盈亏的变化，又照顾寒暑节气，同二十四节气历协调配合，而二十四节气历又同阳历有着惊人的一致，年月长度均依天象而定。看来，将中国的传统历法称作阴阳合历也是有一定依据的！

二十四节气被记录在案，最早见于两千一百三十多年前淮南王刘安所领导编撰的《淮南子》一书的《天文训》，而节气名称的确定肯定要比这更早一些。对时令节气的认识应是从中国古代社会踏入文明时代的门槛，神农氏创造原始农业时，就开始了吧！

第二篇

二十四节气之源与流

一　踏入文明时代的门槛

中华民族同世界其他民族一样，是从母系氏族社会的结束，告别“只知其母不知其父”的时代，随着一夫一妻婚姻制家庭的出现，才踏入古代文明时代的门槛的。这里有一个传说人物，是必须要提及的，那就是伏羲氏。

据说，伏羲氏，长着一颗蛇的脑袋，人的身子。古书说他“象日月之明，谓之太昊”。还说他都于陈。陈就是后世的陈州，即今日的河南省淮阳县，那里有太昊陵，称太昊之墟。画卦台在太昊陵北。伏羲氏，“仰则观象于天，俯观法于地，观鸟兽之文，与地之宜，近取诸身，远取诸物，于是始作八卦”。至于组成八卦的阴（--）阳（—）两种符号，有人说起源于绳结或绳，也有人说源于人与动物的生殖器。据说伏羲就用这阴、阳两种符号，画出了八卦：乾☰、坤☷，震☳，艮☶，离☲，坎☵，兑☱，巽☴，分别代表天、地、雷、山、火、水、泽与风八种事物。上古结绳而治，而八卦之“始作”，则宣告了绳治时代的结束。他同时“象法乾坤，以正父子、君臣、夫妇之义”。《易·序卦》也说：有天地然后有万物，然后有男女，有男女然后有夫妇，然后才可能有所谓父子君臣，也就是说一夫一妻制家庭从对偶婚家庭发展变化而来，跟着而来的是母系社会的土崩瓦解，人们不再知其母而不知其父了，私有观念、私有制就这样在原始共产社会的母体内产生，并逐渐滋长起来，而最终造成原始共产社会的全面崩溃，出现了阶级，出现了人类历史上第一个人压迫人剥削人的社会——奴隶社会。但人们毕竟踏入了文明时代的门槛，这也算是社会的一种进步吧！

当以母亲为中心的对偶婚即排除了父母与子女之间的婚姻制度，以父亲为中心的个体婚制出现了，这时就出现了以男权为中心的原始氏族社会，而伏羲可以说是原始氏族社会第一个代表人物。可是当时人们的生活仍然停留在“茹毛饮血而衣皮革”的阶段。后来据说又出现了燧人氏，他钻木取火并教人用火，人们这才进入了吃熟食的发展阶段，也就在这个阶段，人们开始考虑在合适的时间采用有效的办法，用绳子结网，在陆地上抓起了禽兽，在水里捉起鱼来了，而且男女结婚也用两张鹿皮作嫁娶的礼仪。这就是古书上说的“度时制宜，作为网罟，以佃以渔，制嫁娶以俪皮为礼”了。

二　神农氏，农之神也

对时令节气的认知与利用，是从人们对可食植物果实种子的采集，变化为对这些植物的种植开始的，也即原始农业的产生与发展，促成了人们对此的认知与利用，而这又是一个以千年甚至万年来计算的过程。

民以食为天，人们对原始农业的创造者充满了崇敬之情，以之为神，神农氏这个非人非神的形象也就是这样创造出来的。

据说，神农氏，姓姜，因为他长于姜水，他有着人的身子，却长着一颗牛的脑袋。那时候，人民的日常生活吃的是野菜，喝的是生水。同时采集野杏树、野梨树的果实做食物，还吃些河蚌、腥鱼的肉，人民因此患病、中毒而受伤害的不少。神农氏看到人民众多，禽兽却越猎越少，捕捉难，蓄养也不易，不得不另外寻求可以填饱肚子的东西，他对土地的干燥与潮湿，肥沃与瘠薄、地势的高低与平坦之别，做了仔细的察看，依仗寒暖炎凉的时令变化，从土地能生的万物分得利益，引导人民种稻子、麦子、黍子、谷子、豆子等，神农氏怎么知道这些可种呢？传说是得到了上天的帮助，天下雨了，可下的不是雨水，而是五谷的种子，这样神农才带领大家翻地将五谷的种子种下了。

古书有云："作陶冶斧斤，为耒耜锄耨，以垦草莽，然后五谷兴，以助果蓏而食之。"意思是说，神农氏还烧制陶器，制作刀斧之类的工具，还创造了木质的用于翻土的农具耒耜，这大概是最原始的锹、锨，或者是最原始的犁与铧吧。这样有了农具又能深耕又能除草，就可以开垦更多的荒地，农业生产就这样开始发展起来，人民的食谱上不仅有野果野菜，更有五谷可食了。

神农氏不但创造了原始的农业，并且在医药的原始初创方面也作出了不可磨灭的贡献。他"又尝百草酸碱之味，察水泉的甘苦，令民知所避就。当此之时，一日而遇七十毒"，然而都被他"神而化之"，也即被他神奇地化解掉了。

民无食，神农予之；民病疾，神农医之。这就是中华民族传说中被称为炎帝的神农氏。

既然要种植五谷，助果蓏而食之，就得弄明白下种、锄耨、成熟及收割的时令季节，弄明白天气的阴晴风雨及寒暖凉热的变化同五谷种植实践的关系，但是那时的人们对此还处于感性的经验认识阶段，还不可能经过长期反复地观察、测试、体验、总结，由感性经验上升到理性认知，成为一种规律性的科学理论，但原始的农业既已被开创，对大自然规律的探讨也同时开始了。

这不就是一个伟大的开端吗！

三　仰理天文，历律初张的黄帝

从社会发展的历史而论，伏羲氏画八卦、明夫妇之义作为标志的一夫一妻制家庭将逐渐代替对偶婚制家庭，父系制家庭已经或正在代替母系制家庭，社会已经或正在脱离野蛮与蒙昧，跨进了文明时代的门槛。而到黄帝、颛顼、帝喾、尧、舜的时代，这一两千年则已是原始共产社会的末期了，随着农业生产的逐渐发展而有了剩余，私有观念、私有制已在原始共产社会的母体内悄然诞生，并渐渐长大，到以夏传子、家天下这一事件为标志，以奴隶主与奴隶对立的第一个阶级社会就在中国上下五千年的文明史上宣告诞生了。

中华五千年文明的源头在哪里？在炎黄二帝，尤其是黄帝被称为“人文始祖”。的确，黄帝及其时代对中华文明的贡献，具有开创性的意义。

《史记·五帝本纪》说：

黄帝，少典族的子孙，姓公孙，名叫轩辕。生下来就显出神灵，七十天内就能讲话，年少的时候就能心智周遍而且口才敏捷，长大后就敦厚机敏，二十岁成年时就见多识广对事明辨了。

轩辕之时，神农氏的子孙后代道德衰薄，各地方的诸侯互相侵犯攻伐，祸害黎民，可是神农氏没有能力征讨他们。这种情况下轩辕就时常动用军事力量，去征讨诸侯中不来朝奉的人，四方诸侯所以都来称臣归顺。但蚩尤最是残暴，还没有谁能去讨伐他。

炎帝想侵犯凌辱诸侯，四方诸侯都来归服轩辕。轩辕就修治德政，整肃军旅，顺应四时五方的自然气象，种植黍、稷、菽、麦、稻等农作物，抚慰民众，丈量四方的土地使他们安居，教导以熊、罴、貔、貙、虎为图腾的氏族习武，来和炎帝在阪泉的郊野作战，经过几番战斗，黄帝就实现了征服炎帝的愿望。

蚩尤发动叛乱，不服从黄帝的命令。于是黄帝就向四方诸侯会集军队和蚩尤在涿鹿的郊野进行战斗，最终捕获并杀死了蚩尤。这样四方诸侯都尊崇轩辕做天子，代替神农氏，这就是黄帝。①

---

① 参见《文白对照全注全译〈史记〉》第一卷，第21—22页，其原文为："黄帝者，少典之子，姓公孙，名曰轩辕，生而神灵，弱而能言，幼而徇齐，长而敦敏，成而聪明。"

"轩辕之时，神农氏世衰。诸侯相侵伐，暴虐百姓，而神农氏弗能征。于是轩辕乃习用干戈，以征不享。诸侯咸来宾从。而蚩尤最为暴，莫能伐。炎帝欲侵陵诸侯，诸侯咸归轩辕。轩辕乃修德振兵，治五气，艺五种，抚万民，度四方，教熊罴貔貅貙虎以与炎帝战于阪泉之野。三战，然后得其志。蚩尤作乱，不用帝命。于是黄帝乃征师诸侯，与蚩尤战于涿鹿之野，遂禽杀蚩尤。而诸侯咸尊轩辕为天子，代神农氏，是为黄帝。"

2014年夏历3月3日祭黄大典，由全国人大原副委员长、中华炎黄文化研究会会长许嘉璐先生宣读祭文，其对黄帝为中华文明作出的贡献作出了全面深刻的评价。文说：

黄帝“夙夜匪懈，明德馨香。菽水藜藿，率众农桑。制陶版筑，建室兴堂。肇作礼乐，声歌喤喤。仰理天文，历律初张。乃造舟车，巡狩四方。划野分州，仁覆八荒。事则躬亲，选贤举良。百官廉俭，民风和祥。上承天道，立刑建纲。华夏归心，协和万邦”。

我们在这里要特别注意的是“仰理天文，历律初张”八个字，众多的古老典籍也屡屡说：“其师大挠，探五行之情，占斗纲所建，始作甲子。甲乙谓之干，子丑为之枝，枝干相配以名日。”大挠（或作“桡”）这位黄帝的“师”可真了不得，他探讨五行变化推演的实情，推算北斗运转所带来的四时及月份的变化，用初昏时斗柄（玉衡、开阳、摇光三星）所指的方向来确定季节，斗柄东指是春天，南指是夏天，西指是秋天，北指是冬天，也用斗柄所指确定一年十二个月份。

“始作甲子”，这的确是一个了不起的创造，十天干，十二地支，《史记》称十干为十母，十二支为十二子，又简称干支。

从历史的发展来看，大概是先创造十干，再创造十二支，然后再母子相配称作“甲子”。十干，早在公元前1600—前1046年这554年的殷商时期，便已出现了干支甲子的具体运用。十干首先被用于商王朝世系的帝号，如成汤名天乙，其子叫大丁、中丙、中壬，孙子名大甲，昏暴的殷纣王名号曰帝辛。而干支相配不但可以名日，并且可名月、年，甚至再细一点可以名一日之辰。这就表明干支的产生同“历律”之“初张”，其关系是甚为密切的。

十天干指甲、乙、丙、丁、戊、己、庚、辛、壬、癸。

但到后来，在《黄帝内经·素问》的传疏《素问·入式运气论奥、论十干》里，又依十干的位次先后奇偶将其分为阴阳：甲、丙、戊、庚、壬为阳，乙、丁、己、辛、癸为阴，并同五行配合起来：

甲乙同属木，甲为阳木，乙为阴木；

丙丁同属火，丙为阳火，丁为阴火；

戊己同属土，戊为阳土，己为阴土；

庚辛同属金，庚为阳金，辛为阴金；

壬癸同属水，壬为阳水，癸为阴水。

十干同方位：

甲乙东方木，丙丁南方火，戊己中央土，庚辛西方金，壬癸北方水。

十干同五季：

甲乙属春，丙丁属夏，戊己季夏，庚辛属秋，壬癸属冬。

十干同人体：

外五行——甲为头，乙为肩，丙为额，丁齿舌，戊己鼻面，庚为筋，辛为胸，壬为胫，癸为足，这是十干同身体。

内五行——甲胆，乙肝，丙小肠，丁心，戊胃，己脾，庚大肠，辛肺，壬膀胱，癸肾，单为腑，双为脏，这是十干同脏腑。

十二地支名为月，前面讲“月建”时已经略为提及。《尔雅·释天》将十天干用来纪年称作“岁阳”，那么十二地支就理所当然被称作“岁阴”了。

十二地支也可依位次先后及奇偶分为阴阳：子、寅、辰、午、申、戌为阳，丑、卯、巳、未、酉、亥为阴。

十二地支与五行：

寅卯属木，寅为阳木，卯为阴木；

巳午属火，午为阳火，巳为阴火；

申酉属金，申为阳金，酉为阴金；

子亥属水，子为阳水，亥为阴水。

辰戌丑未属土，辰戌为阳土，丑未为阴土。

十二地支与方位：

寅卯东方木，巳午南方火，申酉西方金，亥子北方水，辰戌丑未四季土。辰、戌、丑、未在每个季度的最后一个月。

十二地支与四季：

寅卯辰为春，巳午未为夏，申酉戌为秋，亥子丑为冬。

十二地支与脏腑：

寅为胆，卯为肝，巳为心，午小肠，戌辰胃，丑未脾，申大肠，酉肺，亥肾，子膀胱。

（附一）六十甲子次序表

甲子	乙丑	丙寅	丁卯	戊辰	己巳	庚午	辛未	壬申	癸酉
甲戌	乙亥	丙子	丁丑	戊寅	己卯	庚辰	辛巳	壬午	癸未
甲申	乙酉	丙戌	丁亥	戊子	己丑	庚寅	辛卯	壬辰	癸巳
甲午	乙未	丙申	丁酉	戊戌	己亥	庚子	辛丑	壬寅	癸卯
甲辰	乙巳	丙午	丁未	戊申	己酉	庚戌	辛亥	壬子	癸日
甲寅	乙卯	丙辰	丁巳	戊午	己未	庚申	辛酉	壬戌	癸亥

年上起月表

年 月	甲己	乙庚	丙辛	丁壬	戊癸
正月	丙寅	戊寅	庚寅	壬寅	甲寅
二月	丁卯	己卯	辛卯	癸卯	乙卯
三月	戊辰	庚辰	壬辰	甲辰	丙辰
四月	己巳	辛巳	癸巳	乙巳	丁巳
五月	庚午	己午	甲午	丙午	戊午
六月	辛未	癸未	乙未	丁未	己未
七月	壬申	甲申	丙申	戊申	庚申
八月	癸酉	乙酉	丁酉	己酉	辛酉
九月	甲戌	丙戌	戊戌	庚戌	壬戌
十月	乙亥	丁亥	己亥	辛亥	癸亥
冬月	丙子	戊子	庚子	壬子	甲子
腊月	丁丑	己丑	辛丑	癸丑	乙丑

注：凡逢甲年、己年，正月起丙寅，二月丁卯。其他如表所示。

日上起时表

年 月	甲己	乙庚	丙辛	丁壬	戊癸
子	甲子	丙子	戊子	庚子	壬子
丑	乙丑	丁丑	己丑	辛丑	癸丑
寅	丙寅	戊寅	庚寅	壬寅	甲寅
卯	丁卯	己卯	辛卯	癸	乙卯
辰	戊辰	庚辰	壬辰	甲辰	丙辰
巳	己巳	辛巳	癸巳	乙巳	丁巳
午	庚午	己午	甲午	丙午	戊午
未	辛未	癸未	乙未	丁未	己未
申	壬申	甲申	丙申	戊申	庚申
酉	癸酉	乙酉	丁酉	己酉	辛酉
戌	甲戌	丙戌	戊戌	庚戌	壬戌
亥	乙亥	丁亥	己亥	辛亥	癸亥

注：凡遇甲日、己日，子时起甲子，丑时是乙丑，其他如表所示。

后来又把地平圈分成十二个方位，分别用十二支来表示：正北方为子，东北方为丑、寅，正东方卯，东南方辰、巳，正南方午，西南方未、申，正西方酉，西北方戌、亥。夏历十一月黄昏时，斗柄指向北方子，十二月指向东北丑，正月指向东北寅，这样顺序指下去，到了下个十一月又指向北方子，循环不已。这就是古代历法中所说的十一月建子，十二月建丑，正月建寅等十二个月建，又称“斗建”。

“命容成造历，隶首作数。”《淮南子·修务训注》《颜氏家训·劝学篇》及《路史后纪二注》等古籍曾记述黄帝使羲和占日，常仪占月，史区占星，伶论造律历，大桡作甲子，隶首作算数，容成综此六术，而著调历。当然调历者不止容成一个，他只是专门负责这一工作的人罢了。至于“隶首作数”，数者，个十百千万，所以算数事物，是因为要顺性命之理，历算相通，这大概就是古籍所说的容成综此六术而制成调历的理由吧。

说到黄帝令伶伦造作律历，那“伶伦自大夏之西，阮隃之阴，取竹于嶰谿之谷，以生空窍厚均者，断两节间，长三寸九分吹之以为黄钟之宫，制十二筒以听凤凰之鸣，而刖十二律，其雄鸣为六，雌鸣亦六，以比黄钟之宫，生六律六吕，侯气之应，以立宫商之声。治阴阳之气，节四时之度，推律历之数”（《资治通鉴外纪》）。大意是说，伶伦从大夏泽的西方，来到昆仑山的北面，从嶰谿谷中取得竹子，选取竹管厚薄均匀的，取两节之间的部分，长度为三寸九分，并吹它作黄钟的宫调。在昆仑山下倾听凤凰的叫声来区别十二律。那雄凤凰鸣叫了六声，雌凤凰也鸣叫了六声，以此来比照黄钟宫调。只要符合黄钟这一宫调，就可以变出另一种音律来，这就是音律的本源。因此，黄钟宫的音调悠扬而平稳，洪亮而不哀伤。它作为宫调最尊贵，象征着大圣人的德行，能显明大贤人的功劳，所以奉献给祖庙，用来歌功颂德，世代不忘。因此黄钟产生林钟，林钟产生大吕，大吕产生夷则，夷则产生太簇，太簇产生南吕，南吕产生夹钟，夹钟产生无射，无射产生姑洗，姑洗产生应钟，应钟产生蕤宾。律管依次增长三分之一者生出上一音律，依次减去三分之一者生出下一音律。黄钟、大吕、太簇、夹钟、姑洗、中吕、蕤宾为上生，林钟、夷则、南吕、无射、应钟为下生。在大圣人把天下治理得最好的时代，天地间的云气会合成风。冬至、夏至时太阳在风中运行，由此产生十二律，所以仲冬冬至日短，产生黄钟、季冬产生大吕，孟春产生太簇，仲春产生夹钟，季春产生姑洗，孟夏产生仲吕，仲夏产生蕤宾、季夏产生林钟，孟秋产生夷则，仲秋产生南吕，季秋产生无射，孟冬产生应钟。天地间的风向气候与之相应。这样就可以确立宫商的音声，掌握阴阳之气的变化，节度春、夏、秋、冬四时之转变，推算出音律同历法之间规律性的关系了。

太史公（司马迁）曰："神农以前尚矣？盖黄帝者定星历，建立五行，起消息，正闰余。"（《史记·历书》）其大意是说：神农以前年代久远的历法说不清楚了。自黄帝起，开始根据星体的运行制定历法，建立了表示五个时节五气运行的五行，季节气候交替作物消长的阴阳，确定用余分设置闰月的方法。这里所说的“起消息”，是指乾坤阴阳二气之间的消长变化。如果以伏羲所设的“—”代表乾阳，“--”代表坤阴，六十四卦中的泰、大壮、需等十二卦，恰成为一岁十二个月里阴阳二气之间此消彼长或此长彼消的卦象，从中我们就可以窥见阴阳消长的情况：

月份	卦	月份	卦	月份	卦
一月	乾下坤上 泰	五月	巽下乾上 姤	九月	坤下艮上 剥
二月	乾下震上 大壮	六月	艮下乾上 遁	十月	坤下坤上 坤
三月	乾下兑上 需	七月	坤下乾上 否	十一月	震下坤上 复
四月	乾下乾上 乾	八月	坤下巽上 观	十二月	兑下坤上 临

逢新春正月，从人们“三阳开泰”的吉祥语，到杜甫“天时人事日相催，冬至阳生春又来”的诗句，都反映了阴阳二气彼此消长变化的实际情况。

人们以岁之余称为闰，这就是所谓闰余了。一月之日是二十九日八十一分日之四十三。按计其余分成闰，所以说“正闰余”。每一岁三百六十六日（应是三百六十五日四分日之一，取其整数也）。余六日，小月余六日，这就使得一岁余十二日，大致讲来三十三个月则必须置一个闰月。

以上我们叙述的，是中华民族人文始祖黄帝在“仰理天文·历律初张”方面的贡献，至于对二至二分（夏至、冬至、春分、秋分）的认知，那就等待帝尧在数百年后完成这个任务了。

四　从历宗颛顼到尧与四时八节

黄帝之后的颛顼，也曾制作历法，《史记·五帝本纪》说他“养材以任地，载时以象天，依鬼神以制义，治气以教化”，意思是说他掌养财物以便发挥土地的作用，依照四时决定行动以便效法自然，依据对鬼神的尽心敬事来制定尊卑的义理，治理四时五行之气以教化万民。《晋书·律历志》载魏人董巴议本议下之文曰：

“颛顼作历，以孟春为元，是时正月朔旦立春。五星合于天历（‘庙’之讹），营室也。冰冻始泮，蛰虫始发，鸡始三号，天日作时，地日作昌，人日作乐，鸟兽万物莫不应和。故颛顼圣人，为历宗也。”这儿不过是说，颛顼将春之首月作为岁首，并将正月初一定为立春的日子，并且还称赞颛顼是如此上合天象，下应物候之变，人们为此而在大年初一后几天里日日作乐。

而对四时八节较为准确的测定，就只能等待帝尧完成这一任务了。

《史记·五帝本纪》称赞帝尧，他仁爱的涵养像天那样广大，他微妙的智慧像神一样莫测，靠近他像太阳给你光明与温暖，仰望他就像天空美丽的云彩。他富有四海却无骄傲之色，地位尊贵却平易近人。即使主持祭礼的大典，也戴着一般老百姓所戴的黄色帽子，穿着一身黑色的衣服，其他古籍记载他“茅茨（茅屋）不剪，樸（没加工的木材）桷（jué，方椽）不斲（zhuó，砍），素题不枅（jiān，柱上之方形横木），大路（辂）不画，越席（结薄为席）不缘，大羹不和，粢（zī，谷子）食不凿（将糙米舂成精米）。藜藿之羹，饭于土簋（guǐ，食器），饮于土铏（xíng，盛汤器）。金银珠玉不饰，锦绣文绮不展，奇怪异物不视，玩好之器不宝，淫佚之乐不听，宫垣室屋不垩色，布衣掩形，鹿裘御寒，衣履不蔽尽不更为也”，但对天下对人民，他却“存心于天下，加志于穷民。一民饥，则曰‘我饥之也’；一人寒，则曰‘我寒之也’；一民有罪，则曰‘我陷之也’。百姓戴之如日月，亲之如父母”。①

太史公司马迁说，他“今羲和敬顺昊天，数法日月星辰，敬授民时”。所谓昊天，因其昊然广大，故谓之。所谓数法，即历数之法；那就是按日子的甲子、乙丑，月份之大月小月，黄昏拂晓那颗星按次居于哪个方位的天空之中，依此来确定四时及一年的天数，同时“主春者，张昏中，可以种稷；主夏者，火昏中，可以种黍菽；主秋者，虚昏中，可以种麦；主冬者，昴昏中，可以收敛”，并且还要将这些天时节令适时地告诉人民。帝尧虽贵为天子，但他知民缓急，同人民是心连心的。这就是所谓的“教授民时”。

于是帝先任命羲仲，住在东方的郁夷——那个地方叫阳明之谷——恭敬地迎接日出，管理监督春耕事务，辨别测定太阳东升的时刻。春分那天昼夜长短相等，南方朱雀七宿黄昏时出现在天的正南方，依据这些正定仲春的气节。这时春事既已开始，农民就要分散劳作，鸟兽开始生育繁殖。

---

① 《资治通鉴外纪》卷第一之下《帝尧》。

再任命羲叔，住在南方交趾，管理督导夏季劝农的事务，敬行教化，致达事功，夏至日白昼时间最长，东方苍龙七宿中的火星黄昏时出现在正南方，依据这些正定仲夏的气节。这时，人们尽力助耕，鸟兽换上了稀疏的羽毛。

再任命和仲，住在西方——那地方叫作昧谷——恭敬地送别落日，管理监督秋收事务，秋分时昼夜长短相等，北方玄武七宿中的虚星黄昏时出现在天的正南方，依据这些正定仲秋的气节。这时，人们欢乐祥和，鸟兽换生新毛。

再任命和叔，住在北方——名叫幽都——管理督导冬藏物畜。冬至日，白昼时间最短，白虎七宿中的虚宿黄昏时出现在正南方，依据这些正定仲冬气节。这时，人们住在室内，鸟兽长出了柔软的细毛以抵御寒冷。①

帝对归来的羲氏与和氏说："啊！你们羲氏与和氏啊，一周年是三百六十六天，要用加闰月的办法正定每一年的春夏秋冬四时。并依此为根据规定百官的事务，许多事情就都兴办起来了。"②

阳历是地球绕太阳一周三百六十五日又四分之一为一周年，而在古代的中国人看来，太阳东升西落仿佛也在绕一定轨道运行着，而日行三百六十五日又四分之一日也是一周年。不信？从这个春分到下一个春分也恰好是此数呢。这儿讲三百六十六日，不过举其整数而已，而中国的阴历（又称农历、夏

---

① 参见《文白对照全注全译》第一卷《五帝本纪第一》，第24—25页译文。这段译文本原出自《尚书·尧典》。

② 原文见《尚书·尧典》：帝曰："咨！汝羲暨和。期三百有六旬有六日，以闰定四时，成岁。允厘百工，庶绩咸熙。"文中用周秉钧《白话尚书》译文。

历）很有意思，它的月份是同月亮有着直接关系的。人们将月亮圆的一个周期算作一月，初一不见月，初三月儿细，十五月儿圆，称作朔望月，实则是将月亮绕地球一周算作一月，而所需时间是二十九天多，一年十二个月，大月三十天，小月二十九天，一年才三百五十四天，比一年的实际天数少十一天多，三年就余一个多月，九年不就余三个多月了吗？若不安置闰月，那么九年之后，春夏秋冬四时错乱，那在中国的腹心地区如黄河流域，就真的会出现五黄六月下大雪，十冬腊月摇大扇的怪事了。

五　《夏小正》与夏历

别说二十四节气了，就说春、夏、秋、冬四季怎么划分，人们说只有按照温度参数来划分四季才是合理与适用的：把平均气温在22℃以下、10℃以上的时候定义为春季和秋季，平均气温在22℃以上的时候定义为夏季，平均气温在10℃以下的时候定义为冬季。然而16、17世纪温度表、气压表才先后被发明出来，至于传到中国被普遍使用，恐怕就更晚了。几千年来，在先进的科学仪器传至中国之前，我们的祖先就是上观天象，下察气温气压所引发的动物植物及非生物的相应变化——物候——来判断时令节气的变化，并对其加以利用，来为农业生产，也为自己的健康服务的。

《夏小正》是中国远古时期的一部历书，产生于距今近四千年的夏代。全书仅五百余字，然举凡每月的天象、物候、民事、农事、气象等方面，都有较为详细的记载。对于星辰，特别是北斗的变化规律研究已达到了相当水平。

这里有两点应特别指出：一是在继承前人的基础上，物候的记载比《尚书·尧典》大大丰富了。如五月条下：

参则见（仲夏之月，参去日四十二度，得旦见于东方也）；

浮游（蜉蝣，一种生长期很短的昆虫）有殷（多）。

鴂（伯劳）鸣。

时有养白（白，阴气。时当仲夏，夏至一阴生，其卦象为䷫）。乃瓜（吃瓜）。

良蜩（蝉）鸣。

启灌蓝蓼（从丛生的蓼蓝这种可作染料的草本植物中拔去一些，使其稀疏一些，以便其更好地生长）。[①]

初昏大火。大火者，心也，心中（黄昏时分出现在正南天上），种黍稷糜时也。

蓄兰，为沐浴也。

颁马（将马之雌雄者分开喂养）。

相比之下，《尚书·尧典》所记仲夏的人们的活动却只有一句："厥民因"（让人民到高处去住）；物候也只有一句："鸟兽希革"（鸟兽皮上羽稀毛疏）。《夏小正》对物候的记载，的确是丰富得太多了，我们完全可以这样说，《夏小正》是我国第一部，可能也是世界罕见的最早的一部物候历。

二是所谓"行夏之时"，仿佛夏历为夏代所制作，这实在是个误解。十二个月建恐怕很早就存在了。周历建子，把冬至

① 参见《大戴礼记》卷二《夏小正》。

所在之月十一月作为岁首，商历建丑，把农历的十二月作为岁首，而在周、商之前的夏是将今农历的正月作为一年的开始：夏、商、周并非各有历法，只是岁首不同而已。我们今天所用农历同于夏之将建寅之月作为岁首，这就是我们又将其称为夏历的缘故。

六　二十四节气的最后形成

圭表的发明，提高了测识天文气象的手段。所谓“表”，是直立的杆子，而“圭”是同“表”相连的底座。这种天文仪器，恐怕殷商时期就已经有了吧。圭平卧而表直立在圭的南端，二者互相垂直，就组成了最简单的天文仪器，我们的先人用它来观测太阳。当太阳在最北面而位置最高的时候，表的影子最短，这一天就是“夏至”。太阳在最南面而位置最低的时候，表的影子最长，这一天就是“冬至”。两至中间（“冬至”到“夏至”，“夏至”到“冬至”）影子为长短之和一半的两天，分别是“春分”和“秋分”。随着“二至”（夏至、冬至）、“二分”（春分、秋分）的确定，立春、立夏、立秋、立冬这四季开始的日期也相继被确定下来，这样四时（春、夏、秋、冬）八节（立春、春分、立夏、夏至、立秋、秋分、立冬、冬至）也就被确定下来了。“二至”“二分”的准确测定，大致到春秋时期（前772—前481年）就完成了。将日影最短的一天定为冬至，日影最长的一天为夏至。如今登封告城（古阳城）镇尚存“周公观影台”的遗迹。

到战国末期，《吕氏春秋·十二纪》以阴阳五行学说为指导[①]，按照太阴历十二个月，依次对每个月的日月星辰运转、节候气温变换，动植物生态及国家根据时节、物候的具体情况，相应下达的关于生产安排和月中行事的政令等都作了记载，并在《季冬纪》中说明这种政令制定的过程，“天子乃与公卿大夫饬国典（整饬国家的法典），论时令（讨论按季节月份制定的政令），以待来岁之宜（以此来准备明年应做之事）”。关于《礼记·月令》，郑玄《礼记目录》云：“《月令》本《吕氏春秋·十二纪》之首章也。”陆德明《释文》亦曰：“此是《吕氏春秋·十二纪》之首，后人删合为此记。”但是无论怎么说，“十二月纪之首章，礼家好事者抄合之”而成为一篇，说此举于人无丝毫裨益，恐亦非的评。

---

① 《吕氏春秋》十二月纪五行相配，其实《礼记·月令》十二月令亦是如此。如下表：

五行	天干	五帝 五神	五虫	五音	五味	五臭	五祀	五脏	五色	五谷	五畜	五方	四季
木	甲乙	太皞 句芒	鳞	角	酸	膻	户	脾	青	麦	鸡	东	春
火	丙丁	炎帝 祝融	羽	徵	苦	焦	灶	肺	赤	黍	羊	南	夏
土	戊己	黄帝 后土	倮	宫	甘	香	中霤	心	黄	稷	牛	中	季夏
金	庚辛	少皞 蓐收	毛	商	辛	腥	门	肝	白	麻	犬	西	秋
水	壬癸	颛顼 玄冥	介	羽	咸	朽	行	肾	黑	菽	豕	北	冬

且看《礼记·月令·孟春之月》的主要内容：

孟春之月，太阳运行到了营室宿的位置，黄昏时参星出现南天的正中，拂晓时尾星出现在南天的正中，春季的吉日是甲乙，于五行属木。这时候，东风和暖，冰消雪融，蛰伏的小动物苏醒后开始活动，鱼儿浮上漂着冰块的水面，鸿雁从南方飞来，草木萌发着生机，君王命令准备春耕，因地制宜，播种五谷。在这个月内，禁止砍伐树木，禁止捣覆鸟巢，保证树木和幼鸟生长。为集中精力进行农业生产，不聚集众人，不兴兵打仗①。

据此，可以看出在古代，人们为把握时节，指导生产，很早就已对动植物伴随时间推移而产生的生态变化（物候）进行了细致的观察和研究。

再看《礼记·月令·仲春之月》，又列举了下列物候：

这时太阳走进了二十八宿中的奎宿，天气慢慢地暖和起来；每当晴朗天气，可以见到美丽的桃花开放，听到悦耳的仓庚鸟歌唱。一旦有不测风云，也不一定下雪而会下雨。到了春分节前后，昼和夜一样长，年年见到的老朋友——燕子，也从南方回来了。燕子回来的那天，皇帝还得亲自到庙里进香。在冬天销声匿迹的雷电也重新振作起来。匿伏在土中、屋角的昆虫，也苏醒过来，向户外跑的跑、飞的飞地出来了。这时候，农民应该忙碌起来，把农具和房子修理好。国家不能多派差事给农民，免得妨碍

---

① 孟春之月，日在营室，昏参中，旦尾中，其日甲乙。……东风解冻，蛰虫始振，鱼上冰……鸿雁来，是月也……草木萌动，王命布农事，皆修封疆，审端径术，善相丘陵、阪险、原隰，土地所宜，五谷所植。……禁止伐木，毋覆巢，毋杀孩虫、胎、夭、飞鸟、毋麛，毋卵、毋聚大众……不可以称兵。

农田的耕作。①

这就是两千多年前，黄河流域春天的正、二月物候现象的忠实记录。如果能读完《礼记·月令》的全篇，我们就会在月令的十二个月的叙述里，了解到每个月太阳、月亮所在的位次，以及与之相应的自然界的物候特征，从而认识人们根据物候与生产制定节气的原始形态，如“蛰虫始振”“始雨水”“小暑”“溽暑”“白露”“霜始降”，等等。而这些同时也见于较早一些的《管子》一书中的《幼官》篇、《幼官图》篇、《轻重色》篇，也有“大暑、中暑、小暑”“大寒、中寒、始寒”“冬至、夏至、春至（分）、秋至（分）”等名称，其《匡乘马》篇说要“使农夫寒耕暑耘”，并说“冬至后六十天（雨水节）向阳处土壤化冻，又十五天（惊蛰节）向阴处土壤化冻，完全化冻后就要种稷，春事要在二十五天之内完毕”。

在长期对天象、物候及气候变化直接观察体验的基础上，对一些散乱的物候记录给以整理概括、提升，水到渠成，终于在《淮南子·天文训》中有了次序与今日大致相同的二十四节气名称的完整记载；不过它采取了将斗建、音比、四季风同二十四节气合在一起按序叙述的方式而已。

太阳在黄道上日行一度，十五日为一节，以生二十四时之变：

“斗指子，则冬至，音比黄钟；加十五日指癸，则小寒，音

① 《礼记·月令·仲春之月》：“仲春之月，日在奎……始雨水，桃始华，仓庚鸣……玄鸟至。至之日，以太牢祀于高禖，天子亲往……日夜分，雷乃发声，始电。蛰虫咸动，启户始出……耕者少舍，乃修阖扇，寝庙毕备。毋作大事，以妨农之事。”

比应钟；加十五日指丑，则大寒，音比无射；加十五日指报德之维，则越阴在地，故曰距日冬至四十六日而立春，阳气冻解，音比南吕；加十五日指寅，则雨水，音比夷则；加十五日指甲，则雷惊蛰，音比林钟；加十五日指卯中绳，故曰春分，则雷行，音比蕤宾；加十五日指乙，则清明风至，音比仲吕；加十五日指辰，则谷雨，音比姑洗；加十五日指常羊之维，则春分尽，故曰有四十五日而立夏，大风济，音比夹钟；加十五日指巳，则小满，音比太簇；加十五日指丙，则芒种，音比大吕；加十五日指午，则阳气极，故曰有四十六日而夏至，音比黄钟，加十五日指丁，则小暑，音比大吕；加十五日指未：则大暑，音比太簇；加十五日至背阳之维，则夏分尽，故曰有四十六日而立秋，凉风至，音比夹钟；加十五日指申，则处暑，音比姑洗；加十五日指庚，则白露降，音比仲吕；加十五日指酉中绳，故曰秋分，雷戒蛰虫北乡，音比蕤宾；加十五日指辛，则寒露，音比林钟；加十五日指戌，则霜降，音比夷则；加十五日指蹄通之维，则秋分尽，故曰有四十六日而立冬，草木毕死，音比南吕；加十五日指亥，则小雪，音比无射；加十五日指壬，则大雪，音比应钟；加十五日指子，故曰阳生于子，故曰十一月日冬至。”

事实的记录往往落后于事实的存在好多年，二十四节气之名的定型，绝非在刘安（前179—前122年）招致宾客编写《淮南子》一书时，恐怕在半个世纪以前的秦汉之际就已定型了吧！

以上从伏羲分阴阳画八卦，定夫妇之义说起，说明远古的先民早已踏入了人类文明时代的门槛。接着说到炎帝神农氏，他“相土地燥湿、肥硗、高下，因天之材，分地之利，教民播种五谷”。这时我们的先民对四时八节的认识，也许还处于感性的初级阶段吧。到了黄帝，这位中华民族之文明始祖，其功甚伟。仅是成就“仰理天文，历律初张”二项就足以彪炳史册。对“其师大挠探五行之情、占斗刚所建，始作甲子：甲乙谓之干（榦），子丑谓之枝（支），枝榦相配以名日，并制六律六品，候气之应，以立宫商之声，治阴阳之气，节四时之度，推律之数”。同时还“起消息，正闰余”等，我们都做了相应的说明，而至于到唐尧时对“二分”（春分、秋分）、“二至”的初步测定，到《夏小正》这一夏代物候历的出现，而发展到战国末期《礼记·月令》对一年四季十二个月，以阴阳五行学说为指导，对天文、气象、物候等自然现象的阐明，对天子每月在衣、食、住、行等方面所应遵守的规定，以及为顺应时气在郊庙祭祀、礼乐征伐、农事活动等方面所应发出的政令都一一做了说明。要求天子行事制令要“无变天之道，无绝地之理，无乱人之纪”。实际，这十二月令是作者构想的一年的施政纲领，正如汉末蔡邕所论：“因天时，制人事，天子发号施令，祀神受职，每月异礼，故谓之《月令》”。但无论怎么说，它关于十二个月丰富的天文气象、物候记录，为二十四节气的产生并定型作了很好的铺垫。因之，我们才有了与今日次序大致相同的，出自两千一百多年前的《淮南子》对二十四节气的完整的语言表达。

七　二十四节气与四季风

二十四节气是以四时八节为纲的，而对四时八节的准确认知则经历了漫长的两三千年。从甲骨卜辞看，殷商时代一年只分为春秋两季。所谓春季是包括农作物夏收这时间段在内的，这可能与夏收作为春季的中心有关；而大秋的收获，对于农业经济占重要地位的商代而言，当然也是季节的中心，这样秋季就将出现的秋冬二季都包括进去了。

“冬”“夏”作为季节名称见于典籍记载的是《尚书·洪范》，曰：“日月之行，则有冬有夏”。关于《洪范》，《史记·周本纪》云：武王克殷，访问箕子以天道，箕子以《洪范》陈之。如果我们认为司马迁的看法是有根据的，就不好说殷商之人只知有“春”“秋”，而不知有“冬”“夏”了。起码我们应该承认，在商周之际，人们对“春”“夏”“秋”“冬”四季的区别与认知已经是初步完成了。这样至春秋时期，才有了用圭影这种简单的天文仪器，准确地测出二分、二至的确切日期，到战国时代才可能出现如《礼记·月令》那样对一年四季十二个月的天文、气象、物候运行变化的丰富记载，从而为二十四节气的产生打下了坚实的基础。

春、夏、秋、冬四季的划分，现在是依据科学仪器如温度计之类的测量数据，而在温度计之类仪器传入中国之前的数千年里，中国的古人靠的是对天文、气象变化的观测及对气候的直接观察与体验，春暖、夏热、秋凉、冬冷，这就是人们的亲身体验，至于夏日的小暑、大暑，秋日的处暑，冬日的小寒、大寒，又何尝不是一种切身的感受与体验呢？而“二分”“二至”的确定，则全是用圭影实测出来的。

属于气候记录的有七个：雨水、谷雨、霜降、白露、寒露、小雪、大雪，而惊蛰、清明、小满、芒种这四个，则是物候的记录了。

由此看来，所谓二十四节气，不过就是中国的先民们依据天文观测，对气温的直接体验以及对气候、物候现象的记录与积累，为农事服务而构建出来的综合科学体系，早在两千多年前的农业典籍《氾胜之书·耕作》篇里辟头就有“凡耕之本在于趣（趋）时”。换句话说，就是耕种的基本原则在于抓紧适当时间来耕耘播种。而关于二十四节气的知识，正是指导了中国农民几千年适时耕耘播种收获，且经过实践考验的农业气象学教科书。

下面说说关于四季风的事：

我国东有黄海、东海，南有南海，又与西太平洋、南太平洋相接，我国西南诸省又距印度洋不远，而且由于大气环流、海陆热力性质的差异以及冬夏风带南北之推移，很自然就形成鲜明且普遍的季节风现象。

对四季风，远在两千年前的汉代，在一些典籍上就有详细而明确的记述。

著名的“八方位风”的记述，就见于伟大史学家、文学家司马迁的《史记·律书》：

“不周风居西北，主杀生……十月也，律中应钟。应钟者，阳气之应，不用事也。其于十二子为亥。亥者，该也。言阳气藏于下，故该也。

“广莫风居北方。广莫者，言阳气在下，阴莫阳广大也，故曰广莫。……十一月也，律中黄钟。黄钟者，阳气踵黄泉而出也。其于十二子为子。子者，滋也。滋者，言万物滋于下也。其于十母为壬癸，壬之为言任也，言阳气任养万物于下也。癸之为言揆也，言万物可揆度，故曰癸。……十二月也，律中大吕，大吕者，其于十二子为丑。

“条风居东北，主出万物，条之言能条治万物而出之，故曰条风。……正月也，律中太簇。太簇者，言万物蔟生也，故曰太簇。其于十二子为寅，寅言万物始生螾然也。

“明庶风居东方，明庶者，明众物尽出也，二月也，律中夹钟。夹钟者，言阴阳相夹侧也……其于十二子为卯，卯之为言茂也，言万物茂也。其于十母为甲乙。甲者，言万物剖符甲而出也。乙者，言万物生轧轧也。

“清明风居东南维，主风吹万物而西之，至于轸。轸者，言万物益大而轸轸然；西之于翼，翼者，言万物皆有羽翼也。四月也，律中中吕。中吕者言万物尽旅而西行也。其于十二子为巳。巳者，言阳气之已尽也……五月也，律中蕤宾。蕤宾者，言阴气幼少，故曰蕤；痿阳不用事，故曰宾。

“景风居南方。景者，言阳气道竟，故曰景风。其于十二子为午，午者，阴阳交，故曰午，其于十母曰丙丁。丙者，言阳道著明：故曰丙；丁者，言万物之丁壮也，故曰丁。

“凉风居西南维，主地。地者，沉夺万物气也。六月也，律中林钟。林钟者，言万物就死气林林然。其于十二子为未。未者，言万物皆成，有滋味也。……七月也，律中夷则。夷则，言阴气之贼万物也。其于十二子为申，申者，言阴用事，申贼万物，故曰申。……八月也，律中南吕。南吕者，言阳气之旅入藏也。其于十二子为酉。酉者，万物之老也，故曰酉。

“阊阖风居西方。阊者，倡也；阖者，藏也。言阳气道万物，阖黄泉也。其于十母为庚辛。庚者，阴气庚万物，故曰庚；辛者，言万物之辛生，故曰辛。……九月也。律中无射。无射者，阴气盛用事，阳气无余也，故曰无射。其于十二子为戌。戌者，万物尽灭，故曰戌。”

《淮南子·天文训》关于四季风的记述如下：

“何谓八风？距日冬至四十五日条风至。条风至四十五日明庶风至，明庶风至四十五日清明风至，清明风至四十五日景风至，景风至四十五日凉风至，凉风至四十五日阊阖风至，阊阖风至四十五日不周风至，不周风至四十五日广莫风至。”这里以冬至、立春、春分、立夏、夏至、立秋、秋分、立冬八节与八风对应。

如果将《史记·律书》与《淮南子·天文训》对季节风的记述制成表，当一览如下：

《史记》与《淮南子》对季节风的记述

季节	风名	风向（卦位）	控制的节气与时间
春	条风	东北（艮卦）	立春、雨水、惊蛰三节气，约45天
	明庶风	东（震卦）	春分、清明、谷雨三节气，约45天
夏	清明风	东南（巽卦）	立夏、小满、芒种三节气，约45天
	景风	南（离卦）	夏至、小暑、大暑三节气，约45天
秋	凉风	西南（坤卦）	立秋、处暑、白露三节气，约45天
	阊阖风	西（兑卦）	秋分、寒露、霜降三节气，约45天
冬	不周风	西北（乾卦）	立冬、小雪、大雪三节气，约45天
	广莫风	北（坎卦）	冬至、小寒、大寒三节气，约45天

八　二十四节气与物候

历史发展至汉代，铁犁与牛耕已普遍使用。随着人口的增加，农业有了显著的发展。二十四节气每一节气相差半个月，运用到农业上已觉得相隔时间太长，不够精密，所以有更细加区分的必要。分一年为七十二候，每候五天的《逸周书·时则训》就是在这种背景下产生的。在我们看来，对一年七十二候的区分以及各种应对的物候现象而言，是把气象、水温、地温、土壤、地表、动物、植物的变化并经其验证才记录下来的，它既是古代长期生产（主要是农业生产）、生活实践感性经验的实际总结，又是古代农学、天文学、气象学、节候学等领域的重要科研成果。

七十二候基本内容如下：

（1）立春

初候，东风解冻，阳和至而坚冰散也。

二候，蛰虫始振。振，动也。

三候，鱼陟负冰。陟，言跻，升也，高也。阳气已动，鱼渐上游而近于冰也。

（2）雨水

初候，獭祭鱼。此时鱼肥而出，故獭先祭而后食。

二候，雁候北，自南而北也。

三候，草木萌动，是为可耕之候。

（3）惊蛰

初候，桃始华。阳和发生，自此渐盛。

二候，仓庚鸣。仓庚，黄鹂也。

三候，鹰化为鸠。鹰，鸷鸟也。此时，鹰化为鸠，至秋则鸠复化为鹰。

（4）春分

初候，玄鸟至，燕来也。

二候，雷乃发声。雷乃阳之声，阳在阴内不得出，故奋激而为雷。

三候，始电。电者，阳之光，阳气微，则光不见。阳盛欲达而抑于阴，其光乃发，故云始电。

(5) 清明

初候，桐始华。

二候，田鼠化为鴽，牡丹华。鴽，音如，鹌鹑属。鼠阴类，阳气盛则鼠化为鴽，阴气盛则鴽复化为鼠。

三候，虹始见。虹，音洪，阴阳交会之气。纯阴纯阳则无，若云薄漏日，日穿雨影，则虹见。

(6) 谷雨

初候，萍始生。

二候，鸣鸠拂其羽，飞而两翼相排，农急时也。

三候，戴胜降于桑。戴胜，织网之鸟，一名戴鵀，降于桑以示蚕妇也，故曰女功兴而戴鵀鸣。

(7) 立夏

初候，蝼蝈鸣。蝼蝈，蝼蛄也，诸言蚓者非。

二候，蚯蚓出。蚯蚓，阴物，感阳气而出。

三候，王瓜生。王瓜色赤，阳之盛也。

(8) 小满

初候，苦菜秀。火炎上而味苦。

二候，靡草死，葶苈之属。

三候，麦秋至。秋者，百谷成熟之期。此时麦熟，故曰麦秋。

(9) 芒种

初候，螳螂生，俗名刀螂，《说文》名拒斧。

二候，鵙始鸣。鵙，屠畜切，伯劳也。

三候，反舌无声。反舌，百舌鸟也。

（10）夏至

初候，鹿角解。鹿，阳兽也，得阴气而解。

二候，蜩始鸣。蜩，音调，蝉也。

三候，半夏生。半夏，药名也，阳极阴生。

（11）小暑

初候：温风至。

二候，蟋蟀居壁。蟋蟀，亦名促织，此时羽翼未成，故居壁。

三候，鹰始挚。挚，言至。鹰感阴气，乃生杀心，学习击搏之事。

（12）大暑

初候，腐草为萤。离明之极，故幽类化为明类。

二候，土润溽暑。溽，音辱，湿也。

三候，大雨时行。

（13）立秋

初候，凉风至。

二候，白露降。

三候，寒蝉鸣。蝉小而青赤色者。

（14）处暑

初候，鹰乃祭鸟。鹰杀鸟，不敢先尝，示报本也。

二候，天地始肃。清肃也，寒也。

三候，禾乃登。稷为五谷之长，首熟此时。

（15）白露

初候，鸿雁来，自北而南也。一曰：大曰鸿，小曰雁。

二候，玄鸟归，燕去也。

三候，群鸟养羞。羞，粮食也，养羞以备冬月。

（16）秋分

初候，雷始收声。雷于二月阳中发生，八月阴中收声。

二候，蛰虫坯户。坯，音培。坯户，培益其穴中之户窍而将蛰也。

三候，水始涸。《国语》曰：辰角见而雨毕，天根见而水涸，雨毕而除道，水涸而成梁。辰角者，角宿也。天根者，氐房之间也。见者，旦见于东方也。辰角见于九月本，天根见于九月末。本末，相去二十一余。

（17）寒露

初候，鸿雁来宾。宾，客也。先至者为主，后至者为宾，盖将尽之谓。

二候，雀入大水为蛤，飞者化潜，阳变阴也。

三候，菊有黄花。诸花皆不言，而此独言之，以其花于阴而独盛于秋也。

（18）霜降

初候，豺乃祭兽。孟秋鹰祭鸟，飞者形小而杀气方萌；季秋豺祭兽，走者形大而杀乃盛也。

二候，草木黄落，阳气去也。

三候，蛰虫咸俯。俯，蛰伏也。

（19）立冬

初候，水始冻。

二候，地始冻。

三候，雉入大水为蜃。蜃，蚌属。

（20）小雪

初候，虹藏不见。季春阳胜阴，故虹见；孟冬阴盛阳，虹藏不见。

二候，天气上升，地气下降。

三候，闭塞而成冬。阳气下藏地中，阴气闭固而成冬。

（21）大雪

初候，鹖鴠不鸣。鹖鴠，音曷旦，夜鸣求旦之鸟。亦名寒号虫，乃阴类而求阳者，兹得一阳之生，故不鸣矣。

二候，虎始交。虎本阴类，感一阳而交也。

三假，荔挺出。荔，一名马蔺，叶似蒲，根可为刷。

（22）冬至

初候，蚯蚓结。阳气未动，屈身下向；阳气已动，回首上向，故屈曲而结。

二候，麋角解：麋，阴兽也。得阳气而解。

三候，水泉动，天之一阳生也。

（23）小寒

初候：雁北乡。一岁之气，雁凡四候。如十二月雁北向者，乃大雁，雁之父母也。正月候雁北者，乃小雁，雁之子也。盖先行者其大，随后者其小也。

二候：鹊始巢。鹊知气至，故为来岁之巢。

三候：雉雊鸣。雊，句姤二音。雉鸣也。雉，火畜，感于阳而后有声。

（24）大寒

初候，鸡乳。鸡，水畜也，得阳气而卵育，故云乳。

二候，征鸟厉疾。征鸟，鹰隼之属，杀气盛极，故猛厉迅疾善于击也。

三候，水泽腹坚。阳气未达，东风未至，故水泽正结而坚。

物候知识最初是农民从实际农业生产的实践中得来，后来经总结概括，附属于国家历法之中。但物候是因地而异的现象，南北寒暑不同，同一物候出现的时节可能相差甚远。在周、秦、两汉时，国都在西安、洛阳，南北东西相差不远，应用在首都附近尚无困难；但如应用到长江以南或长城以北，那就显得格格不入了。到南北朝，南朝的首都在建康（今南京），北朝（魏）的首都当初在平城（今大同），而在今黄河中下游产生的二十四节七十二候对它们就不适用了。南朝的宋、齐、梁、陈等王朝都很短促，没有来得及改变月令；北魏所颁布的七十二候，据《魏书》所载，已与《逸周书》不同，在立春之初加入“鸡始乳”一候，而把“东风解冻”“蛰虫始振”等候统统推迟五天，可平城的纬度在西安、洛阳以北4°多，海拔又高出八百米左右，那么物候之相差，恐怕实际上绝不止一候吧。

到了唐朝，首都又在长安；北宋都汴梁（今开封），此时首都又与秦、汉的旧地相近，所以，唐宋史书所载七十二候，又都与《逸周书》所载大致相同。元明清三朝虽定都北京，纬度要比长安和洛阳、开封靠北5°之多，虽然这时候“二十四番花信风”早已流行于世，但这几代史书所载七十二候和一般时宪历书所载的物候，却统统是因袭旧志，依样画葫芦。不但立春之日“东风解冻”、惊蛰之日“桃始华”、春分之日“玄鸟至”等物候，事实上已与北京的物候不相符合，未能加以改正；即便古人已限于博物知识而错识的物候，如“鹰化为鸠”“腐草化为萤”“雉入大水为蛤（蟆）”等谬误，也都一概如旧。

要说这些也实在毫不足怪，明清两代以八股取士，士大夫们趋之若鹜，都去抓做八股这块敲门砖，好升官发财，谁还去管被孔老夫子称作小人之事的农业稼穑之事。让这些菽麦不辨已做了官的书呆子去写物候，除了抄故纸，他们还能干什么？让他们笔下的物候符合点事实，那可真有点说梦了。顾炎武曾指出，在周朝时候，一般老百姓都普遍知道一点天文知识。如《诗经·豳风》章“七月流火”，《唐风》章“三星在天”和《鄘风》章“定之方中”，统统是当时一般老百姓的歌谣。但到清朝初年，若问“大火”是什么星？“定宿”又在哪里？恐怕他们茫然不知所对了。明清两代，一般读过书的做官的，对天文固属茫然，对物候也一样的无知。这大概同他们所熟读的孔孟经典，同怎么种庄稼这一般老百姓所从事的农业生产实践大不相干的缘故吧！

九　二十四节气的余波

“二十四番花信风”之说，南宋程大昌《演繁露》一书曾略为提及。从小寒起到谷雨至，凡四个月八个节气，分为二十四候，每候五日以一花应之：

小寒	一候梅花	二候山茶	三候水仙
大寒	一候瑞香	二候兰花	三候山矾
立春	一候迎春	二候樱桃	三候望春
雨水	一候菜花	二候杏花	三候李花
惊蛰	一候桃花	二候棠梨	三候蔷薇
春分	一候海棠	二候梨花	三候木兰
清明	一候桐花	二候麦花	三候柳花
谷雨	一候牡丹	二候荼靡	三候楝花

很明显，“二十四番花信风”是应花期而来的风，简称“花信风”。它既是测量花开时期的一种方法，也表示了气候的变换。二十四候代表着二十四种花期。值得注意的是，它不是如七十二候那样以黄河流域，即从长安、洛阳到开封一线的花信物候作为记载对象的。从小寒到立春前九天，正是这一广大区域冰凌上走的严寒时节，除早开的梅花之外，哪还会有山茶、兰花的绽放，说它是以江南的花信作为记载对象，但又不全是，如对“桃始华”“桐始华”的记载又很明显抄自于七十二候。

竺可桢先生在其领衔所著的《物候学》里曾这样评及“花信风”。他说：“花信风的编制是我国南方士大夫有闲阶级的一种游戏作品，既不根据于实践，也无科学价值的东西。”这话可能让一些人觉得刻薄了点，但也未必全无道理吧。

还另有一种一年的“二十四番花信风”。据署名梁元帝的《纂要》云：“一月两番花信风阴阳寒暖，各随其时，但先期一日，有风雨微寒者即是。其花则鹅儿、木兰、李花、玚花、桤花、桐花、金樱、黄芳、楝花、荷花、槟榔、蔓萝、菱花、木槿、桂花、芦花、兰花、蓼花、桃花、枇杷、梅花、水仙、山茶、瑞香，其名俱存。”

除此类花信风之外，人们还根据阴历十二个月花开花落编成所谓《十二月姊妹花》，对阴历十二个月候相应的姊妹花作恰当的叙述：

正月梅花凌寒开，二月杏花满枝来。

三月桃花映绿水，四月蔷薇满篱台。

五月石榴红似火，六月荷花洒池台。
七月凤仙展奇葩，八月桂花遍地开。
九月菊花竞怒放，十月芙蓉携光彩。
冬月水仙凌波绽，腊月腊梅报春来。

姹紫嫣红，百花盛开，其自然景观之美诱人也醉人。这些不但形之于文人墨客的笔端，而且在民间戏曲小调里也时时见其光彩，如豫剧《桃花庵·上门楼》，评剧《报花名》等。我国幅员辽阔，纵横万里，长城内外，大江南北，气候差异自然不小，各候对应之花也当然自有不同，这类《十二月姊妹花》之类的歌谣，也自然会展现出千差万别、丰富多彩的风景。也因为其贴近普通百姓生活、接地气，所以也就到处歌唱不休，更为人民所喜闻乐见。

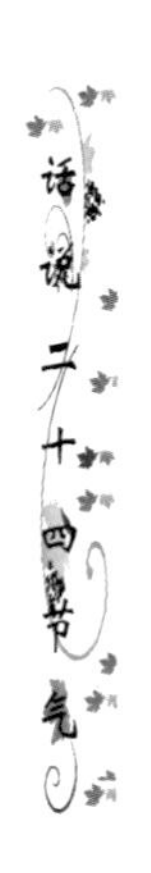

第 三 篇

话说二十四节气

一　立春，春天开始了

立春，二十四节气中的第一个节气。每年的2月4日前后，当太阳运行到黄道315°的位置，我国二十四节气是把它作为春季开始的节气的。据《吕氏春秋·孟春纪》：在立春前三天，太史向天子禀告说："某日立春，大德在木。"天子于是斋戒，准备去迎接春天。到了那天，天子备好法驾，率领三公、九卿、诸侯、大夫到帝都的东郊去举行盛大隆重的迎春典礼。不但如此，天子还要选择吉日良辰向上帝祈求五谷丰登，同时还要举行耕籍田的仪式，天子带头将已入土的犁头（所谓耒耜）推上三下，让公卿官僚们依次推下去，五次、九次不等，中国古代以农立国，以农为本，这种仪式不过是表明最高统治者对农耕事业的重视而已。

秦汉以后还兴起了一种"打春"（打春牛）的习俗，影响所及，"打春""开春"就成了"立春"的同义语。

传说黄帝有个儿子名挚，字青阳，成了东方部落首领，邑穷桑，都曲阜，以别于太昊（皞）称少昊（皞），他为发展农业生产，派其子句芒督管农事。句芒于冬将去时采河边葭草燃为灰，置于竹管内，待大地阳气上升，管内葭草灰自会浮扬而出。此即表明冬去春来，耕种季节已至，可耕牛却舒服好一阵子后，懒得爬起来去拉犁拖耙。随从举鞭欲抽打耕牛，句芒说："耕牛，我们的朋友，不可虐待它。"于是令随从泥塑伏地耕牛以鞭之。耕牛见其同类以好逸而挨抽，吓得马上站了起来，乖乖地拉犁拖耙供人驱使，当年即获得了好收成。就这样句芒成了督民耕作的神祇，打春牛就这样成了习俗，甚至成了国家迎春的一种典礼。

当初不过将与真牛大小的泥塑耕牛，于立春前三天送到京都东郊，供天子百官耕籍田之前举行打春牛的仪式，表示督牛春耕。到唐宋时代，这套礼仪已演绎成举国上下同时进行的重大活动。每年夏季，即由官方预测来年立春的准确时间，并根据年月干支，决定取哪一方向的水土做成一头春牛和一尊句芒神像。此后，各级地方官都据此规定和样式，也照例塑制。单等到了立春那天，皇帝率领百官在京都先农坛前迎春鞭牛，各级地方官也带领百姓到城郊迎春鞭牛。如果立春那天是在农历腊月十五以前，句芒就摆放在耕牛的前面，表示农事早；如果立春正值岁末年初之际，就让句芒同春牛并列，表示农事平；如果立春在正月十五以后，句芒就被摆放在春牛身后，表示春事晚。人们根据句芒神的塑像与春牛摆放位置来安排农事活动的早晚。

鞭打春牛的场面极为热闹，依照惯例是首席执行官用装饰华丽的"春鞭"先抽第一鞭，然后依官位大小，依次鞭打，最后是将一头春牛打得稀巴烂后，围观者一拥而上，争抢碎土，据说将争抢来的碎土扔进自家田里，就能预兆丰收。此外，亦有纸扎春牛的，并预先在"牛肚子里"装满五谷。等到"牛"被鞭打而破，五谷流出。五谷满地流，也是一个丰收的吉兆。不过也有真牛披红挂彩作为“春牛”的。打牛的地点也不在郊外，而是立春前一日吹吹打打迎春牛在府县衙署之前，次日要以红绿彩鞭打牛身。这就是所谓“打春”。北宋诗人晁冲之有诗《立春》云：“自惭白发嘲吾老，不上谯门看打春。”看来，即使是府县小地，立春打春牛的典礼也是足够盛大、热闹的，晁冲之这位白发老汉不堪自嘲年老，连对上城门楼看打春牛的热闹也有些不便去了。他的意思是让年轻人去热闹快活吧。而到了北宋的京城东京呢？开封府所辖的开封、祥符两县也各自准备了春牛。打春牛于立春那天一大早就开始了。打完牛可能要宰杀，牛肉分给民众。有的记载说，民众为了抢牛肉常常发生一些受伤事件，这倒同今日逢节庆，人们为抢红包而致伤，有那么点相似。可见时有古今，而人同此心呀！

至清朝末期，官方可能由于对农业生产的轻忽，不再举办此类活动，而民间春牛照打，并且办得更加热火，气氛也更加热闹，人们抬着春牛，抬着句芒神，在鼓乐及人们的喧闹声中游行，时而还有迎春的歌声传向四方。

春天来了，春天真的来了，春天在人们打春牛的欢笑声中、在锣鼓点子里走来了，虽此时还有那么点春寒料峭，但人们心里充满了暖意，身上鼓足了劲头，耕牛也不靠鞭打而自奋蹄耕作在广阔的田野……

春天来了，春天真的来了……

春的脚步

立春节气十五天，前五天是东风解冻，中五天是蛰虫始振，末五天是鱼陟负冰。这仿佛是为黄河流域因季节变化所带来的大自然、动物的变化写真。其实这一切都是人们在视野中感觉得到的，在东风吹拂下，冻结的土地变得松软了，河里的水哗哗地流淌，一切仿佛都在“冬眠”中苏醒了过来，蛰居于地下的小虫子随着立春阳气上升，弹一下小腿，晃动一下身子，就要爬到地面恣意地活动一下了。渐渐地薄冰尚未化尽，尚有几块浮在水面的小河里，鱼儿也迫不及待地碰着浮冰从深水里游了上来。人们所感受到的是冬日的余寒尚未完全退去，但春天已开始迈出她来到人间的脚步，离春暖花开已不需要多少时日了。

“五九六九，沿河看柳”，为什么？草木知春。五九尾，六九头，正是立春时节，沿河柳枝会芽苞欲萌。又云“七九河冻开，八九雁归来”，那就是立春节气刚过，雨水节才到，盼惊蛰，望春分了。“九九加一九，耕牛遍地走”，在祖国的黄河中下游，华北大平原上春耕大忙时节到春分才会来呢。这时广大农村正在往地里送粪，给小麦中耕、施肥，甚至浇一次水，对其顺利返青生长也是大有好处的，或者将刚解冻的田耙一耙，给高粱、棉花、芝麻的播种做好准备。再不然将一秋一冬不怎么用的水渠修一下，给水库的大坝培培土、夯夯实，也有的村子组织村民再打几眼水井，为抗旱保庄稼做好准备，而在关外东北地区要为春小麦整地施肥做播种的准备了，西北及广大的内蒙古草原地区，牲畜的防寒保暖倒成了大事。远望祖国的西南云、贵、川等地，农民们则将耕翻早稻秧田抓得紧又紧，选种、晒种，夏收，田间作物的管理也一刻放松不得。

南方春来早。“冷尾暖头”一打春，春耕播种大忙就开始了。“立春雨水到，早起晚睡觉。”南方的农民密切关注着天气的变化，一定要抓住“冷尾暖头”适时下种，同时还要防范霜冻、冰雹及冰冻对经济作物烤烟和蔬菜的危害；柑橘等果林里、禽畜的圈棚中，水产养殖的水面，防寒保暖也是马虎不得的。再者长江中下游地区或以南，还要清沟理墒，沟渠也要确保畅通，如果发现墒气不足，那就得往田里灌点水了。

每年立春都在阳历的2月4日或5日，正是所谓早春二月初，如果这时天气晴和、气温上升，冬小麦就会提前返青旺长。可是这时虽说打了春，天气还是乍寒乍暖，甚至气温会突降至零度以下，那就会出现霜冻的异常天气，将给冬小麦带来灭顶之灾，20世纪50年代初，曾出现过一次这样的霜冻灾害。那次有关部门曾向农民预报过，那天一大早，麦田到处燃起了一堆一堆的火，一时烟雾腾腾。这可能是为抵御霜冻而采取的措施吧！我记得那一年小麦倒没绝收，可减产的幅度相当大。我还记得也就是在那一年政府将郑州地区夏征的公粮给免了。可能以今日各方面条件之向好、科技之发展，已有了使冬小麦免遭霜冻之害的有效防治办法了吧！

春天在哪里？不仅在花草间，不仅在小黄莺的呖呖的歌声里，而且更在广阔的田野上，更在亿万农民的手底下。农民，亿万农民，他们才是画出春天美丽与幸福的圣手！你说，不是吗？

谚语里的立春

一年之计在于春。

这是一句格言式的谚语，出自《增广贤文》，原文说：“一年之计在于春，一日之计在于晨，一家之计在于和，一生之计在于勤。”“一年之计在于春”说得直白一点，就是在一打春就该做一年的打算，“吃不穷、穿不穷，打算不到才受穷”，这是又一句广为流传的民间俗话，“凡事预则立，不预则废”。“一年之计在于春”不但适用于工、农、商、学各行各业，而且对党、政、军这些社会的上层建筑也该是完全适用的。

无论个人、团体、单位，也无论做什么事，只要目标适时明确，计划切实可行，矛盾解决、困难排除，坚持一个“勤”字，还有什么计划不能实现，什么目标、什么梦不会变成现实呢！

早春孩儿面。

这是说早春二月，乍寒乍暖，天气多变，就像小孩的脸一样，忽哭忽笑，没有个定准。无论从事什么样的活动都要根据时间、地点、条件的变化随机应变、见机而行，这样才会避免出现不测的结果，博取成效的最大化。

误了一年春，三年理不清。

民间亦有“一步赶不上，步步赶不上”的谚语，其意义与此相类，道出了事物之间普遍存在的相互联系甚至是因果联系的规律。作为农谚而言，第一句讲不误农时，按时播种，否则秋收一定会造成减产。“人误地一时，地误人一年。”一年秋收造成减产如果亏空太大，则“三年理不清”，填不满亏空，补不了窟窿。这当然是很自然的事。无论做什么事，抓住有利时机，以只争朝夕的精神去拼搏、去奋斗，自会有好的结果。时乎时乎不再来，造成损失，无法弥补，那就只有空留遗憾了。

春打五九尾，六九头。

立春在五九最后一天，或在六九第一天，一般说来立春在六九头多，在五九尾少，但无论是春打六九头或五九尾，都引证了此农谚来自冬至交五九后，对立春之日近似准确的推算。至于

“春打五九尾，家家迈不开腿”，生活就难过；“春打六九头，家家喂上牛”，生活就有奔头，其实并无多少事实根据与科学道理，完全是主观臆断之词。

立春与春节

清废帝溥仪宣统三年（辛亥）十一月初六，孙中山先生到了上海。初十，江苏、安徽、江西、浙江、福建、湖北、湖南、广东、广西、四川、云南、河南、山东、山西、陕西、奉天（今辽宁）、直隶（今河北）十七省代表，开临时大总统选举会。先生以十六票当选。这一天是阳历1911年12月29日，于是通电各省，改用阳历，以十三日为中华民国元年（公元1912年）1月1日。阴历元旦于是就这么成了春节。可是时隔多年，甚至过了一百年以后的今天，依然是“旧历的年底毕竟最像年底，村镇上不必说，就在天空中也显出将到新年的气象来”。从祭灶那天开始，即使到了天空呈现灰白色晚云沉重的傍黑时分，空中也会时时发出闪光，接着传来的是一声又一声钝响。这大约是孩子们在燃放一支又一支爆竹，他们在急不可耐地送走旧岁，迎接新年即所谓春节的大驾快点光临了。

守岁，除夕之夜

“守岁”这一习俗，在唐以前就有了。唐太宗李世民的《守岁》诗云：“寒辞去冬雪，暖带入春风”，又云“共欢新故岁，迎送一宵中”。到宋孟元老《东京梦华录》卷十就有了明确的记载：“至除日……士庶之家，围炉团坐，达旦不寐，谓之守岁。”为什么要守岁？金盈之《醉翁谈录》卷四云：“除夜，京师民庶之家，痴儿呆女，多达旦不寐。”那是为了一句俗谚，说是“守冬爷长命，守岁娘长命”。这也真是可怜这些孩子的心了。以后至金、明都有关于守岁的记载，但大多都是小儿女们乐此不疲。可在河洛地区，一般老百姓却称“守岁”谓之“熬年”，一个“熬”字确实给这一欢乐的习俗带来那么一点点苦涩。也真是的，咱们大河之南，“十年九旱”，兵燹也多，再加上官绅的盘剥，“年年难过年年过”，于是就将辞旧迎新之夜的达旦不寐，称之曰“熬年”了。此一“熬”字可真是用得太贴切、太得体了。

但无论怎么说，年还是要过的。年三十这天，凡是略微能过的人家，尤其是妇女们更是忙个不亦乐乎。粗细面馒头得几笼蒸，饺子馅也得盘多一点。除自己大年初一吃，过了初一客来了也得吃。这时，你到村里走一走，满街上是孩子们在无忧无愁地打闹嬉笑，同时家家户户“砰砰砰……”剁馅的声响，以及夹杂着爆竹的几声钝响，都一齐涌到人们的耳边。各家各户的男人们都出来了，他们忙着往自家外面门框上贴上红红的鲜亮的对联，以迎接新春；门上再贴上门神，以避除邪祟，门框边上还插上柏枝，以祈居家耐寒长久，有些人家，还用木棍紧贴门槛放在两边门墩儿上，意思是挡住富贵，不让外流。

天傍黑，各家的男主人都会带着儿孙去给先人们上坟。上坟归来，天也黑了，该吃晚饭了，忽然一阵阵爆竹声、一阵阵锣鼓镲钹声响起，那是村里诸神会（社）的会首领着一干人等，抬着供品、敲着锣鼓、放着鞭炮，去给村里大庙小庙里的天爷、关爷、土地爷等神祇燃香焚表祭拜了。这是村里的，至于各家各户，能办得起的，也要准备这么一摊儿，不过是从家门以内开始，从先人牌位，到天地神灵一一祭拜一遍，甚至牲口房的马王爷、磨房的白虎大吉也是要摆上供品、烧香、叩头、焚表等祭拜如仪的。然后出门打着灯笼端着一托盘供品，照着几小时前村里诸神会（社）一干人走过的路，一路祭拜过去。

等归来时，夜已深了。忙了一天的女人们还在灯下，一针一线的为儿女赶缝明天要穿的新衣，或者还包着明天一早要吃的饺子。夜里，将交子时，一家大小拥到当院点起了几束柏枝，那柏枝连同青叶立刻毕毕剥剥燃将起来。围着柏枝火的一家老小的脸庞，顿时被熊熊火焰映得通红，他们说着、笑着，仿佛一切都被燃烧着的柏枝散发出来的香气所浸染。于是邪祟逃走了，灾妖远离了。新的一年也就要来了……

也就是在这个时候，鞭炮声从四面八方传了过来，那声音就仿佛滔天的海浪冲击着堤岸，而且这浪花一排比一排高，一排比一排猛，将冲走一切邪祟、一切痛苦与一切不幸，那声音又好像是千万人在欢呼与鼓掌：新的一年，你给我们带来吉祥，带来快乐与幸福吧！我们欢迎你！

春节，大年初一

除夕的守岁，算是给春节正式地拉开了神秘的大幕。

王安石有诗《元日》云：

爆竹声中一岁除，春风送暖入屠苏。

千门万户曈曈日，总把新桃换旧符。

王安石是大手笔，寥寥二十八个字，就将新年春节热闹欢乐和万象更新、宏大明丽的动人景象形象生动地写出来了。尤其是结尾两句，写千门万户都沐浴在温暖的阳光里，大门上的旧桃符都换成新的了。写得简直是妙极了。

但接着人们就产生了疑问：大年初一走上街头，千家万户那大门上的春联在明丽温煦的阳光下第一个映入了你的眼帘，你会觉得那么鲜艳、明亮、热烈，如果再加上鞭炮这时阵阵脆响，孩子们追逐欢笑，大人们这时对新年的彼此祝福，还有那助人欢庆的锣鼓咚咚锵锵，你的感受会怎样呢？可是，这首诗为什么不提春联，倒说什么“新”“旧”桃符呢？

原来，符就是桃符，生活在河洛地区的先民把龙当作自己氏族的象征，而桃符也被当作自己的保护者。东汉的王充在其《论衡》一书中引战国时成书的《山海经》说：东海度朔山上有大桃树，树上住着两个大神人，一个叫“神荼”，一个叫“郁垒”，他们能统治百鬼，并且还能用苇索把恶鬼捆起来喂老虎，于是黄帝作礼，在腊月除夕或大年初一这一天，在门上立大桃人，画“神荼”“郁垒”的神像，来避鬼御邪。明陶宗仪《说郛》卷十《续事始》说：桃符上有时不画神像，而写上“神荼”“郁垒”二神之名。这种改画神像为写神名的桃符，大概就是春联的原始形态。到后来，即五代十国时期之末，蜀后主孟昶未归宋之前一年（按系964年）岁除日，孟昶令学士辛演逊题桃符板于寝门，因其词不工，他就自己题将起来。道是：

新年纳余庆
佳节号长春

这样不在桃木板上画“神荼”“郁垒”神之像或书二神之

名挂于寝门，以驱恶鬼御邪祟，而以对联代之，这该是最早的春联了。至于以红纸取代桃木板，春联普及于全体士庶，恐怕就是较晚的事情了。起码当王安石写《元日》这首诗的时候，春联尚未普及于广大士庶之间。于是他们就只该“新桃符换旧桃符”了。

“千门万户曈曈日”，而千门万户里面的人又在干什么呢？

大年初一早起，天还不太亮呢，家家户户要做的第一件事就是开门燃放爆竹，驱除邪祟，以迎禧接福。接着是给家里供奉的祖先以及各路神灵烧上一炷或三炷香。这时热腾腾的饺子也该出锅了。小儿女们虽然垂涎欲滴却不能吃，大人们说要先将饺子供飨了祖先，供飨了神灵才能吃呢。

饭后是小儿女们给长辈拜年，长辈给十二岁以下的儿孙发压岁钱。春节这天，女人不捏针线，不拿箕帚，男人们也只是带着儿女出门拜年。先给未出五服的爷爷、奶奶以及伯叔大娘婶子拜，然后是去给较远的同族长辈拜，往往是来到这些人家，晚辈们说拜年哩，这些长辈就会热情而又亲切地说：“有了，有了，一来就有了。”但是，对着远门子同族家祖先牌位行跪拜礼却是少不了的。就这样一家一家走过去，而每家的爷爷奶奶伯叔婶子大娘，对这些来拜年的晚辈，一把花生、糖果或柿饼的酬劳都是少不了的。

如果是太平年月，五谷丰登，大一点的村子往往会组织年轻后生自导自演，再不然是请戏班子来给村里唱几天戏也是少不了的。只要锣鼓家伙一响，全村老小都来瞧不说，邻村的男女来了，甚至跑七八里来看戏的男女也不少。初一到初五，这戏还会唱四五天呢。

喧天的锣鼓，脆响的鞭炮，小儿女的阵阵欢笑，男人和女人们一年三百六十五天，难得这一天的清闲，他们和她们祈望着新一年的幸福日子……也就在人们的祈望中及互相祝福中，将春节的热烈气氛在农历元旦这天推向了高潮。

初二到“破五”

大年初一已过，从初二到初五就算是春节从高潮进入余波阶段。

大年初二，是出门的闺女跟着女婿携儿抱女回娘家，给娘家的爷奶爹娘拜年。礼品往往是几个白面蒸的大油糕。这也得看女婿家有或没有。这油糕有一二斤一个的，也有三五斤一个的，甚至还有七八斤一个的，也许就因为这个吧，家里生了女孩，也说生了个“大油糕”。

如果女儿家家境不怎么样，老娘心疼女儿，就会让外孙儿外孙女留下来一直住到快麦熟才走。这样也往往会引起一些家庭成员之间的矛盾。有一首童谣可说是从孩子眼中看出了其中的蹊跷：

黑老鸹，胖墩墩，
我去姥娘家住一春。
姥娘见我喜欢欢，
妗子见我瞪瞪眼。
妗子妗子你别瞅，
豌豆开花俺就走。
割罢麦，打罢场，

扤着油糕瞧姥娘。
姥娘吃，妗子看，
气死妗子王八蛋。

这也真个是童言无忌呀！

初二这天，做女婿的一般都要去给岳父岳母拜年，而新女婿则是必须去的。如果家里有事实在走不开，可改在初四去。青年夫妻结婚十几年了，年年这天都要“走丈人”，去给岳父岳母拜年。直至夫妻两口子年龄渐大，必须在家主事，真脱不开身的，也得由儿女代自己去给姥爷姥姥拜年。

为什么女婿走丈人，初二没去成，非改初四去，那初三为什么就不兴去呢？

说“走丈人”初三去不得，就是去不得。因为初三这天要祭祖，是所谓的“鬼节”。中原各地大都忌讳初三走亲串友。不过岳父岳母不在了，女儿跟女婿回娘家给父母扫墓，这倒还是可以的。

大年下这几天忌讳非常多，比如打破了碗、盆、缸等，叫作出了“破茬儿”，再不然欠人债多，烦心事多，初五这天再吃顿饺子或面片，就可补上“破茬儿”，就可以把欠外债的“窟窿”给补上。这么一来，“破五”恐怕就该叫作“补五”了。可是中原大多数地区，他们的“破五”却是破除年下这几天一切忌讳的“破五”。

破五前后，正是串亲访友的好日子。看舅的、看姨的、看姑的、看干爹干娘的等，都是在这时候。具体哪天去倒没什么规程，只是根据关系的亲疏、路程的远近，各自作出安排罢了。

瞧，大路上人们或开动“11号”，或骑车儿，或开汽车。穿红着绿的，西装革履的，大家仿佛有了什么约会，三五成群，手提肩扛，奔走在田间阡陌，穿行于大街小巷。认识的，不认识的，见了面互相点个头，道声春节好，好不和谐！好不喜庆！这是一道多么美好的民俗景观啊！

年节走亲戚，互相表达美好的祝愿，也互送礼品传递亲族间浓浓的亲情。至于礼品的品种多少倒不大讲究，前些年，多是以白面馒头做礼品，这几年生活好了，多是几盒糕点、几斤水果或干果，或者是成箱的、成袋的牛奶、燕麦片等营养品。但无论怎样，彼此都不会计较，“有那个意思就中”，大家觉得舒坦顺心，觉得亲而无间，皆大欢喜。走亲串戚，要的不就是这个效果吗……

立春民俗五题

咬春

“咬春”又叫“食春菜”，盛行于北京与河北等地。每年立春之日，无论贵贱，家家咬食生萝卜。因为萝卜味辣，取古人“人常咬得菜根，则百事可做”，其意是说人如果能经常吃得了菜根，那么无论什么事情都可以做得（成功），艰难困苦，玉汝于成，此俗大有立春伊始促人立志之美意。“咬春”，也可以吃白面烙成的春饼，并卷上葱、酱、清酱肉、摊鸡蛋、炒菠菜、韭菜、黄花粉丝、豆芽菜而食之。当然这要比咬萝卜好吃多了。

戴春鸡，佩燕子

戴春鸡是立春之日古老的风俗。每年立春日，人们用布制作小公鸡，缝在小孩帽子顶端以祝愿“春吉（鸡）”，预示新春吉祥。未种牛痘的孩子，春鸡嘴里还要衔一串黄豆，以鸡吃豆来寓意孩子不生天花、麻疹等疾病。

佩燕子是陕西一带人民的风俗。每逢立春日，人们喜欢在胸前佩戴用彩绸缝制的“燕子”。此俗源自唐代，现在仍在农村中流行。因为燕子是报春的使者，也是幸福吉利的象征。所以许多人家，都在自己厅房正中或屋檐下，修建燕子窝，只要你能在房檐的墙壁上，搭上一小方垫板，上写“春燕来朝”四字，燕子就可建筑起窝来。燕子是候鸟，春天飞到北方，秋天飞到南方。“不吃你家谷子，不吃你家麻子，只在你家抱一窝儿子。”所以向阳人家喜欢在院落的房舍里，让燕子繁殖生息。每年立春这天，人们都喜欢佩戴“燕子”。特别是小孩，父母早给他（她）们准备好了，他们戴在胸前，手舞足蹈，到处炫耀。

送穷节

传说穷神是上古高阳氏（一说高辛氏）之子履约，他平时喜好穿破旧衣服，吃糜粥。别人送给他新衣服穿，他就撕破，用火烧成洞，再穿在身上。家里的人称他为“穷子”，正月末，他死于陋巷之中，所以人们在这天做糜粥、丢破衣，在街巷中祭祀，称为“送穷神（鬼）”（据梁·宗懔《荆楚岁时记》引《金谷园记》），至宋，送穷之俗仍流行。但送穷日子提前于正月初六。《岁时杂记》记载人日前一日，人们将垃圾扫拢，上面盖上七张煎饼，在人们还未出门时，将它抛弃在人们来往频繁的道路上，表示已将“穷神（鬼）”送走了。

送穷节，在山西大部分地区人家“喜入厌出”，这一天要打扫庭院，忌到别人家借取东西。寿阳等县讲究早晨从外面担水，称为填穷。这一天的饮食多为吃面条。晋南地区讲究用刀切面，煮面食之，名为“切五鬼”，妇女在这一天忌做针线活，担心刺了五鬼的眼睛。

送穷神（鬼）一俗，以独特的方式表达了人们想摆脱贫穷的强烈愿望，唐韩愈写《送穷文》，姚合写《晦日（正月最后一天）送穷》诗，道是：“年年到此日，沥酒拜街中。万户千门看，无人不送穷。”可见此送穷之俗于唐为盛，而到了宋代也并无式微之象，只是改在正月初六行之罢了。对此俗，诗人石延年则表示了不同的看法：“世人贪利意非均，交送穷愁与底人？穷鬼无归于我去，我心忧道不忧贫。”诗人批评送穷人之损人利己之思，且自我表白说：“穷鬼没投儿去都跟我来吧，我心所忧虑的是圣贤之道之未行，从来就没有一丝一毫为贫穷而忧虑的心思。”这又是何等样的胸怀啊！

人日，人类的生日

人日在大年初七，传说女娲造人时，前六天造出的是所谓的“六畜”，即鸡、狗、羊、猪、牛、马，而到第七天才造出了人，第八天才造出了五谷，故汉民族以正月初七为“人日”，即人类的生日。“七”谐音“齐”，人日又被称作“人齐日”。讲究这一天必须合家团圆，即使外出也必须当天赶回。陕西关中地区初七晨，家家皆以长寿面为食，愿老人福寿长存，愿小儿女健康成长，“长命百岁”；而到陕北一带还有“以糠著地上，以艾柱灸之，名曰救人疾”，即“疾七”之俗。疾七、疾弃、疾去，祛凶求吉之意隐含于内。

古代“人日”还有戴“人胜”之俗。“人胜”是一种头饰，又叫“彩胜”“华胜”。从晋始有剪彩为花，为人，或镂金箔为人，而贴于屏风或窗户，为人戴在头发上的习俗。唐徐延寿《人日剪裁》诗云：“闺妇持刀坐，自怜裁剪新。叶催情缀色，花寄手成春。帖燕留妆户，黏鸡待饷人。擎来问夫婿，何处不如真?”这岂不是人日风俗的真实写照吗?

“老鼠嫁女”的民间传说

“老鼠嫁女儿”亦称“老鼠娶亲”，河洛地区直称其为“老鼠娶媳妇儿”，具体日子，因地而异，有正月初七、初十、十四、二十五诸说。

传说很久很久以前，一对年迈的老鼠夫妇住在阴暗潮湿的黑洞里，眼看着自己如花似玉的女儿一天天长大。

夫妻俩许诺，要为闺女找一个最好的婆家，要让闺女摆脱这种不见天日的生活。于是，老鼠出门寻亲。刚一出门，看见天空中雄赳赳的太阳。他们琢磨着，太阳是世间最强大的，任何黑暗鬼魅，都惧怕太阳的光芒。女儿嫁给太阳，不就是嫁给了光明吗？太阳听了老鼠夫妇的请求，皱着眉头说：“可敬的老人们，我不是你们想象的那样强壮，黑云可以遮住我的光芒。”老鼠夫妇哑口无言。于是来到了黑云那里，向黑云求亲。黑云苦笑着回答：“尽管我有遮挡太阳的力量，但是只需要一丝微风，就可以让我云消雾散。”老鼠夫妇寻思着，找到了克制黑云的风。风笑道：“我可以吹散黑云，但是一堵墙就可以把我制服!”老鼠夫妇又找到墙，墙看到他们，露出恐惧的神色：“在这个世界上，我最怕你们老鼠，再坚固的墙也抵挡不了老鼠打洞，最终崩塌。”

老鼠夫妇面面相觑看来还是咱们老鼠最有力量。两个老人商量着，我们老鼠又怕谁呢？对了，自古以来老鼠最怕猫！于是，老鼠夫妇找到了花猫，坚持要将女儿嫁给花猫。花猫哈哈大笑，满口答应了下来。在迎娶的那天，老鼠们用最隆重的仪式嫁出最美丽的女儿。意想不到的悲剧发生了。花猫从背后蹿出，一口吃掉了自己的漂亮新娘。

老鼠们对自己失去了信心，且无自知之明，为了自己不切实际的幻想而一味讨好仇敌，到头来也只能成为仇敌筷子底下的下酒菜，老鼠们也真够愚蠢的。小时候，每逢春节就可以买到有趣的《老鼠嫁女儿》彩画，这几十年倒没见过以此为题材的年画儿了。

立春的歌

“春秋代序，阴阳惨舒，物色之动，心亦摇焉。”这是中国古代大文艺理论家刘勰在《文心雕龙》里说的，意思是说季节不断更换，天气阴冷使人郁闷，晴和使人舒畅，景物的变化，引起人们心情的波动。

你瞧，立春了，春天来了，宋代那个道学味很浓的老夫子张栻写了一首题作《立春偶成》的七绝，诗云：

律回岁晚冰霜少，春到人间草木知。
便觉眼前生意满，东风吹水绿参差。

原来古人以太簇、夹钟、姑洗、仲吕、蕤宾、林钟、夷则、南吕、无射、应钟、黄钟、大吕等十二律配十二月。以太簇至大吕，恰好是正月至腊月。腊月当然是“岁晚”，年尽月到，因为诗人生活在南宋，其淮河以北就是女真人统治的金朝了。因此即使是腊月也是气温较高，比起黄河流域当然是“冰霜少”，第二句紧扣诗题，曰“春到人间草木知”。江南春早，一打春，就见到花草树木萌出了嫩嫩的芽尖，在诗人眼里，草木也是有灵性的，诗人将自己的感情移到草木上来，无知的草木也有了感情，有了知觉，你看它在向人们报告春天来了的信息呢。“春到人间草木知”，草木是那样的善解人意，是那样的逗人喜爱哟！

当然以如此愉悦之情看眼前的世界，一切都充满了希望，一切都充满了生机，“东风吹水绿参差”，如果上一句是虚写，这一句则是实写，东风送暖，绿波荡漾，这就好像在这东风不寒的杨柳风里，参差荡漾的绿水仿佛也在告诉人们“江南三月，草长莺飞”的时节不久就要来了。春天来了，生机无限，希望无限，人们在憧憬着无限美好的愿景……

再看晚唐诗人韦庄《立春》这首七律：

青帝东来日驭迟，暖烟轻逐晓风吹。
罽袍公子樽前觉，锦帐佳人梦里知。
雪圃乍开红菜甲，彩幡新剪绿杨丝。
殷勤为作宜春曲，题向华笺帖绣楣。

这首诗一开头说就这位春之神驾着太阳迟迟东来。细细品味，句里满含埋怨的味道，因为人们已久不耐冬寒的困扰，立春了，虽然迟了点，但这位春之神毕竟乘着东风来到了人间。“暖烟轻逐晓风吹”，早晨的风不似前几日那么针砭肌骨了。还穿着皮袍子的公子哥儿对着酒杯清醒地感到有几分发燥；立春了，睡在锦帐里的美人正做着到野郊踏青，看花游春的梦。北方春迟，不似江南，“竹拥溪桥麦盖坡，土牛行处亦笙歌。曲尘欲暗垂垂柳，醅面初明浅浅波”，竹茂麦肥，土牛行歌，垂柳吐芽，河水泛波。而在北方黄河流域所能看到的也只能是“雪圃乍开红菜甲，彩幡新剪杨柳丝”了，残雪覆盖的菜园子里，蔬菜冒出了红红的芽苞，还有着寒意的大街上飘着彩纸、彩绢剪成的彩旗，还有人将彩旗剪成丝丝垂柳，正在晓风中摆动呢，我们的诗人，他又在干什么呢？“殷勤为作宜春曲”，原来他在写诗，写适合春天的诗，并且还要将这充满春意带着温煦的诗句，书写在彩笺上，贴在大门上头同人们一起祝贺春天的到来呢。今天立春了，春天这位美丽的女神已随着东方的日出走了过来，让我们出来到大街上到东郊去迎接她吧！

这首诗写出了人们对久已期盼的春天来临时的那种喜悦，写出了顶着残雪覆盖而菜芽欲吐的强大生命力，这种生命力是顽强的，也是无限的。冬去春定要来，这岂不是不可抗拒的大自然的法则吗！诗中对那种久困于冬寒而一旦春来的喜悦之情，从他要写宜春曲，而且还要书于华笺贴于门头，我们感觉到了，而且我们甚至触摸到了……

让我们再鉴赏一首被人称作“兼有天人之巧”写立春的词作：南宋词人吴文英的《祝英台近·除夜立春》：

剪红情，裁绿意，花信上钗股。残日东风，不放岁华去。有人添烛西窗，不眠侵晓，笑声转，新年莺语。旧尊俎。玉纤曾擘黄柑，柔香系幽素。归梦湖边，还迷镜中路。

可怜千点吴霜，寒销不尽，又相对、落梅如雨。

咏怀节日的词，在词中虽不少，但并不易写好，张炎说这类词不过是“应时纳祜之声”（见《词源》），即应景文章，大多是说几句吉祥如意吧。但吴文英这首咏“除夜立春”的词，却一向为人所称道。

词开头写节日情景。“剪红情，裁绿意，花信上钗股。”红、绿指节日插戴在头上的花朵，这朵花是剪纸而成的小旗。《岁时风土记》载：“立春之日，士大夫之家，剪裁为小旗，或悬于家人之头，或缀于花之下。”辛弃疾的词里也一再提到，如“看美人头上，袅袅春幡”（《汉宫春》）。看来这是唐宋以来立春日妇女们都喜欢的一种装饰品。陈廷焯说“梦窗精于造句”。这首词里说“剪红”则有“情”，“裁绿”则有“意”，正暗传出人的欢乐情意。花信，“花信风”的简称，即花期。此处指彩幡。她们喜气洋洋地“剪红”“裁翠”之后，就把它戴在头上。这三句遣词造句的巧妙就在于：本是叙述剪春幡戴在头上这样一件事，但不孤立地“记事”，却十分自然地表现出人的心情。

“残日东风，不放岁华去”。残日，一年的最后一日，也就是除夕。东风，是春来的象征。这两句说除夜将去，立春即来，应题目的“除夜立春”。“不放岁华去”，正表示出这样的态势，欲去未去——除夜；欲来未来——立春。王湾《次北固山下》有“海日生残夜，江春入旧年”句，与这首词的“残日”构思有相近处，可供参照一读。

“有人添烛西窗，不眠侵晓，笑声转，新年莺语。”“有人”不是指自己，而是指他人，也包括那些“剪红”“裁绿”的妇女，她们在“守岁”，因此不断地添烛，等待着新春的到来。“笑声转”，正是指那些有“情”有“意”，心里充满着欢乐的人，他们笑语声喧，迎接新年的到来！除夕之夜，他们有许多活动，作者把它熔铸在这三句话里面，从“添烛”，从“笑声转”（转者，不停也），突出的是人的欢乐情景。这种欢乐的气氛弥漫上阕，由首句的“剪红情”连贯直下，写出了人家除夕守岁以及迎接新年之乐。

“旧尊俎”关键在一个“旧”字，引起后面绵绵不尽的回忆。“玉纤曾擘黄柑，柔香系幽素。”纤纤玉手曾经剖开过果盘里的黄柑，那指上的柔香好像附在眼前的黄柑之上，引起幽郁中寂寞的情怀。“旧”字点出是在忆念往事，举了过去两人之间的一件事：玉纤擘黄柑。今天黄柑仍盛在春盘里，柔香却仿佛仍附在那上面和作者在《风入松》里“黄蜂频扑秋千索，有当时纤手香凝”写法相似。“黄蜂”句给人以“动”感，而此句是“静”态，都是情语，更是痴语。周邦彦有“纤指破橙”（《少年游》）与“玉纤”句相仿。但这里前有“旧”，后有“系”，把过去、现在两种不同的情境联结到一起：去者已不可复得。“柔香”却永远留了下来。写相思怀念之情，蕴藉含蓄，而这正是作者善炼字面、雕琢工丽而又不失于晦涩之处。

“归梦湖边，还迷镜中路。”伊人不见，思而成梦，梦中归去之处是风景如画的西湖。“十载西湖，傍柳系马，趁娇尘软舞”（《莺啼序》）。吴文英与一位姬人在杭州住过十年之久。柳下系马，他们尽情地欣赏过西湖的艳丽景色。如今旧地重临，梦中不识路，只觉得湖水波光如镜，却连先前走过的路也辨认不出来了。这种光景也正如崔护诗里的“人面不知何处去，桃花依旧笑春风”（《题都城南庄》）。吴文英写来，却不这么直截了当，迷离惝恍，炫人眼目，因此引来张炎的讥嘲：“吴梦窗如七宝楼台，炫人眼目，碎拆下来，不成片段”（《词源》）。不过四句连看，也可见梦窗词的结构严密，是“碎拆”不得的。即令“碎拆”，也仍是“炫人眼目”的“七宝”。

“可怜千点吴霜，寒销不尽，又相对，落梅如雨”。结尾是响应词的开头，写这“除夜立春”的眼前景象。“吴霜”，用李贺《还自会稽吟》中“吴霜点归鬓”。说自己此刻孤身做客，两鬓花白，好像沾上千点吴霜，在这“寒销不尽”的天气里，对着飘零如雨的梅花，默默无言相对。

这首词扣紧“除夜之春”，咏怀节日，目的还是为表现人。为写节日而写节日，一般不会有动人的词章。这首词上下阕截然不同：上阕写人家守岁之乐，可以比照自己守岁之苦。从而有“归梦湖边”的幻觉。含蓄空灵，用笔幽邃，如周济所说：“天光云影，摇荡绿波，抚玩无斁，追寻已远”（《介有斋论词杂著》）。它给人一种神秘的美感，在唐宋词中别具一格。

立春与养生

人与自然界是一个统一的整体。自然界的一切生物均受四时春温、夏热、秋凉、冬寒气候变化的影响。这么一来，就形成了春生、夏长、秋收、冬藏的自然规律。一年四季的变化同样随时影响人体。人的五脏六腑、四肢九窍、皮肉筋骨脉等组织的机能活动与季节变化息息相关。古人在“天人相应”的整体观念上创造了科学的养生理论和方法。四时阴阳规律是万物由生而死，由始而终的根本法则，顺应它就会健康无病；违背它，就会患病夭折。因此，根据四时的阴阳变化规律进行调摄，即所谓“养时气而善天和”，就能预防疾病、延年益寿。

立春由大寒来，阳气上升，而寒气未消。但东风解冻，“东风生于春，病在肝”。春应于肝，肝藏血，主疏泄，在志为怒，肝阴血不足，则疏泄失职。阳气升泄太过，表现为稍受刺激就容易发火。肝脏最喜欢的是调达舒畅，最厌恶的是抑郁恼怒，俗话说“怒火伤肝”，也即这个意思，医者云：“肝与胆为表里，足厥阴（少阳）也。其经旺于春，乃万物之始生也。”肝胆经气都在春天旺达条畅。在这美好的春天里，精神之调摄一定得适应万物蓬勃的生机。像《素问·四气调神大论》说的“生而勿杀，予而勿夺，赏而勿罚”，都是要求在春天一开始，在精神修养上要做到心胸开阔，情绪乐观，对他人对社会多施与些爱心，多作出一些贡献。《类修要诀》说得很好，这时节就是要“戒怒暴以养其性，少怒虑以养其神，省言语以养其气，绝私念以养其心”。

从立春至立夏这九十天里，务必使自己精神愉快，气血调畅，以使一身阳气活活泼泼地运行滋生，以适应春阳萌生、勃发的规律。

起居上，《素问·四气调神大论》要我们“夜卧早起”，人们的口头谚语也说“立春雨水到，早起晚睡觉”。立春以后，天气转暖，阳气回升，万物升发。随着时间的推移，昼越来越长，夜越来越短，作息时间也要适应季节的变化作出调整。这样晚睡早起就成为必要，不如此不足以防止人体受到春天气息的震荡。这种“震荡”，一方面是由于气温回升，空气湿润，使人皮肤腠理逐渐舒展，循环系统功能加强，皮肤末梢血液供应增多，汗腺分泌也增多，使身体困乏，发生“春困”现象，老是睡不醒，“春眠不觉晓”，睡起懒觉没个了。另一方面不顺势而遵“晚睡早起”的养生之道，就会产生许多不良后果。例如会导致人体内的阳气因受到抑制，不得疏泄，从而使人体气息不畅，邪气乘虚而入，造成“上火”，以致伤害肝脏，使肝气不畅。《素问·四气调神大论》说：“此春气之应，养生之道也。逆之则伤肝，夏为寒变，奉长者少。”因阳气受抑，至夏则可能产生寒性病变，导致能量不足，引发一系列疾病。

当然，所谓“晚睡早起”亦不可走极端。立春时节，晚上 10 点一定要睡，早上 6 点多起床也就可以了。

立春时节，“乍暖还寒，最难得息”。从养生出发，防风御寒还是应该注意的。注意养阳敛阴，衣着既要宽松舒展，又要柔软保暖。根据气候特点，衣服不可顿减。如果过早脱掉棉衣，极易受寒，寒则伤肺，导致呼吸系统疾病，如流感、上呼吸道感染、急性支气管炎、肺炎等症。因此，“春捂秋冻”，随气温变化而及时加减衣服，还是有其科学道理的。

在饮食上，根据春季阳气升发，人体代谢开始旺盛的特点，饮食宜选辛、甘、温之品，忌酸涩，宜清淡可口，忌油腻生冷之物。辛、甘之品可发散为阳以助春阳，温食利于护阳，大枣、柑橘、蜂蜜、花生、芫荽、韭菜等皆为应时之品。红枣、薏米补气养血，而韭菜又能增强人体对细菌、病毒的抵抗能力，甚至可以直接抑制或杀死病菌，养护阳气，大有裨益于人体健康。韭菜以颜色嫩绿、茎叶新鲜多汁者为上品。

立春时节要平衡消化，多吃些五谷杂粮，如玉米、小米，多吃些生菜、芹菜、小白菜等富含膳食纤维的新鲜蔬菜，调味品如姜、葱、蒜等有祛湿、避秽浊，促进血液循环、兴奋大脑中枢的功效，也要适量食用。尤其立春前后正当春节期间，居家欢宴、亲朋相聚，切记不可暴食肥鲜，暴饮醇酒。因其对立春之调理养生皆为大不利也。还有一点应注意的是，立春时节饮食宜辛、甘、温，其原因在于春为肝气当令，不宜大热、大辛之食，即使对阳气虚弱者，如参、茸、黄芪、冬虫夏草之类也宜慎用为上。这些当然是好东西，然阳气过旺则克脾，使中土衰弱，那也是不利于健康的。

在活动上，春日到来，万木争荣，人应随春生之势而动。立春日出之后，日落之时为散步健身大好时光。散步之处应为河边湖旁，公园之中，林荫道或乡野小路。因为这些地方空气中负离子含量较高，空气清新。散步时穿着要宽松舒适，鞋要轻便，以软底为好。散步中可采取全身活动，如合搓双手，揉摩胸腹，捶背打腰，拍打全身，以利于活血化瘀，通气血，生发阳气。

既是散步，就不要拘泥形式，应量力而行决定速度快慢，时间长短，应以劳而不倦、轻微出汗为度。其速度一般分为缓步、快步、逍遥步三种。年老人以缓步为好，步履缓慢，脚步稳健，一分钟走六七十步就蛮好。如此可使人稳定情绪、消除疲劳，亦有健胃助消化之效。快步，每分钟可走一百二十步，轻松愉快，久行可使精神振奋、大脑兴奋，使得下肢矫健有力，这对中老年体质好者和年轻人较为适合。逍遥步，散步时且走且停、时快时慢，行走一段，稍事休息，继而再走，或快走一程，再缓走一程。这种时走时停、时快时慢相间的逍遥散步，对病后康复期的患者或体力不足者是适合的。

此外，如慢跑，有增强免疫力、改善心肺功能及降血脂之效。身子休息了一个冬天，趁立春之时，万物复苏，慢跑是一项简单、实用而且非常应时的运动，它对于改善心肺功能、降低血脂、提高新陈代谢能力和增强机体免疫力、延缓衰老都有较好的作用。慢跑还有助于调节大脑皮质的兴奋和抑制，促进胃肠蠕动，增强消化功能、消除便秘。慢跑前做3—5分钟的准备活动，如伸展肢体及徒手操等。慢跑速度掌握在每分钟100—200米，锻炼时间以10分钟左右为好，慢跑时两手握拳，步子均匀有节奏，注意用前脚掌着地不要用足跟着地，慢跑后要做一下整理运动。锻炼时间以早晚为宜，宜选择绿化地带较多、空气新鲜、机动车辆不多，人行道与机动车道界限分明的路线进行。

二 雨水，春雨贵似油

雨水，二十四节气中的第二个节气。每年2月18日、19日或20日，当太阳到达黄经330°交雨水节开始，到3月4日或5月结束，这期间严寒已过，天气回暖，降雨也逐渐多了起来。《月令七十二候集解》说："正月中，天一生水，春始属木，然生木者必水也，故立春后继之雨水。且东风既渐解冻，则散而为雨矣。"当气温回升、冰雪融化、降水增多，雨水节至。这雨水同小雪、大雪一样在二十四节气里皆以反映降水现象而得名，且与其他二十四节气之得名由原因区别开来。

在黄河流域尤其中下游，华北平原南部及黄淮平原上，如果你有机会到郊野走一走，时而会听见嗷嗷雁鸣，一抬头你就会看见大雁或排成"一"字，或排成"人"字自南而北，从你头顶的蓝天上拍打着有力的翅膀飞过，俯视一下大地，无际的麦田要返青了，田边的花草开始萌动，一眼就可以看得见花草尖尖的尚未展开的芽蕾：那无际的麦田，那经冬的麦苗油菜苗，好像伸了伸腰肢，正努力返青呢。

有兴趣到渔塘边走一走，你可能会发现鱼塘岸边摆着几条小鱼，据说是水獭从塘里捉来摆在那里的。古人将这种物候现象，称之曰“獭祭鱼”，据说有獭祭鱼现象的发生，就是一年好运的开始，是五谷丰登的好兆头哩。

雨水前后，冬小麦、油菜开始返青，需要大量的水分，可黄河流域从大西北到华北、黄淮平原往往降水不足，造成这些越冬作物干渴需水的要求不能满足。这样，满足冬小麦、油菜等越冬作物对水的需求，就成了亟待解决的大问题。

雨水时节，春灌佳期，可春灌宜早，旱象早除，满足了冬小麦、油菜返青时对水肥的需求，那它们就能及早茁壮成长。要是晚了，那就不好了，一是满足不了冬小麦、油菜等过冬作物对水肥之需求，因此而使得地温回凉，那就大大不利于冬小麦、油菜这些过冬作物的发育成长；二是如果因为晚灌而使得土壤湿度过大，气候温度再高一点，就给病虫害的滋生与繁衍提供了条件，那麻烦可就大了。

“春雨贵似油”，春水也同样贵似油。其贵在于适时，宜早不宜晚；在于适量，宜节水灌溉，防止大水漫漶、沟灌、畦灌，这时喷灌倒是节约水源的有力之方。

每次春雨过后或春灌过后，紧跟着就要中耕除草，清除土壤的板结现象，让土壤贮存水分保有墒情，从而使得过冬作物生长发育得更好，这岂不就是为冬小麦、油菜的丰收开了个好头吗！

雨水时节，在我国广大的幅员里，南北不同，东西有别。在北方汩汩清水伴着肥料流入广阔的麦田及油菜田里时，而在淮河以南，农事则要以中耕除草、搞好田间清沟沥水。否则春雨如果过多，导致过冬作物因湿害而根儿烂了，就不好了。而在大江以南的广大华南地区，双季早稻育秧已经开始，紧紧抓住“冷尾暖头”抢时播种，一刻也耽误不得，一播全苗可是目标呀！

可别忘了，雨水时节，寒潮往往从漠北来袭，天气忽而冷忽而热，没有个定准，对已返青生长的农作物危害极大，看来防寒防冻工作也是要时时挂在心上的。

雨水是个好时节，大河上下，大江南北，近二十亿亩的土地在农民的手里从冬眠中苏醒了。忙着浇水，忙着施肥，忙着中耕除草，忙着双季早稻的育种，农时耽误不得呀！人误地一时，地误人一年，牵系一年的粮食是否丰收，牵系中国十三亿人的吃饭问题，无论如何，这可都是马虎不得的。

谚语里的雨水

一、反映天气与物候的

雷响雨水后，晚春阴雨报。

冷雨水，暖惊蛰；暖雨水，冷惊蛰。

暖雨水，冷惊蛰，暖春分。

雨打雨水节，二月落不歇。

雨水东风起，伏天必有雨，

雨水淋带风，冷到五月中。

雨水落了雨，阴阴沉沉到谷雨。

雨水落雨三大碗，大河小河都要满。

雨水明，夏至晴。

雨水南风紧，回春早；南风不打紧，会反春。

雨水前雷，雨雪霏霏。

雨水日晴，春雨来得早。

雨水无雨，夏至无雨。

雨水阴寒，春季勿会早。

雨水有雨百日阴。

雨水雨水，有雨无水。

雨水节，雨水代替雪。

雨水非降雨，还是降雪期。

七九河开，八九雁来。

二、反映农事活动的

雨水无水天气寒，清明无雨多吃面。

雨水清明紧相连，植树季节在眼前。

春雨贵如油。

七九八九雨水节，种田老汉不能歇。

雨水到来地解凉，化一层来耙一层。

麦田返浆，抓紧松耪。

麦子洗洗脸，一垄添一碗。

麦润苗，桑润条。

雨水不落，下秧无着。

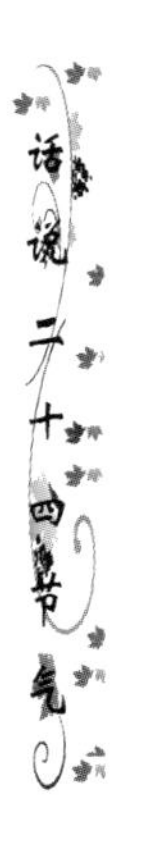

三、反映养生的

七九六十三，路上行人把衣宽。
“雨水”雨增温度升，华北大地渐解冻。
抓紧划锄冬小麦，化一层来锄一层。
大麦葵花和蓖麻，顶凌播种产量丰。
黄河来水快蓄灌，莫得断流浇不成。
河水井水双配套，水到用时有保证。
春田肥料早运上，耙耢保墒不容停。
大搞棉花营养钵，适时早播还省种。
地瓜育苗早打谱，抓紧盘烧和挖坑。
果园认真来管理，剪枝刮皮把土松。
牛马驴骡要加料，春耕春种如虎猛。
养鱼宜用废弃地，烧完砖瓦挖鱼坑。
结合积肥整鱼塘，塘深地壮鱼粮增。
水深才能养大鱼，上中下部鱼三层。

“雨水”的狂欢——元宵佳节

“元”其义为第一，正月是一年十二个月之首，所以叫作元月。宵，其义为夜晚，看来元宵就是一年中第一个月的月圆之夜。正月十五这天前后，家家户户张灯、送灯、玩灯。十五夜更是通宵灯火通明。因此，元宵节又叫“灯节”。

原来，道教把正月十五、七月十五和十月十五分别称为“上元”“中元”“下元”。如此，元宵节又可称为“上元节”了。隋文帝杨坚在位期间，人们闹元宵的规模相当盛大，还没有登上帝位的杨广就有《正月十五日通衢建灯夜升南楼诗》，有句云："灯树千光照，花焰七枝开。月影凝流水，春风含夜梅。"这就是对当时长安通衢大道两旁元宵灯会的具体描述。当时还有个人叫柳彧，他看不惯闹元宵这个"闹"，便上书给隋文帝，要求禁绝。《隋书·柳彧传》是这么说的：

> "彧见近代以来，都邑百姓每至正月十五日，作角抵之戏，递相夸竞，至于糜费财力，上奏请禁绝之，曰：'……窃见京邑，爰及外州，每于正月望夜，充街塞陌，聚戏朋游，鸣鼓聒天，燎炬照地，人戴兽面，男为女服，倡优杂技，诡状异形。以秽嫚为欢娱，用鄙亵为笑乐，内外共观，曾不相避。高棚跨路，广幕凌云，袨服靓妆，车马填噎。肴醑肆陈，丝竹繁会，竭资破产，竞比一时。尽室共孥，无问贵贱，男女混杂，缁素不分。秽行因此而生，盗贼由斯而起。浸以成俗，实有由来。因循敝风，曾无先觉。非益于化，实损于民。请颁行天下，并即禁断。……'诏可其奏。"

柳彧其奏，其人不达时变、不顺人情，但其对上元之夜闹元宵情景的描述，倒使我们仿佛穿越时空回到了一千五百年前长安的上元之夜，看到了一幅逼真而生动的正月十五闹元宵的风俗画。这可是一份不可多得的人文历史景观哟！

时变挡不住，人情不可违。到了唐代睿宗李旦还带着老婆于景龙四年（710 年）的上元之夜微行出宫观灯去了，而且还一连去了两个晚上。这么一来，唐代就将上元的一夜狂欢延至三夜，到了宋代，则又先后延至五夜、六夜，先“起于十四，止于十八”。后又增加十三日一夜。而到了明成祖朱棣永乐七年（1409年），又下诏“元宵节自十一日为始，赐节假十日”。清代仍盛行，“自十三日至十六日四永夕，金吾不禁”。可一般则是正月十四试灯，十五日为正灯，十六日为续灯。以后陆陆续续延至正月十九，叫作“封口”，表示年节至此宣告全部结束，人们该回到各种农业生产活动中去了。

河洛地区是将每年的正月十五当作“小年下”的。祭祀神灵不可少，上坟祭祀先人也不可或缺，以祈求神灵与祖宗保佑平安、人丁兴旺、年年丰收。正月十四家家户户就忙了起来，蒸馒头的、盘饺子馅的、制作几样菜肴的，一时间，村子里就会被蒸煮的热气笼罩，加上剁饺子馅的声响，加上时时传来的爆竹的脆响及咚咚锵锵锣鼓家伙声，冷冷清清的村子顿时又热闹了起来。

十五那天一早似大年初一样仍是放鞭炮，开门以纳禧接福，仍是给家里供奉的老天爷、灶爷、财神爷、土地爷及祖先牌位烧香叩头，出锅的饺子也是先要供飨祖先和神灵的。傍晚上坟归来，进行祭祀活动，在屋外的神位面前放置了点亮的小小的陶制灯盏儿则是必需的。而正厅则是烛光明亮，映得正厅神的画像及人们的脸上熠熠生辉。也许就在此时，一阵鞭炮及锣鼓镲钹咚咚锵锵的热闹声从村子里传了过来，那又是诸神会首领着一干人等，抬着供桌、敲打着锣鼓家什，放着鞭炮到村里的天爷庙、火神庙、关爷庙及本村的土地庙行祭祀之礼了。旧时的村子无论大小，庙总是有几座的，当然规格大小有着很大的差别，祭祀时给每位神的塑像甚至神灵的牌位前，都置放了多少不一的灯盏。这灯盏比家家户户所置放的小小灯盏大一点。一截萝卜挖个坑儿添点油，再加一根纸捻儿，到时候将捻儿一点，那也就灯火明亮了。若是太平年，年成也好，诸神的会首还会领着一干人等放路灯儿。这一盏路灯儿比用一截萝卜做的灯简单多了。它是用一小片麻纸包着谷糠将封口一捻当作捻子，将它蘸上油点上就成了。路灯全亮着。站在街心再朝东南西北向通向村外的大路望去，那仿佛就站在几条长长的珍珠链的交结点上。锣鼓声声，鞭炮阵阵，在孩子们的欢呼声中，在大人们的笑语指点中，龙灯队又过来了。随着几面盘鼓震天动地有节奏地阵阵擂响，那由灯组成的龙，或昂首问天，或伏首扑地，或盘旋而舞，或起伏而进。龙的灯，灯的龙，正腾飞于天地之间，是它，是它，正是它将正月十五上元之夜的欢乐推向了高潮。

夜将深，人初定，孩子们或举着或提着的鱼灯、鸡灯、牛灯等各种彩灯装的小蜡烛已将燃尽，有的彩灯已经灭了。

灯笼会，灯笼会，
灯笼灭了回家睡。

回到家，大人们正给孩子们准备夜宵——煮元宵（汤圆），大人们兴奋，孩子们的睡意已消退了不少。于是孩子们又被拉进了合家欢乐猜谜语的氛围之中。乡村农家的谜语，谜面的文字虽不怎么文雅，甚至对谜底扣得也不那么紧，但都和他们的农业生产活动与生活环境息息相关：

红公鸡，绿尾巴，
一头扎进地底下。

这是胡萝卜。

周周扎，扎扎周，
鼻子长到嘴下头。

这是盛柿子醋的醋坛子。

弟兄两个一个娘，
一个死在春三月，
一个死在秋风凉。

这是漫长的春天里，若米面不接，可以为食的榆钱和榆叶。

谜猜完了，几个热腾腾、甜丝丝的元宵下了肚，真的该去睡了。睡吧！睡吧！大人们、孩子们，明天还要跑十几里路到城里去游六儿呢……

正月十五元宵节，被称为“小年下”，而十六就同年初一有点相当。不过年初一，人与人之间是拜年，互致新年的祝福，而十六，则是相约出游看社火，即看民间文艺表演。河洛一带称它为“游六儿”。正月十六这一天，可是辛劳一年的人们最盛大的狂欢节啊！

远的省城不说，即使偏僻的乡镇、县城就有精彩盛大的民间文艺表演。四门四关，戏有两三台，各路的狮子舞、踩高跷、腰鼓舞、撑旱船、赶犟驴等，你方唱罢我登场。他们在飚着表演，谁也不让谁，一个比一个精彩。从里三层到外三层比肩接踵的观众群里，爆发着一阵比一阵热烈的掌声、叫好声。长长的街衢里，宽敞的场地上，到处是锣鼓喧天、丝弦聒耳，到处是如山似海拥挤着的欢声笑语的人群。

这狮舞粗犷刚猛，或跳跃，或跌扑，或翻滚，或抖毛直立，当它作出如上老杆、钻火圈、沿钢丝等一系列高难度动作时，人们屏住了呼吸，眼也睁得老大老大的，而后则是惊呼、赞叹、喝彩融入一阵更为猛烈的锣鼓声中。

那舞犟驴的，且不说那头驴一会儿奔跑，一会儿甩蹄，一会儿跳跃撒欢鸣声聒耳，一会儿却又卧地不起。那赶驴送闺女丑角打扮的老夫妻俩，他们夸张滑稽的表演就时时使你笑破肚皮。老婆子拿着破芭蕉扇拍着驴屁股，老头子向驴甩着小鞭子。驴卧地不起，鞭抽不行，扇拍不行，说尽了好话，又哄又劝也不行，这老两口真是无计可施了。只见那老头儿扑通一声跪倒在地向驴磕起响头，口里苦苦哀求着："驴爷爷，驴奶奶，您起来……起来……快起来吧！"对着这两位的表演，人们早已是笑得前仰后合。

从戏台上往下看，可算是人头攒动。演员们表演到位，浑圆动听的唱腔一字一句送到了台下每一个观众的耳朵里。人们被吸引了，被感动了，甚至全部感情都驯顺地被戏剧的情节、演员的表演给控制了，他们或赞叹，或含泪，或切齿，简直是如痴如醉。要他们清醒过来，恐怕得等戏散场回到家里了。

其实上元之夜的观灯也好，十六那天的游六儿也好，这元宵佳节也可称为处处充溢着爱情氛围的节日。一千五百年前的那个柳彧说：上元之夜，人们"竞比一时，尽室并孥，无问贵贱，男女混杂，缁素不分"。大意是说，元宵节那天，人们像比赛似的，全家出动还带着未成年的小闺女，不论社会地位的高低，男男女女都混杂到了一起，连什么是非黑白也不分了。在他看来这种情况非常严重，“秽行由此而生，蠡贼由斯而起”。哎哟哟，这可真的不得了啦！

其实，这不过是封建礼教卫道者的教条，田间地头上辛苦劳作、奔波往来农家的青年男女，为了一生的幸福，哪管了这么许多！元宵节这几天，仿佛男女之间的社交活动公开化了；有经媒人说合的，男孩女孩出来自己相亲的；有男女约会中私自订下终身的；有对对男女趁这时节约会谈情说爱的；当然也有趁上元之夜男女双双私奔的。恐怕这就是卫道者们所谓的“秽行”与“蠡贼”了。殊不知，上元佳节这几天不知成就了多少对有情人成了眷属！

生查子

宋·欧阳修

去年元夜时，

花市灯如昼。

月上柳梢头，

人约黄昏后。

今年元夜时，

月与灯依旧。

不见去年人，

泪满春衫袖。

“谁家见月能闲坐？何处闻灯不看来？”（崔液《上元夜》）

“火树银花合，星桥铁锁开。金吾不禁夜，玉漏莫相催。”（苏味道《正月十五夜》）这岂不就是“花市灯如昼”吗？这“花”乃“火树银花”之花。这“金吾不禁”之夜，不但是观灯赏月的好时节，也给予恋爱的青年男女以良好的时机。他与她或在人众稠密处眉目传情，或在灯火阑珊处秘密相会。“月上柳梢头，人约黄昏后”，“月出皎兮，佼人僚兮”（《诗·陈风·月出》），月儿出来亮晶晶啊，月下的姑娘多么俊啊。这其中有多少甜情蜜意哟！可今年呢？花，柳、灯、月依旧，却是物是人非，旧情难续，怪不得他（或她）要“泪满春衫袖”了。感伤，叹息，流泪，而且泪如雨下，“春衫袖”也为之泪满，为着何来？因为他（或她）失恋了……

对元宵佳节，人们说要“闹”。一个“闹”字，有着人们狂欢的喜乐，也有着青年男女恋情的甜蜜。

正月十五，上元佳节，狂欢节！

正月十五，上元佳节，岂不也是充满着甜蜜蜜氛围的情人节吗……

“填仓”“天仓”与“添仓”

元宵、游六儿以后，黄河流域中下游或河洛地区有正月十七瞧新婚闺女的风俗，俗称之曰“添仓”。

传说古时候，北方连续大旱三年，赤地千里，颗粒无收，可是皇帝不顾人民死活，照样强征皇粮，以致连年饥荒，饿殍遍地。尤其到了年关，穷人更是走投无路。这时，给皇帝看粮的仓官守着大囤的粮食，却看着父老乡亲饿死，心里着急冒火；多次上书皇上禀报民情，杳无音讯，实在无法忍受，便冒死打开皇仓，救济灾民。仓官知道触犯了王法，皇帝绝不会饶恕他，于是他让百姓运走粮食后，就放把大火把仓库烧了，自己也被活活烧死。这件事发生在正月二十五日，后来人们为了纪念这位好心的仓官，重补被烧坏的“天仓”。于是相沿成俗，“填仓”这个舍生以救百姓的故事，就这样一代一代流传了下来。

“填仓”的“填”与“天”谐音，而“天”又同“添”同音，不知哪个朝代哪一年，“天仓”竟变成了“添仓”，并形成正月十七娘瞧新婚闺女，给闺女“添仓”的习俗了。

春雨的诗

唐朝歌颂春雨的诗人不少，当推李白、杜甫、韩愈为大手笔。然体物入微、绘声绘形、入化传神而又别具风神者，当推杜甫的《春夜喜雨》：

好雨知时节，当春乃发生。
随风潜入夜，润物细无声。
野径云俱黑，江船火独明。
晓看红湿处，花重锦官城。

这首“通体精妙”（《瀛奎律髓》纪昀批语）的五言律诗，一入手“就从设比兴以草木方人”（《史通·杂说上》）的拟人化手法，将无知无情的春雨人格化，赋予人的思想感情。春天下雨，普通且自然，然当人们正渴望之时而雨降，“久旱逢甘雨”，这雨岂不就成了有情之物，仿佛这春雨也善解人意，能“知时节”而降了。而紧接着“当春乃发生”，就具体点出“好雨”之由，谚云“春雨贵似油”，不正是为此吗！这场春雨之“好”，且其可“喜”，全由此句说出了。这两句对知时节的春雨的赞美，异于常人之处在于诗人匠心独运，以拟人化手法出之，使春雨含情，自然景象写活了，使其更有生气，显得新颖奇妙，极富感染力。此绝非直述与一般比喻所能达到的，律诗之起句有力或新颖不凡，将振起全篇。这儿首联“物色带情”，不同凡响。“语不惊人死不休”的杜甫，实居其同时代几位诗人之上。

颔联，诗人对入夜而降的春雨之刻画，则描摹细微、细腻而传神，此乃是对首联的深化，对春雨不但描其状，且有其鲜明的个性特征——绵绵脉脉的春雨真乃有知有情，夜深人静之时，随风悄悄而来无声地润泽着万物，这就精确传神地刻画了这特定自然景物的鲜明形象。沈德潜极“称赞此联”，曰：“传出春雨之神”。的确，这样传神的描写，在杜甫的咏雨诗中绝无仅有，即使在唐代其他诗人之作中也极为少见，杜甫之所以能描摹自然景物达入化之境，是因为他对自然景物有长期、深入的体验，有敏锐的观察力，有丰富的审美经验，因而能够把握住不同景物的不同特征和内在精神，以高妙卓越的艺术技巧，勾画其独特的风貌，其能状物之神当然就是很自然的了。

杜甫这首五律《春夜喜雨》，颔联是写所听所闻，而颈联则写所观所见了，细雨蒙蒙，乌云笼罩原野，于一片漆黑之中，只有远处江中一点渔火在闪烁。这是一幅春郊野雨图。从色彩上看，构成了鲜明对比，“黑”“明”互相映衬，使画面更加鲜明，收到相反相成的艺术效果。有着“黑”借“明”以显，“明”因“黑”而彰之妙，后人称其“以画法为诗法”，又赞他善于“着色”。从这一联色彩点染的艺术手法来看，杜甫是熟知“随类赋彩”的绘画技法，也很懂得绘画中设色的重要，故而把绘画的这一技巧运用到诗歌创作中来。十分注意色彩点染的强烈对比和反衬，在对立而又统一之中，构成画面的活泼，以增强诗歌意境之美，这一联在大块黑色中，点上渔火的光彩，醒豁鲜明，锦官城郊夜雨景象更加突出。这就怪不得后人称赞杜甫这“十字咏夜雨入神”了。

尾联写想象之词，诗人想到明天一早，雨霁云开，经过一夜春雨滋润的百花，定是花团锦簇，生气勃勃，锦官城的春色也更浓丽。从诗人这春意盎然的想象中，可以看出他因春雨及时而降的无限喜悦，同时也表现了杜甫对和平安定生活的美好憧憬。这一联在艺术描写上颇见功力。诗人用“借一斑以窥全豹”的手法，以个别反映一般，即着力写一夜春雨之后，百花怒放，但湿而重的状态，以见这一场好雨滋润万物之功。以“红”“湿”“重”来表达雨后花朵的特征，也很准确。正如明代谭元春所云：“红湿已妙于说雨矣，重字尤妙，不湿不重。”另外，这一联可贵之处在于极富启发性，它启发读者的想象力，使人们也鼓起想象的羽翼，在广阔的艺术天地中翱翔，去对雨过天晴后锦官城明媚的春光，百花盛开的绚丽景象，原野如茵，充满生机等，以自己的生活实感，去进行再创造，前人论诗，以为结句“忌味短”，也即不能言尽意尽，没有余味，要求结句有“咀嚼不尽”的诗味，如撞钟，余音袅袅方妙，“晓看红湿处，花重锦官城”这一尾联的想象之词，确实完全达到了“言有尽而意无穷”的艺术境界。

这一首《春夜喜雨》，由近及远，由夜到晓，由内心感受到客观景物，由听觉到视觉，层层递进，不仅有浓郁的诗情画意，而且在艺术意境上以“喜”字统摄全篇，但通篇不露一“喜”字，而又“无一字不是春雨，无一笔不是春夜喜雨”（清查慎行语）。咏雨诗写得这样画意盎然，情深味永，真可以“足空唐人”！

再看李白的五律《对雨》：

卷帘聊举目，露湿草绵绵。
古岫披云毳，空庭织碎烟。
水纹愁不起，风线重难牵。
尽日扶犁叟，往来江树前。

这是以扶犁老汉为中心的一幅绝妙的春日雨耕图。画面是从李白“卷帘聊举目”开始，逐步有层次展开的。卷起窗帘举目望去，那绵绵的春草经过了细雨的滋润，显得那么青，那么嫩，仿佛有雨珠从叶子上滑落，远处的峰峦失去了往日晴空下的林壑秀美，而今是云笼雾罩，好像也披上了一层雨云雾霭缝织的外套，而庭院里呢，仿佛也被阵阵雨雾形成的烟气缝织成了一片。腹联上句更以疑问句出之“水纹愁不起”，还发愁什么池塘中及大江稳稳东流的水面上，会因雨小不现出细细的水纹吗？你看那雨线像箭一样向大地与大江上重重射了下来，那风也难以牵动这雨线直直射下去的方向。是的，这雨可是越下越大了呀！

江边的亭榭里已是空荡荡、冷清清的了。风雨如晦，谁还会来到江榭之上欣赏这山川雄秀的美景呢？但是你看那个扶犁的老汉，他不正在手扶犁拐小鞭驱牛，在江榭前的田里，一头雨，一足泥，来来往往忙活着吗？这雨已是下了整整一天，而且是愈下愈大。那个扶犁的老叟啊，你为什么不停下来去休息片刻呢！一夫不耕，十人受饥。若无这千千万万农民脸朝黄土背朝天，甚至冲风冒雨地耕作不止，那将会如何呢？怪不得古来有见识的人会说，天下最有用的人，第一等要算农夫。为什么？民以食为天哟！

宋代范仲淹有一首《江上渔者》的诗，道是“江上往来人，但爱鲈鱼美。君看一叶舟，出没风波里”。同样，人，鱼历日不食可，然粮一日不食，则大不可。《江上渔者》中，范仲淹向风波里的渔民致以敬意，我们是不是更应该向顶风雨冒寒暑的农民致以更崇高的敬意呢？李白是伟大的，他一方面说“安能摧眉折腰事权贵，使我不得开心颜”；而另一方面又为一盘“雕胡饭”，向一位农村老大娘“三谢不能餐”，不但如此，在《秋浦歌》里，他歌颂一边唱歌一边劳作被炉火熏得脸庞通红的矿工，在这里他又以极大的爱为我们画出了一幅“春日雨耕图”。我们称赞李白，赞美杜甫，作为诗人，他们是伟大的，不就是因为他们心里还装着天下苍生吗！

杜甫的《春夜喜雨》歌颂的是大自然，李白的《对雨》歌颂的则是春日雨耕图里的人，即以扶犁叟为代表的千千万万农民。相比之下，就《春夜喜雨》《对雨》而论，论艺术李诗可能稍逊一筹，但就接地气的直接与鲜明，恐怕老杜也要稍逊一筹了。

还有一首写早春雨水的诗，值得一读，那就是韩愈的《早春呈水部张十八员外》（二首，其一）这首七言绝句：

天街小雨润如酥，草色遥看近却无。
最是一年春好处，绝胜烟柳满皇都。

先看这首诗的题目。早春，写作时间；张十八，指张籍在从兄弟中的排行；员外，是官名；呈，恭敬地送上，谦恭的话。

第一句言正当早春长安皇城街上下了一场小雨，“春雨似油”“润如酥”，是说这场小雨简直如奶油一样湿润了大地，滋润了万物，皇城大街上的小草透尖了，嫩嫩的，绿绿的，然也稀稀拉拉的。近处不仔细地去看，简直觉不出草冒出新芽，而远处一瞧，则青青地连成了一片，透露出无限的生机，“草色遥看近却无”，的确是“造语平淡”可它却摄得早春之魂，给人的美感，给人的趣味是无穷的，即使再高明的画家也绝描摹不出这样的景色。诗人没拿彩笔，但他却用这句看似极为平淡的语言，描绘出了极其难于描摹的色彩。这色彩淡淡的，可它又似有却无呀！

后两句一是用“最是”，极大肯定了长安皇城大街上一年中早春景色之美之好；二是用它同“烟柳满皇都”的暮春景色相比，说它是“绝胜”，是绝对胜过，不知要胜过这长安处处烟柳的景色多少倍。

“草色遥看近却无”的草色，是早春时节所独有的。它柔嫩，又因早春小雨的滋润而满含水分，它象征着大地回春，万象更新，仿佛处处充满了盎然的生机，而烟柳呢？当杨柳堆烟处处皆是，“满皇都”的时候已是暮春三月，对浓浓的杨柳之色，看惯了，看够了，感到有几分腻歪，岂不也是正常的吗！这首诗用起对比手法，也很奇特，先说“最是”，又说“绝胜”，以加倍的写法，来突出早春景色之美。

长久的寒凝大地，突见小草萌芽，近看虽无，但远看已是青青的一片，其寒冷的冬天带来郁闷之气为之一扫，其乐何如？说它“最是”“绝胜”，实是理之当然，情之自然。再说，暮春三月可谓春之盛时，但万物盛极必衰，春将归去，又哪里比得上这早春小草的无限生机呢？

诗人凭借锐利深细的观察力和高超的诗笔，将早春的自然之美提高到艺术之美。从另一方面看，这首诗里岂不也蕴含着引人深思的几分哲理吗？

雨水与养生

雨水到惊蛰这十五天如何养生？在前面“立春与养生”里曾谈到“春捂秋冻”。所谓“春捂秋冻”，这是长期流传在黄河流域的民间谚语。单说这个“春捂”，民间就还有“二月休把棉衣撇，三月还下桃花雪”“麦不老，不离袄（指棉上衣）”之说。

雨水之后，气温升高，天气暖和了，春天的气息总算让人感觉到了。但提醒人们要注意的是寒潮还会时而由漠北来袭，这对高血压患者、心脏病患者、哮喘病患者非常不利，这些人还是穿厚点、暖和点，把自身捂起来为好。

由寒冬转入早春，乍暖还寒，气温变化大，研究养生的医者十分重视这时节的养生之道。在一般老百姓中间，他们根据自己千百年的生活经验以及同疾病作斗争的经验，也总结了自己的养生之道，那些关于“春捂”的谚语就证明了这一点。如果你对此满不在乎，因此患上了各种呼吸系统疾病、冬春传染病，那可是你自己去找病患了。

无论什么情况，人的体温总要保持在37℃左右，也即要保持这一恒定温度，要调节它，靠的是血管的收缩与皮肤的出汗；要维持它，靠的是增减衣服，如果只要风度，不要温度，破坏了正常体温的调节，那就不利于身体健康了。

人与大自然同体，春使大自然万物复苏，也使人原先处于“冬眠”状态中的皮肤细胞活跃起来，毛孔张开了，而这时如果冷气袭来，何以抵御？只有“春捂”一法。“春捂”适应了初春时节天气乍暖还寒之变，就可以避开冷气袭来。

春天终于来了，即使有时冷气袭来，也改变不了天气变暖，气温逐渐上升的大趋势，人也要适应此一趋势，衣服要一件一件地减，要以自己的体质为根据。如果体质不甚好，多捂一些时日，又有何妨！

然而天气晴和，气温上升，也要讲究“捂”的方式，绝非穿得越厚，将身体裹得越紧越好，而着一身款式宽松之衣，挡风又透气，体感又舒舒服服的岂不更好。否则大出其汗，冷风一吹，岂不又要伤风又要感冒了？人们说15℃是春捂的临界温度，过此就该脱掉棉衣，要晓得身体之耐热是有限度的。过此限度，体温调节中枢就不能适应，也不利于健康。

一年四季，休说哪一天昼夜温差不一样，即使白天朝、夕、中午之间气温也在不断变化，存在差别非常自然。尤其春日，早晨气温较低多捂上一会儿，到了中午时分，气温较高，减一些衣服也是理所当然。

现代医学认为人体下部血液循环较人体上部为劣，中医也认为春日寒气自下而生，为使阴阳平衡，在春捂中“下厚上薄”自有其科学道理。初春时节，因受风寒而引发旧疾或季节病，以及妇科的痛经、月经失调、功能性子宫出血，甚至淋漓不止等，其根子皆主要在于“冷落”了下半身，因此，建议年轻女性千万不可“只要风度，不要温度”过早地着裙装，要晓得“寒气多自下而生”，大自然阴阳平衡的法则是破坏不得的呀！

在饮食上，医家认为春为肝气当令，肝过旺则克脾，使中土衰弱，不利健康。故《千金要方》说：春日宜“剩酸增甘，以养脾气”。张仲景说：“春不食肝”。《摄生消息论》中说：“当春之时，食味宜减酸宜甘，以养脾气，饮酒不可过多，米面团饼，不可多食，致伤脾胃，难以消化。”多食酸则引起胃酸分泌过多，影响消化吸收；多食甘使脾土受克而损脾气。现代营养学认为，缺少维生素 B，且饮食过量是引起春困的原因之一，故在春天宜食用含维生素 B 的食物和新鲜蔬菜，如胡萝卜、菜花、圆白菜、柿子椒等；而寒凉油腻之食物易损脾阳，应少食为佳。

为易于消化而调养脾胃，防御春寒，多喝粥亦是不错的选择，如山药粥、红枣粥、莲子汤，如果能配上适当的中药材，比如初春时节药膳中能适当加入沙参、西洋参、白菊花、决明子、首乌粉等升发阳气的中药材，做成药膳以滋补强身，那就更妙了。

雨水时节，比立春时节天气暖和多了，越来越多的人走出家户，参与户外活动，参加体育锻炼，问题是要依据自己的性别、年龄、身体健康状况等选择适当的体育项目，但又要循序渐进，由易到难，急了不行，“欲速则不达”嘛！再一点是不可过量，“劳而不疲”应该是一个较合适的度，最后也要注意安全，避免造成不必要的损伤，如果造成损伤，那可就真的得不偿失了。

雨水前后的元宵节，同春节有点相似，又是亲朋聚会，欢宴笑语之时，元宵已过，恐怕要各奔东西，打工的外出打工，上班的立刻上班，要离开故乡。这时尤不宜饮酒过量，拼得一醉，不醉不归，豪气自是豪气，但对自身健康的损伤不知凡几，而醉后的性生活对人的损伤就更大了。《黄帝内经·素问·上古天真论》有一段话，是值得我们思考的：

“上古时代的人们懂得养生之道，能够效法天地自然的运动变化规律，所以能使形体和精神都很强盛，从而充分地活到他们应有的年岁，度过了一百岁以后才去世。而如今的人就不是这样了。他们把酒当作水一样饮用，把不正常的事当作经常的生活，喝醉以后又肆行房事，纵情色欲，竭尽精力，消耗散失了真元，不知保持精气的饱满，经常过分地使用精力，求满足一时心情的快乐，违背了生命本身的需求，再加上起居没有规律，所以到50岁左右就衰老了。”看来“食饮有节，起居有常，不妄作劳”，使得“形与神俱”，亦真是一养生之道也。

三　惊蛰，草薰风暖春将半

物候之变，古今有异

明代杨慎有《渡黄河》（二首），皆七言绝句，同春分之前，惊蛰之后这十五天的物候变化大有关系。诗云：

其一

广武城边河水黄，沿岸百里尽沙荒。

麦苗短短榆钱小，愁听居人说岁荒。

其二

河上人家杏子花，河边人唱《流淘沙》。

草薰风暖春将半，若个行人不忆家！

“草薰风暖春将半”时当惊蛰时节。惊蛰时节，是从每年3月6日前后太阳到达黄经345°时开始的，《月令七十二候集解》：“二月节……万物出乎震。震为雷，故曰惊蛰，是蛰虫惊而出之矣。”这时天气渐暖，渐有春雷，冬眠动物将出土活动。

惊蛰节这十五天，五天一候，其一曰：“桃始华”；其二曰：“仓庚鸣”；其三曰：“鹰化为鸠”。除其三无科学道理外，“桃始华”“仓庚鸣”，当是周秦时期的古人长期观察黄河流域的物候变化经验的总结，概括而记入典籍的。然自七十二候提出的当时，至今日这两千多年来气候已有了巨大的变化，相应的候应之变也该是很自然的了。杨慎这两首诗，除寄寓对“居人说岁荒”的忧思及触景生情忆念家乡外，对物候学而言，它的可贵之处，在于它忠实地记录了中原地区黄河中下游区间当时的物候变化：惊蛰期间，“桃”尚未“始华”，而杏花却首先开了，仓庚这黄莺儿也不可能在榆钱瘦小的老榆树上喈喈而鸣。这倒不是说古人错了，而是时世之气候发生了变化。当然淮河以南春来早，“桃始华”“仓庚鸣”物候现象的出现，在它们那儿该是合适的吧。至于在黄河流域中下游，黄莺这种候鸟，要到农历四月立夏前后才能见到它那娇俏的身影呢。

惊蛰时期的榆钱厚薄肥瘦同当下小麦的丰歉大有关系，“麦收当下榆”的谚语在中原地区广为流传，应该是有道理的吧。

气温上升，春风送暖，草色薰人，我国大部分地区都进入了春耕季节。“过了惊蛰节，春耕不停歇”，正是这种状况的真实写照。另外，也是绿化祖国、植树造林的好时节。

华北地区、黄淮地区冬小麦已开始返青，浇返青水，一刻也缓不得。一旦缺水，定会减产。而江南小麦已经拔节，油菜也已见花，对水、肥的要求尤其迫切。但也不可一概而论，干旱少雨的要抓紧浇水灌溉；雨水偏多的就得防止湿害，做好清沟沥水。“麦沟理三交，强似大粪浇”“要得菜籽收，就要勤理沟”，这些农谚皆道出了清沟沥水的重要性。可华南地区又不同于江南地区，农民又在早稻的播种中忙得不亦乐乎了。这时的经济林业也有好多事情要做，比如茶树开始萌动，要进行修剪，该及时追施“催芽肥”了。不这样操作，茶树又怎么能多分枝、多发芽、多长叶，茶叶产量又怎么能提高呢？

谚语里的惊蛰

一、反映天气与物候的

惊蛰吹起土，倒冷四十五。

冬虽过，倒春寒，万物复苏很艰难。

春雷一响，惊动万物。

惊蛰到，鱼虾跳。

春雷响，万物长。

雷打惊蛰前，二月雨连连。

未到惊蛰雷先鸣，必有四十五天阴。

惊蛰暖和和，蛤蟆唱山歌。

不用算，不用数，惊蛰五日就出九。

过了惊蛰节，一夜一片叶。

惊蛰打雷，小满发水。

惊蛰地气通。

惊蛰刮北风，从头另过冬。

惊蛰雷开窝，二月雨如梭。

惊蛰乌鸦叫，春分地皮干。

惊蛰云不动，寒到五月中。

惊蛰至，雷声起。

未过惊蛰听雷声，四十五天雨难停。

未过惊蛰先打雷，四十九天云不开。

二、反映农事活动的

惊蛰一犁土，春分地气通。

惊蛰不犁地，好似蒸笼跑了气。

过了惊蛰节，耕地莫停歇。

过了惊蛰节，亲家有话田里说。

惊蛰不藏牛。

惊蛰不放蜂，十笼九笼空。

惊蛰点瓜，遍地开花。

惊蛰点瓜，不开空花。

惊蛰高粱春分秧。

惊蛰过后雷声响，蒜苗谷苗迎风长。

惊蛰雷雨大，谷米无高价。

惊蛰闻雷，谷米贱似泥。

惊蛰早，清明迟，春分插秧正适时。

雷打惊蛰前，高岗能种田；雷打惊蛰后，河湾能种豆。

前晌惊蛰，后晌拿锄。

惊蛰有雨并闪雷，麦积场中如土堆。

二月打雷麦成堆。

惊蛰节到闻雷声，震醒蛰伏越冬虫。

天气渐渐寒转暖，华北田野地化通。

春季生产掀高潮，从南到北忙春耕。

麦田追肥和浇水，紧跟锄搂耙土松。

大麦豌豆向日葵，突击播种莫再等。

大蒜栽种不出九，精细认真管大棚。

兴修水利好时机，挖沟筑坝打深井。

庄稼歉收一年苦，不修水利代代穷。

春季造林好时机，因地制宜分树种。

栽后护理要认真，光栽不护白搭功。

家禽孵化黄金季，牲畜普遍来配种。

天暖花开温升高，禽畜打针防疫病。

快把鱼塘整修好，放养鱼苗好节令。

老鼠危害实不小，城乡灭鼠齐行动。

投饵夹套挖堵灌，鼠想逃命万不能。

朋友非常重农事，哪个大师您师从！

三、反映惊蛰养生的

二月莫把棉衣撤，三月还下桃花雪。

二月二，龙抬头

二月二，正当“惊蛰”前后，《礼记·月令》云：“二月，蛰虫始振。”此时气温上升，土地解冻，春雷始鸣，万物复苏，各种蛰虫开始苏醒爬动。人们认为龙也要从蛰伏中抬头飞天兴云布雨。所以称这一天为“龙头节”或“春龙节”

“青龙节”。

所谓龙，实则是对水的敬畏与神化。人的生命生活需要水，农作物收成的丰歉系于水，不是有句话说“水是农业的命脉”吗？我国原是以农耕为主的国度，而中原地区更是典型的大陆性气候，干燥少雨，十年九旱，于是人们年年祈祷风调雨顺。向人们控制不了的异己的自然力祈祷，向幻想中的水族的掌管者即能兴云布雨的龙王祈祷。这里的江河湖海里有龙王在，即使村子里、农户自家打的井里，也有龙王在。虽然人们在打水井、开水渠、修水库，企图完全“制天命而用之”，但在大自然的运动面前，人的活动是那样的微不足道。所以一遇旱涝成灾，人们就无计可施，能做到的也不过是尽量减少灾害造成的损失而已。

“龙，鳞虫之长，能幽能明，能细能巨，能短能长。春分而登天，秋分而潜渊。”汉代学者许慎这么说。

明朝的诗人陈成这么说：

变化非常物，含生类不群。
天渊无定在，大小忽相分。
万甲尽藏雨，浑身通绕云。
苍生方待泽，莫只睡无闻。

民以食为天，五谷之丰歉系于水，而治水者为龙王，为能布云吐雨的龙。“苍生方待泽”，亿万苍生在龙抬头的日子，期待着龙们能普降甘霖遍布喜雨，他们在热切地盼望着田禾茂盛、花木怀新，盼望着收获丰硕，小囤满来大囤流的好日子啊！这就怪不得每逢二月二，村村的龙王庙前锣鼓锵锵，鞭炮砰啪，爇香氤氲，人们要在摆满供食的神像前跪拜如仪了。

龙成为人们崇拜的图腾，成为人们充满期待与希望的标志物，人之俊杰者被唤作“人中之龙”，将子嗣命名为“龙”者也多有所闻，中国人也被称为龙的传人。龙当然会从神幻的九天下来与人们狎近，二月二要吃的面叫“龙须面”，饼叫“龙鳞饼”，炸的油糕叫“龙胆”，玉米花叫“金豆开花”。人们敢于吃龙鳞、嚼龙须、吞龙胆什么病魔邪祟见了人岂敢不退避三舍，连金豆砰砰都开了花，这该是多么喜庆、多么吉祥啊！

人们是爱龙的，在龙抬头这天，早晨挑水要先向井里投一石子，提醒龙王注意勿伤其头；妇女这天也不要捏针线，以免误刺龙眼；这天建房不许打夯，也是怕伤了龙头。

二月二这天还有一些祈福消灾祛毒的民俗活动，实在看不出同龙王爷有什么直接关联，但它也相沿成俗了。

开封一带，黄昏时要撒草木灰圈儿。农家要撒，粮行米店也要撒，院内、店外，撒的灰圈儿少则十数个，大则二十多个，大的如磨盘，而里面又套层层小圈儿，最小也如酒盅。中间还松土成穴，分别埋入一小撮谷子、玉米、芝麻、高粱等，以祈五谷丰登。

邓州大清早则要去大田拔麦苗，回来将麦苗以绳相系戴在小孩儿衣襟上，说是“戴戴麦，活一百”。

还有的地方二月二这天家庭主妇要手执擀面杖去敲打梁头、门头及门框，敲时口中还要念念有词：

二月二，敲梁头，大囤尖来小囤流。

二月二，敲门头，金子银子往家流。

二月二，敲门框，叫它五毒见阎王。

到了夜晚，小儿还要奉家长之命，提着灯笼、端上蜡烛去照墙根，据说“二月二，照墙根，蝎子蚰蜒死一堆儿”。

哎哎哟，这二月二龙首节简直成了河南民间风俗的万花筒，真是光怪陆离，无奇不有。但无论怎么说，都寄托着中原人民对幸福对平安的期待与希望，不是吗！

在古都洛阳，二月二又是挑菜节，唐人已有记述，宋人仍沿此俗，北宋张耒《二月二日挑菜节，大雨不能出》诗云：

久将菘芥芼南羹，佳节泥深人未行。

想见故园蔬甲好，一畦春水转铲声。

什么叫“芼南羹”？那可是用菘（白菜）芥杂肉做成的羹，而贫寒的农家，在二月二这一天也只能食用野菜（或水草）熬成的羹了。河洛一带旧有谣曰：

二月二，龙抬头。

野田一地剜菜媳妇（读合音 síu）。

仲春二月春荒正紧，一锅野菜加些许米粒，有这样的汤喝，就算是不错的了。哪似当今，家家有白米白面吃，肉也不是什么少食稀罕之物，而街上的野菜倒成了两三元一斤的热门菜肴。说它可有营养价值啦，据说还可以养颜美容呢。可也真是的，野菜如果有灵性有知觉，恐怕它也绝不会想到有今日的荣光吧……

惊蛰民俗述评

《周礼·冬官考工记第六·韗人》：“凡冒鼓，必以启蛰之日。”译成现代汉语，即凡是用皮草蒙鼓，一定要选择惊蛰那一天。为什么？因为惊蛰，其义为蛰伏冬眠的虫子闻雷声惊而出走，鼓声咚咚又同雷声隆隆其声相似。在古人想象中，雷神是位鸟嘴人身、长了翅膀的大神。他一手持锤，一手连击环绕周身的许多天鼓，才发出了隆隆的雷声。惊蛰这天，天庭有雷神击天鼓，人间也利用这个时机来蒙鼓皮了。可见百虫生态与四时运行契合，人也顺应天时以求事功。

惊蛰以后，百虫出走。而这虫于人于农作物有益者有，有害者也不少，怎么除去这些害虫？一个一个去捉显然办不到，为害依然。于是湖北土家族的农人在惊蛰前一日在田里画出了弓箭，表示要射虫；浙江宁波将惊蛰作为“扫虫节”，这天农家手持扫帚到田间举行扫帚仪式。老早江浙一带就习惯将扫把反插于田间地头，恳请扫帚神大显神威扫除一切害人虫呢。还有更别致的，那就是陕、甘、苏、鲁等省“炒杂虫，爆龙眼”的风俗。其实炒的哪是什么虫子，不过是些豆子、米谷、南瓜子、向日葵子以及一些蔬菜种子而已，据说一炒一吃就可以使人畜无病无灾，庄稼免遭虫害，可以求得风调雨顺了。这些射虫、扫虫、吃虫之俗，寄托了人们世世代代扫除一切害人虫，以求幸福生活的美好愿望。但从另一方面看，又表现了人们对这种自己无法征服的异己自然力的无奈，射、扫、吃都是一种对害人虫仇怨情绪的自我化解、自我安慰。

至于其他如天津与山东庆云，农家主妇这天用鞋和扫帚击打坑沿，山东菏泽则击打房梁、床沿、破瓢，山西新绛家家鼓箕扫床，河南淮阳拍瓦子、拍大床、拍大辙，江苏徐州敲床桄，而且一边打、拍、扫、敲，还要像念咒语似的念叨“二月二，龙抬头，蝎子、蜈蚣不露头”之类的歌谣。这就真有点原始巫术的味道，制服不了，就将它当神来敬奉，一些地区村落里的虫王庙，全神庙里虫王的牌位就足以说明这一点。

与之相似的是祭虎神爷，而且将老虎同土地公公与保生大帝联系了起来，因为老虎是土地公公，保生大帝的将领（或坐骑），于是它也就神了起来。生意人向它跪拜是为了发财，父母向它跪拜是为了祈求儿女无病无灾、健康成长。又听说老虎是肉食性动物，因惧其肉食后凶性大发所以祭时不可用肉食，于是鸡蛋与素食就成了主要供品，却没想到如果它因欲食肉而不得凶性大发，又该如何收拾。人造出了神，又拿它开涮。这的确不算什么，反正敬与不敬、祭与不祭都差不多，它无关人们的生死祸福!

汉语语音音节不过四百多个，与四声相配充其量不过一千六百多个，而常用字是三千五百多，通用字却有七千个，更由于汉字单音成义的特点，就造成了同音异义的双音词不少，而单音同音异义的词就更加不胜其数了。以同音取吉利者有，比如绘事，以同音取异讳者更是不少。比如梨，切分而食之，平时有何不可！但中秋家宴餐桌上绝不会有梨，中秋家家团圆，“分梨”因与“分离”同音，岂不遭人诟病！如果在婚宴上，哪位客人若硬是将“梨”携上餐桌，你遭骂是小事，弄不成还会招来一顿毒打。

可惊蛰吃梨就不一样了，吃了梨，就要与害虫分离，同“炒虫子”吃这种风俗有着相似的寓意。出了正月，年节已尽，有能力的该出门谋事或干事了。这样吃梨就被赋予另外的含义，“离家创业”，“努力光宗耀祖”，反正“梨”与“离”一个音，同“努力”的“力”也只是声调不同而基本上同音，由人们咋摆弄，想来都是可以的吧。

诗里的惊蛰

东晋诗人陶渊明诗《拟古》其三，是一首表现陶诗“平淡见警策，朴素见绮丽”艺术风格的好诗。

仲春遘时雨，始雷发东隅。
久蛰各潜骇，草木从横舒。
翩翩新来燕，双双入我庐。
先巢故尚在，相将还旧居。
自从分别来，门庭日荒芜。
我心固匪石，君情定何如？

仲春二月，今年的第一声春雷从东方以它那隆隆的声响传来，同时还带来了一场及时的好雨，在哗哗的春雨滋润中，在隆隆传来的春雷声中，那潜藏于地下冬眠的虫子一个个苏醒了，花草呀、树木呀也好像舒展了一下自己的身姿萌出了或纵或横的新枝新叶。这就是这首诗前四句给我们展示的广阔的且仿佛一切都充满无限生机的春天的画面。在诗人笔下，雨而“时”，蛰而“骇”，草木而“舒”，仿佛一切都有了灵性，有了生命，但在这春图中，诗人上面的描写，虽然生动，却只是背景，只是为主角的出现做铺垫：

翩翩新来燕，双双入我庐。

先巢故尚在，相将还旧居。

熬过严冬，春日和暖，诗人眼里一派春光大好，燕子归来，也觉得新鲜，而且是飞得那么轻盈那么迅疾，更何况还是“双双”进入“我”的庐舍之中。诗人对“新来燕”念叨起来：“先巢故尚在，相将还旧居。”燕子呀，你们原先筑的巢如今仍旧还在，如今你们又双双相跟着回到往日的居处来了吗！可是自己呢？自从你们同“我”分别南飞后，门庭是一天比一天冷落，甚至长上杂草，荒芜起来了。诗人在决定隐居，不愿为五斗米折腰而辞去彭泽县令时，写了一篇《归去来兮辞》，其中就有“请息交以绝游”“门虽设而常关”之类的句子，远离争名夺利的红尘，隐居田园之中，孤来而独往，诗人说他甘愿如此，并且说其中也有快乐。但当他一见燕子双双归来，相随相跟，而他自己呢？“自从分别来，门庭日荒芜”，其因贫穷而孤孤独独、冷冷清清之感是愈发强烈了啊！

有些朋友不理解诗人的态度，一再劝他出来好歹做个官，因为他的回绝，来往也少了起来，可是燕子却成双作对地翩翩而来，丝毫也不嫌弃它们的旧巢，也不嫌弃自己这个隐居乡野抛弃名利的贫士，仿佛燕子还在问诗人：“我心固匪石，君情定何如?”我们的心是坚定的，当然不像石头一样可以转动，你的心到底怎么样呢？难道也像我们两个一样坚定吗？

这首诗简直像一个美丽的童话，浅显平淡而深有意趣。

当然，亦有研究者（如王瑶《陶渊明集》）认为诗作于宋武帝刘裕永初二年（421 年）春。其背景为刘裕于义熙十四年（418 年）戊午十二月，幽禁晋安帝于东堂，而立恭帝，至恭帝元熙二年庚申（420 年）六月，裕乃逼恭帝禅位。恭帝前后共历三年，晋室以终，而为宋代，诗里反映的就是陶渊明对宋武帝刘裕逼禅即位的感情波折，燕子尚且爱“先巢”，“还旧居”，那人呢？陶渊明说他自己是意志坚定的，“我心固匪石”，是说“我”对前朝之心绝不会也不可能改变，“君心定如何”，陶渊明在拷问他的同辈，如今刘裕已是逼晋恭帝禅位自己当了皇帝的第二年春天，你们的内心深处到底对此是什么感情，将对此表示什么样的态度呢？此诗，有的鉴赏者说：“我心匪石”，中间加一“固”字，就表达了“故国之思”。如此，这首诗就是一首借写春光以抒发其对前朝之思的政治抒情诗了。同上文我们所作的赏鉴与分析而言，这也算是备此一说吧。

再看唐韦应物诗《观田家》：

微雨众卉新，一雷惊蛰始。
田家几日闲，耕种从此起。
丁壮俱在野，场圃亦就理。
归来景常晏，饱犊西涧水。
饥劬不自苦，膏泽且为喜。
仓廪无宿储，徭役犹未已。
方惭不耕者，禄食出闾里。

开头两句按逻辑顺序应作“一雷惊蛰始，微雨众卉新。”《月令七十二候集解》云：“万物出乎震。震为雷，故曰惊蛰。”这句话是说一声春雷，惊蛰这个节气开始了，而这一天又恰恰下了一场小雨，树木呀、花草呀，在细雨的滋润下，显得是那么嫩绿，那么新鲜，“过了惊蛰节，春耕不停歇。”一年三百六十五天，农家有几日休闲！春耕大忙一个一个就又紧跟着来了。年轻人也好，壮年人也罢，谁还在家里闲着。他们都到田里忙活去了，打谷场、菜园子也该去整理一下了。这真是忙上加忙啊！

等他们回到家里早已是日晚，在西涧哗哗的水流边，他们正牵着劳作一天的牛儿饮水，过晌的劳作哪能不饿？身体哪能不累？但他们自己却不以为苦；一场好雨的到来，却会使这些终年辛劳的农民喜不自胜。他们是这样盼望老天给下一场好雨，能有一个好收成啊！

诗人实在是一个深知民间疾苦的人，他了解农民的劳作，他理解农民的心思，而他又经历过大唐王朝由盛转衰这一历史时期，安史之乱后的中唐，军阀割据，宦官专权，吏治腐败，再加上同契丹、吐蕃之间的民族矛盾，整个唐王朝已处在风雨飘摇之中，而生活在底层的农民更是苦不堪言。“仓廪无宿储，徭役犹未已。”农民家里没有隔夜之粮，过了今天，明天就不知该怎么过，但唐王朝的各级官员及那些搞割据的军阀仍然是派粮派款派差，诛求不已。

诗最后两句说：“方惭不耕者，禄食出闾里。”那些不耕田不收割，凭吃禄粮过日子的大官小吏，若知道乡野农民的辛劳，他们才会深深感到惭愧吧！就唐代而言，中唐之后进入了衰世。衰世之秋，吏治败坏，官吏只有大贪小贪之别。从安史之乱至唐亡这一百四五十年里，苏州人将三个好官请进专祠“三贤祠”并春秋享祭，以示永志不忘，而位居第一的就是此诗的作者韦应物，其余两个，一个是白居易，一个是刘禹锡。

清官、好官何其少也！

而同样写惊蛰，有点神话色彩的，要数南宋范成大的一首七绝《雷雨起龙》了：

雨工避事欲蟠泥，帝遣丰隆执以归。
连鼓一声人失箸，不知破壁几梭飞。

管降雨的雨工说他很想多下点雨使道路泥泞才好呢，可没雨可降我有什么办法？老天爷一听勃然大怒，立即降旨给雷神丰隆将那条不行云不布雨的龙抓回来严惩。丰隆接旨不敢怠慢，他又奉旨擂动天鼓，可是那惊天动地的轰天雷只隆隆的响了一声，就使得那个号称天下枭雄的刘备大惊失色，掉了正在吃饭的筷子，甚至那金陵安乐寺里由张僧繇画的四条龙中，其中点了睛的两条，也突的一下雷电破壁，乘云飞腾上天了。诗人说：“不知破壁几梭飞”，想那天下不知有多少画在墙上的龙，也将破壁如梭而频频飞去吧！

诗人将大自然给神化了，最高的自然叫皇天上帝；管下雨的叫雨工，在诗里他却是一条懒龙；管雷电的叫丰隆，仿佛打雷闪电就是命令，陶渊明说“仲春遘时雨，始雷发东隅”。韦应物说“微雨众卉新，一雷惊蛰始”。在哗哗细雨中，在轰隆隆的春雷声中，惊蛰节开始了，“丁壮俱在野”，千千万万的农民正在用辛勤的汗水，换取自己与人类的生存，不是吗！

惊蛰养生三题

及时补充维生素 C

补充维生素 C，以加强饮食调养，其好处有二：一是维生素 C 能够抗氧化；二是它还有解毒作用，它不仅能降低烟酒及药物对人体的毒副作用，还可以优化人的结织组织，使人的皮肤、牙齿、骨骼、肌肉更加强健。

这里提出补充维生素 C 以降低烟酒对人体的毒副作用，与其如此，为什么不提出戒烟少饮酒以养生？尤其吸烟在当今社会实际是一种公害，既有损于个人健康，又污染空气，又将被动吸烟强加于人，既损人又害己，百无一利，吸烟的人戒烟，被动吸烟的人要大声对吸烟的人说："不！"在这惊蛰节气里，不啻是一种挺好的养生之道，离开了烟草，此时若补充维生素 C，对人体健康的意义，岂不更大！

据说维生素 C 还能促进胶原蛋白的合成，增强人体免疫力，有助于抵抗感冒。既如此，那些饱含维生素 C 的蔬菜，如小红辣椒、苜蓿、菜花、菠菜、大蒜、芥蓝、芫荽、甜椒、豌豆苗等就该是餐桌上的上品；水果如红枣、蜜枣、番石榴、猕猴桃、核桃等也该装上果盘，送到人们面前了，如果将蔬菜、水果同维生素 C 搭配在一起，效果将会更好一些。

还是再捂一阵子好

别看惊蛰时节，气温逐渐升高了，可也经常发生波动，到了"草薰风暖春将半"时，突然老天变了脸，比往年同期气温下降了好多。这种“倒春寒”的来袭，对老年人来说尤其是大麻烦。因此关注天气变化，增加衣物，注意保暖，不妨再捂一阵也是完全有必要的。

“百草回芽，百疾发作”。就是指的在这种“倒春寒”气候条件下，乍暖乍寒，一些年老体弱或患有宿疾者，常常发病或旧病复发。慢性病最易复发，如偏头疼、胃疼、慢性咽炎、过敏性哮喘、高血压、冠心病、心肌梗塞、精神病最为常见。据调查，患急性心肌梗塞的病人有两个发病高峰期，一是 11 月至 1 月，二是 3 月至 4 月，俗话说“菜花黄，痴子忙”，精神病在春天的发病率也很高。对于上述疾病，应从精神、起居、饮食、活动各方面保健锻炼，做好预防工作，在发病之后，要积极治疗。

还是要出去走走

惊蛰春分这半个月，天气不会太冷，清晨起来，还是出去走走的好。

年事高的，拄杖也好，不拄杖也行，清晨起来不要老窝在家里，出去遛遛弯、散散步，到户外换换环境、换换空气，活动一下筋骨，实在益处良多。

如果可以，无论中年人或老年人，健走一段也可以。所谓健走，就是走路时，前腿高抬，后腿力蹬，两腿肌肉同时用力，大步快速向前行走。这样全身在健走中放松，不知不觉中肌肉得以伸展，肺部得以清洁，血液得以加快循环；新陈代谢逐步改善。这样精神抖擞，腿脚利索，健康自然也就不期而至了。

四　春分，春之半也

春分，二十四节气中的第四个节气。每年3月20日或21日，太阳到达黄经0°（春分点）时开始。《月令七十二候集解》：“二月中，分者半也。此当九十日之半，故谓之‘分’，秋同义。”《春秋繁露·阴阳出入上下篇》：“春分者，阴阳相半也，故昼夜均而寒暑平。”这一天，阳光直射赤道，昼夜几乎等长；在这以后，阳光直射的位置将逐渐北移，直移至北纬23°26′的北回归线才算结束，那时可就是白昼最长黑夜最短的夏至了。谚语说“吃了春分饭，一天长一线”，也真是道出了实情。天文学上所规定的咱们北半球春季开始之日，倒不是咱们平日认定的立春那天，而是春分。这时对我国土地上的大部分作物而言，才算进入了春季生长阶段。

“春分麦起身，一刻值千金。”作为小麦产量居全国第一的小麦生产大省——河南，春分真是最美丽的节气，也是最忙活的节气了。

说它美丽，那是因为杨柳吐绿，桃花始绽，被万紫千红打扮的春天终于姗姗而至。“碧玉妆成一树高，万条垂下绿丝绦。不知细叶谁裁出，二月春风似剪刀。”时而你还会看见一双燕子相随轻捷地从嫩柳垂下的万条绿丝绦中穿过，它们可能去寻找去年的旧巢吧。但也说不定什么时候，老天变脸，阴沉起来，甚至雷开始打破去冬及今日半个春天的沉默而发起声来，还会伴着雷声，半天一道电的闪光，划破了这天阴沉的底色。雨来了，是一场小雨，下吧！雨后天霁，桃花将更红，杨柳将更绿；“燕子垒窝一口口泥”，它们也在建设自己的新居啊！

但是最美的风景线倒不是大自然，而是农家的大哥大嫂们。白天，无边的麦田里会见到他们忙于给小麦春灌的身影，甚至晚上，麦田里也时而会看到手电筒的闪光，那是人们在察看春灌的水情，时而还会听到人们在彼此呼唤着什么，“××，你回去赶快知会××，我浇完了，该他啦！”原来给小麦春灌也是排了班的。人歇水不停啊！是的，该他啦，该他啦，他可是下午才将化肥撒进责任田里呀！

中国这么大，往东、往西、往南、往北，农民们都在忙活，可是忙活得却大不相同。东北、西北、华北以及黄淮地区为抗旱而奔忙，而华北地区曾出现“春分雪”的反常天气，看来这种“倒春寒”对小麦的危害，也不得不防范了。小麦播种深度合理，增施钾肥，灌水或喷雾，都该是抵御倒春寒的有力举措吧！

阴历二三月间，黄河两岸桃花盛开，宁夏、内蒙古地区河段因冰凌融化而致黄河春水猛涨，因称“桃花汛”。而广大江南地区，进入“桃花汛”期，降雨增多，清沟沥水，排涝防洪工作也是马虎不得的。

还有一点，“天有不测风云”。阴历二三月间，即使春分前后气温上升了，天气回暖了，漠北的寒潮也有可能突然来袭。这么一来，使气温较正常年份明显偏低，又冷起来了，这就不仅使早稻、已播的棉花、花生等作物造成烂种、烂秧或死苗，而且还可能影响油菜的开花授粉以及角果发育不良、降低产量，甚而至于影响小麦孕穗，造成大面积不孕或籽实低劣的严重危害。这里显然指的是长江以南的广大地区，而在黄河流域，“清明蜀黍（指早玉米及红高粱），谷雨棉花，立夏时节种芝麻”，“立夏起，麦穗齐”，相较农事晚了半个月，甚至整整一个月，广大农民手底下忙活的活计，也该有大大的不同吧。

谚语里的春分

一、反映天气与物候的

春分有雨到清明，清明下雨无路行。

春分雨不歇，清明前后有好天。

春分阴雨天，春季雨不歇。

春分不暖，秋分不凉。

春分不冷清明冷。

春分前冷，春分后暖；春分前暖，春分后冷。

春分西风多阴雨。

春分刮大风，刮到四月中。

春分大风夏至雨。

春分前雷雨水多。

春分南风，先雨后旱。

春分春分，百草返青。

立春阳气转，雨水雁河边；惊蛰乌鸦叫，春分地皮干。

青蛙春分初鸣，秋分终鸣。

吃了春分饭，一天长一线。

春分秋分，昼夜平分。

二、反映农事活动的

春分麦起身，雨水贵如金。

春分麦梳头，麦子绿油油。

春雨似油，春雪似毒。

春分半豆，清明全豆。

春分春分，好种花生。

春分春分，犁耙乱纷纷。

春分豆苗粒粒种。

春分瓜，清明麻。

春分犁不闲，清明多种树。

春分降雪春播寒。

春分麦，芒种糜，小满种谷正合适。

春分麦起身，肥水要紧跟。

春分麦起身，一刻值千金。

春分前，整秧田。

春分无雨莫耕田，秋分无雨莫种园。

春分秧壮，夏至菜黄。

春分有雨病人稀，五谷稻作处处宜。

春分有雨是丰年。

春分早报西南风，台风虫害有一宗。

春分至，把树接；园树佬，没空歇。

麦过春分昼夜忙。

春分的祭日活动

古代的南郊祭天活动，是以日为主要祭祀对象的，而月则是拿来配祭的。夏人尚黑，在黄昏时祭天；殷人尚白，在中午时分祭天，周人尚文，从早上一直祭到黄昏。

祭日在高高的坛上，因为那儿明明亮亮；祭日在东方，因为迎日出于东方。祭日活动是在每年的春分那天举行。从夏、商、周为始，祭日这一大典就一代一代地传了下来。

清潘荣陛《帝京岁时记胜》说："春分祭日，秋分祭月，乃国之大典，士民不得擅祀。"坐落在今北京朝阳门外东南日坛路的日坛，就是明清两代皇帝春分祭日之所。日坛又叫朝日坛。祭日大典于每年春分之日卯刻举行。而交卯刻正当早晨六点，而这时正是旭日东升之时。由皇帝亲领公卿百官的祭日大典就是在这时开始的。不过皇帝并不是每年都亲临祭日大典，只逢天干是甲、丙、戊、庚、壬的年份才亲临祭祀，其余年岁则由官员代劳了。为什么？因为中国传统文化也是将十干（包括十二支）分为阴阳的。甲、丙、戊、庚、壬属阳，而乙、丁、己、辛、癸属阴。阳尊阴卑，阳为天，阴为地；阳为日，阴为月；阳为君，阴为臣；阳为男，阴为女。这大概就是皇帝老儿逢天干乙、丁、己、辛、癸年岁不亲临祭日大典的理由吧！

明代皇帝祭日时，要奠玉帛、礼三献、乐七奏、舞八佾，并且还要在司礼官的呼喊下，向太阳行三拜九叩的大礼。到清代，皇帝祭日时就有迎神、奠玉帛、初献、亚献、终献、答福胙、撤馔、送神、送燎九项仪程，看来是够隆重的。

春分风俗里的趣味与养生

风俗里趣事不少，令人深思远想的也常有，而大有益于养生的也时而有之。比如春分，举行声势浩大的祭日祭祖活动的有，玩竖蛋、踏青、放风筝的有，吃春菜以防病健身而养生的，不常见但也有。祭日见前，祭祖放到以后再说。且就春分习俗中关于趣味与养生的略述一二。

陪着娃娃们玩立蛋是趣事。春分那天，世界各地都会有数以千万计的人在做“立蛋”试验。这一被称为“中国习俗”的玩意儿，成了“世界游戏”，何以如此，有待考证。立蛋，简单易行，饶有趣味，选择一个光滑匀称、刚生下四五天的新鲜鸡蛋，轻手轻脚地在桌子上把它竖起来。失败者多，成功者也确实不少。“春分到，蛋儿俏”一句俗谚道出了时当春半竖蛋佳期的趣话。何以如此？自有科学的道理在：一是春分那天，南北半球昼夜同长，呈66.5°倾斜的地球地轴与地球绕太阳公转的轨道平面，处于一对力的相对平衡状态，有利于竖蛋。二是春分正值春之中间，不冷不热，花红草绿，人心舒畅，思维敏捷，动作利索，易于竖蛋成功。三是鸡蛋表面高低不平，有许多突起的“小山”，“山高”0.03毫米左右，山峰之间的距离在0.5—0.8毫米。根据三点构成一个三角形和决定一个平面的道理，只要找到三个“小山”和这三个“小山”构成的三角形，并使鸡蛋的重心线通过这个三角形，那么这个鸡蛋就能竖起来了。此外，最好选择刚生下后4—5天的鸡蛋，这是因为此时鸡蛋的蛋黄素松弛，蛋黄下沉，鸡蛋重心下移，有利于鸡蛋的竖立。竖蛋之俗可谓小小，而其中道理却耐人思量。

而吃春菜，虽南北同俗，人们却广泛认为其大有益于养生之道，从前岭南广东的开平、鹤山等四五个县（市）皆有此俗。吃春菜缘起于开平镇的谢姓。这五县的人们都有个不成节的习俗，叫作“春分吃春菜”。“春菜”是一种野苋菜，乡人称之为“春碧蒿”。适逢春分那天，全村人在田野中搜寻时，多见有嫩绿的，细细棵，约有巴掌大那样长短的野苋菜。采回的春菜，一般家里将它与鱼片一起“滚汤”，名曰“春汤”，有顺口溜说“春汤灌脏，洗涤肝肠。合家老少，平安健康”。其实北方黄河中下游如洛阳、郑州、开封一线，甚至靠南一点的黄淮地区，都有句民谚，即“正月茵陈，二月蒿，三月砍下当柴烧”。都有在二月春分时节，到田野挖食白蒿的习俗，这白蒿或拌面蒸食，或熬“蒿汤”，吃法不一。我看可以叫作北方人的“吃春菜”。我们知道白蒿同茵陈本是一物，是可以入药的，清热利湿，主治湿热黄疸，身热尿赤等症，若以其为主药，配以大黄、栀子而做成“茵陈蒿汤”，那就是见于张仲景《伤寒论》中的著名方剂了，也可用此方加减以治疗急性黄疸型肝炎等症。春应于肝，看来这个北方春分吃白蒿的习俗，其治病、防病与养生的功效可谓大矣！

放风筝也算是春分时节风俗之一。春分当天，大人、小孩儿齐上阵，玉宇、鲤鱼、眯蛾、雷公虫等，可谓各式各样，其色彩可谓五颜六色。其大者有两米高，小的也有二三尺。放风筝的场地上有卖风筝的，也可以自己提供材料，让人现场制作。手里攒的、地上拉的、空中飞的，到处都是风筝。你追我赶赛风筝。看谁飞得高，时而笑呼，时而惊叹，时而有风筝腾空而起，时而有风筝坠空而落。清人管棆有诗《风筝》云：“江南二月柳花飞，天外筝琶调最奇，有志凌云惟故纸，无声落地少牵丝。惊来社燕衔泥去，借认游蜂绕树窥。点缀星辰伴明月，一灯常在半空移。”有的风筝装有竹哨，经风一吹，呜呜作响，这就是诗里提到的“筝琶”；还有的风筝装有发光体，趁晚上放起，那就真是“点缀星辰伴明月，一灯常在半空移”的奇妙景观了。风筝场上，放风筝的，看放风筝的，处处是欢声笑语，处处洋溢着生动的活泼、春天的活力。春天，可真是一个万物生长，奔向荣华，到处充满着希望的季节啊！

有些地区春分那天家家歇工，不干农活而是家家户户煮汤圆吃。另外，还要煮二三十个不用包馅的汤圆，用红竹叉扦着这些汤圆插植于屋外田边地坎。据说这叫“粘雀子嘴”，雀子如果啄了汤圆，嘴就被粘住，再也不会危害庄稼了。还有人说不等粘住嘴，雀子一见这些汤圆，就吓得马上飞走了。听起来可真有点神了，但同惊蛰时节一些地区将扫把插在田间地头，认为可以扫除一切害人虫的习俗有点近似。希望当然美好，而结果恐怕不会怎么使人满意，因为扫把也好、汤圆也罢，它们哪儿会有这么神奇的力量啊！

旧时春分有挨家挨户送春牛图的，春牛图是两开红纸或黄纸上印上全年农历节气以及农夫耕田的图样。送春牛图的都是民间善说唱者，主要说唱些春耕吉祥不违农时的话。每到一家都会即景生情，张口就来，一直说唱到主人家乐而给钱为止。言辞顺口而出，往往套用当地民间戏曲小调押韵动听，俗称“说春”，说春人就叫“春官”。从 20 世纪 40 年代末至今此俗仿佛绝了迹，别说见到，甚至闻所未闻了。

诗里的春分

唐代几个大诗人，人们依他们各自的风格取了一个别称，如李白被称为“诗仙”，杜甫被称为“诗圣”，王维被称为“诗佛”。诗仙者，诗中的神仙；诗圣者，诗中的圣贤；诗佛者，乃诗中的佛陀。神仙也好，佛陀也罢，他们也并没有离开当时的现实世界，只是他们各自观察现实世界的心境、眼光及表现风格不同而已。

比如写农民、写田园生活，他们就各有特色、各不相同。且看王维这位佛弟子眼中的农村是怎么样的。

春中田园作

唐·王维

屋上春鸠鸣，村边杏花白。

持斧伐远扬，荷锄觇泉脉。

归燕识故巢，旧人看新历。

临觞忽不御，惆怅思远客。

这是一首歌颂春天的诗，时当仲春二月，春分前后，其地当然是黄河中下游地区的农村，诗只是平平直直地叙述，表现诗人对当时当地农村生活平平静静的感受，其感受的滋味当然是王维式的。

斑鸠，又被称作“春鸪鸪”，随着春天之来，它也飞到村中，站在人家的屋顶唱起春歌来了，而村边是杏花。白白杏花散发着花香，一定有成群的蜜蜂也在忙活着呢。鸠鸣、花开，诗人抓住这两事，从声音、色彩两方面已将春色点染浓了，因为这是“春中”，正是中春二月，春分前后的好时光啊！

“持斧伐远扬，荷锄觇泉脉”这两句写农事活动。为桑叶的肥而繁，持斧去砍掉伸得长长而又叶稀的油枝，桑蚕、缫丝，关乎着赋税缴纳，也关乎一家老小的穿衣；扛起锄头去察看水源，疏通沟渠，该给小麦浇水了，关乎一家老小的吃饭问题，更关乎着官家的租税，岂能马虎大意！但这一切在王维眼里只是一幅农村平平淡淡的风俗画。他观察这一切时，心里平平静静的，他在品味着他所看到的田园生活安静、恬淡及和谐的滋味。

“归燕识故巢，旧人看新历”，就使得这种氛围、这种滋味更加浓郁了。燕子归来，飞上屋梁，在巢边“呢呢喃喃”地叫着，似乎还认得它的故巢，而屋子的旧主人在翻看这一年新的历书。旧人、归燕，和平安定，故居依然，但“东风暗换年华”，生活就这样自然和平地更替着前进。对着故巢，面对新历，燕子啊、人们啊，你们将怎么安排与建设这新的一年的生活呢？诗人的笔调，充溢着满满的诗意，就这样轻轻地仿佛不经意似的拉开了新的一年的幕布。

从诗的前六句，我们仿佛听到了斑鸠——这春鸪鸪赞美春天的叫声，仿佛从村边杏花一片白的世界里闻到了花香，我们还看到了手持斧头为桑树整枝的人，看到了扛着锄头察看水源清理沟渠为小麦春灌做准备的人，他们忙碌着，为自己的生活忙碌着，一切是如此的和谐、安静、美好，这是何等诱人的春日田园的景象啊！但第七、八句，由写景而转入了与上勾连的抒情：“临觞忽不御，惆怅思远客”，面对美景，本该开怀畅饮，但他停住了，想到那离家“独在异乡为异客”的人，这些人或许是诗人的亲人或者是故友，他们却无缘同自己一起享受和领略这美好的生活，诗人禁不住为他们深感惋惜和惆怅了。

这首诗春之气息忒浓，但诗人却没有用大红浅绿的浓艳辞藻去铺陈、去书写，在诗人笔下，笔调是淡淡的，生活是平平的，没有一丝波纹，却表现了春之到来。仿佛王维不是在看春天，而是在听春天的脉搏，在追踪春天的脚步。余恕诚先生令人信服地指出：“诗中无论是物，似乎都在春天的启动下，满怀憧憬，展望和追求美好的明天，透露出唐代前期的社会生活和人的精神面貌的某些特征。人们的精神状态也有点像万物欣欣然地适应着春天，显得健康、饱满和开展。”

戏答元珍

宋·欧阳修

春风疑不到天涯，二月山城未见花。
残雪压枝犹有橘，冻雷惊笋欲抽芽。
夜闻啼雁生乡思，病入新年感物华。
曾是洛阳花下客，野芳虽晚不须嗟。

宋仁宗景祐三年（1036 年）五月，欧阳修谪峡州夷陵（今湖北宜昌）令，次年，朋友丁宝臣（字元珍）写诗《花时久雨》给欧阳修。此诗之作《戏答无珍》，当是欧阳修给丁元珍的答诗。

诗当是写于仁宗景祐四年（1037 年）仲春“二月”，从诗第三句“冻雷惊笋”看，已是惊蛰之后，春分之前，在京都开封附近也绝不是花开红紫之时，杏花可能已泛白，桃花绽红可能要等到春分以后三月初了。但地处淮河以南长江流域花期将会来得更早，见到桃红，李白应该是非常肯定的。但从物候的定律来看，同一物候现象不但古今有别，且东与西、南与北也有所不同，而地形之高下也自有些差别，那也是很自然的事。唐宋之问《寒食陆浑别业》云：“洛阳城里花如雪，陆浑山中今始发。”白居易《游庐山大林寺》诗也说：“人间四月芳菲尽，山寺桃花始盛开。”竺可桢先生说：“白居易诗作于唐元和十二年四月九日（公元 817 年 4 月 28 日），如照他所说大林寺开桃花要比九江迟 60 天，这失之过多，实际相差不过二三十天。”如此说来，春风不到天涯，

“二月山城未见花”，这本身就无甚值得可疑之处。对1037年仲春惊蛰至春分夷陵这座山城“不见花”的物候现象，欧阳修当然看到了。但他是诗人，他要写诗以寄抒怀抱，于是乎“春风疑不到天涯，二月山城未见花”的诗句，就从诗人笔下自自然然地流将出来了。这开头两句，点出了作诗的时间（“二月”），地点（“山城”）和山城早春的气象（“不见花”），流露出了诗人心中的寂寞；“春风疑不到天涯”，一个“疑”字道出了心中的抑郁。“皇恩不到”，诗人心中的迁谪之感，就这样不自觉地流露出来了。从艺术表现看，这个首联起得十分巧妙。前句问，后句答。欧阳修自己说：“若无下句，则上句何堪？既见下句，则上句颇工。”（《笔说》）正因为上句巧妙破疑旨，才为后面的描写留下充分的余地。颔联“残雪压枝犹有橘，冻雷惊笋欲抽芽”。“橘”说“犹有”，乃去年未摘尽之橘；“雪”言“残”，正是仲春二月惊蛰春分期间长江流域山城仍存在的“早春”景象。那“橘”映衬残雪之白，更红得耀眼，岂不像一簇簇火苗在跳动吗！“雷”言其是“冻雷”，正扣紧其夷陵山城春来晚的特点，“橘”上尚有雪残之迹，即使惊蛰春分期间，春雷滚滚，其非“冻”而何！“二月节……万物出乎震，震为雷……蛰虫惊而出点”，夷陵是橘乡，又是竹乡。那竿竿竹声闻得第一声春雷，其“笋”亦“欲”抽芽了。诗人笔下，万物有情，那“笋”仿佛亦被冻雷惊醒而“欲”抽芽了。这句诗里，一个“冻”字，一个“欲”字，诗人将一般人所未经意的物候现象写出，正可谓状难写之景如在目前，这两句用字之工之妙，实是令人惊叹。

颈联“夜闻啼雁生乡思，病入新年感物华”，则是由写景转入抒写自己的迁谪之感了。诗人闻雁北飞而生乡思，他思念的不是自己的故乡吉安永丰，而是黄河流域的宋都汴梁，及首官的京畿近地洛阳，“处江湖之远，则忧其君”，然而诗人却有点“病入新年感物华”的老大之感，其抱病之身又进入了新的年头，忆往思今。时光易逝，流年又换，怎不使诗人感慨万千！

尾联“曾是洛阳花下客，野芳虽晚不须嗟”可真有点自嘲自解了。诗人说他自己曾在产花的名园洛阳享受过美丽的春光，目下无须嗟叹，我还是在远离汴梁京畿之地的夷陵这座山城，等待这迟开的山花吧！

料峭春寒之中写出盎然春意，善写难写之景；贬谪潦倒之中思念京都京畿之地，强自宽慰之中又怀着向好之望，无低沉之思，欧阳修是诗人政治家，是政治家诗人，双重人格巧妙地统一在欧阳修一人之身，其诗之诗情画意，其艺术境界自是别开生面。

春分养生，平衡阴阳

春分时节，昼夜等长，阴阳平衡，养生亦宜取法自然，遵循阴阳平衡原则使人体机能保持平衡、协调、稳定为上策。

饮食上不可偏食，常吃大热、大寒食物皆为不宜。此时蔬菜以菜花为上品，它可以强身健体，抵抗流感；余如莲子，可以稳固精气，补虚损，祛湿寒；牛肚，可以滋养脾胃，补中益气。此外，亦可将寒的鱼、虾同葱、姜、醋等调料搭配，以中和鱼、虾之寒。不然，将补养滋阴结合起来，一盘韭菜（助阳）炒鸡蛋（滋阴），也算得上是不错的佳肴。

日常生活之外，那就是每个人根据自身身体状况各取所需了。

比如为缓解压力，可服食维生素 B_1、B_2、B_6、B_{12}，亦可食些B族维生素食物，如猪腿肉、大豆、花生、里脊肉、火腿、黑米、鸡肝等。

比如为养肝、护肝、滋养肝血，多吃些鸡肝、鸭血、菠菜也是不错的选择。尤其是菠菜具有疏通血脉，利五脏、解毒、防春燥之功效，它该是春分时节养生蔬菜的首选吧。

日常起居上，除经常打开门窗给房屋通风外，屋里摆一两盆花草，也是杀菌、除尘的不错措施。如吊兰就能净化室内空气。一盆吊兰能够在一天之内将8—10平方米房间里的有害气体吸收80%，其净化空气的能力可以和专业的空气净化机相媲美，再如常春藤叶子上的微小气孔可以有效地吸收粉尘，甚至可以吸收那些连吸尘器都无法吸走的细微粉尘，再如丁香花可以释放出含有丁香酚等化学物质的特殊香气。这种香气可以有效地杀灭白喉杆菌、肺结核杆菌、伤寒沙门氏菌及副伤寒沙门氏菌，从而起到预防传染病的效果。最有意思的是仙人掌，别看它浑身是刺，其貌不扬，如将它晚上置于室内，可以增加室内的氧气量。因为晚上释放氧气，吸收二氧化碳正是它同大多数植物相较的特异之处，卧室里的空气中氧气和负氧离子浓度增加了，不用人来道“晚安”，也可以睡个好觉了。

至于户外活动，锻炼身体，一是选择太阳升起后，没有雾霾的日子；二是穿戴适宜，随时做好防寒保暖；三是任何体育项目锻炼，开始要热身，做好准备活动；四是提防肌肉扭伤。另外，想给大家一个建议：春分时节，仲春二月，就缓解压力、愉快身心来说，去野外放放风筝，也是一项不错的养生保健运动。

五　清明，“清明，洁齐明净矣！”

清明，二十四节气中的第五个节气。每年4月5日前后，太阳到达黄经15°时开始，《月令七十二候集解》曰：“三月节……物至此时，皆以洁齐而清明矣。”到了清明，黄河中下游及其以南地区气候温暖、草木萌茂，改变了冬季寒冷、枯黄的景象。这时处处阳光明媚，柳绿桃红，群山如黛，百鸟交鸣，生机勃勃。“满街杨柳绿丝烟，画出清明二月天”这是唐人韦庄的诗句。“佳节清明桃李笑”这是宋人黄庭坚的诗句，还有人说“雨足郊原草木柔”这也真是的，“人不知春草木知”，将清明时节天地物候表现得如此生动如此充分的不正是她们吗？从寒冷的冬天到暖和的春日这种转变，东亚大气环流已将其基本实现了。

清明到农家，忙耕忙种时，大江以南农谚说“清明谷雨相连，浸种耕田莫迟延”，对早稻、中稻而言，此时正是进入全力耕种的适宜季节，晴要抢、播要早，一天也迟延不得，再往南一点的华南地区早稻栽插已是尾声，耘田施肥也该抓紧进行了。

但在祖国北方农家的忙活却又同江南华南大不相同。华北平原南部及黄淮平原，小麦正在孕穗，油菜花已是一片金黄。东北、西北地区的冬小麦已进入拔节期，小麦的后期管理灌水施肥及病虫害的防治都十分迫切也十分重要。俗话说“麦收八十三场雨”，是说八月秋分至寒露有雨，底墒好适宜下种。农谚有“麦收胎里富”，想必就是这个意思。十月小雪至大雪有降水好过冬，三月清明谷雨期间有场好雨，应合了麦子拔节孕穗之需，那麦子当然就会有个好收成。但中原地区黄河流域十年九旱，适时给小麦灌水就是十分必要的了。

“植树造林，莫过清明。”这里划出了一个植树造林的时限，黄河中下游地区关于种树有这样的谚语：“惊蛰栽树做个梦，清明栽树害场病，立夏栽树要了命。”惊蛰时节，万物震于雷而始苏，动物如此，植物亦如此，一切都仿佛从严寒中刚刚走出而蓄势待发。此时将树移栽，树木萌动之力不受损伤，所以易活，而清明时节万物都不是蓄势待发，而是叶已绿，花已红，地下根部已在原土向深处伸长，如果移栽，就等于打断了它正常的生长状态，说“害场病”是种形象说法。一旦过了清明，万物进入充分的全面生长、开花，甚至早的已花落挂果，这时移栽，树木本身受到损伤，无疑更影响其正常生长，说“丧了命”，是就其严重程度而言的。因之将 3 月 12 日惊蛰时节定为植树造林，绿化祖国的节日，不只是为了纪念孙中山先生，而就其树木的生长，也是符合规律的，是有其科学道理的。

清明时节果树进入花期，搞好人工授粉，提高坐果率。黄河中下游有农谚说：“清明蜀黍谷雨花，立夏前后耩芝麻。”有意思的是当地将玉米称作玉蜀黍，将高粱当作红玉蜀黍。早玉米呀、红高粱呀，清明时节已到，是该及时播种了。“人勤地不懒，寸土也成田”。荒地、隙地点上几粒豆、种上几颗瓜（如南瓜之类），几个月后，就可以将它们端上餐桌，成为盘中有滋味的菜肴了。

谚语里的清明

一、反映天气与物候的

清明要晴，谷雨要风。

明清明，暗谷雨。

清明北风十天寒，春霜结束在眼前。

清明断雪，谷雨断霜。

清明断雪不断雪，清明断霜不断霜。

清明南风，夏水较多；清明北风，夏水较少。

清明难得晴，谷雨难得阴。

清明暖，寒露寒。

清明起尘，黄土埋人。

清明晴，斗笠蓑衣跟背行；清明落，斗笠蓑衣挂屋角。

清明无雨旱黄梅，清明有雨水黄梅。

清明雾浓，一日天晴。

清明西北风，旱了不会轻。

清明一吹西北风，当年天旱黄风多。

清明宜晴，谷雨宜雨。

清明有霜梅雨少。

清明有雾，夏秋有雨。

雨打清明节，干到夏至节。

雨打清明前，春雨定频繁。

二月清明一片青，三月清明草不生。

清明出现大头鲑，白带鱼跟在后面追。

二、反映农事活动的

清明刮风土，庄稼汉真受苦。

不用问爹娘，清明前好下秧。

二月清明你莫赶，三月清明你莫懒。

麦惊清明雨，稻惊白露风。

麦怕清明霜，谷要秋来旱。

麦子不怕四季水，只怕清明一夜雨。

清明不插柳，死后变黄狗。

清明不插柳，红颜变皓首。

清明谷雨两相连，浸种耕地莫迟延。

清明冷，好年景。

清明淋，果果吃不成；清明晴，果果吃不赢。

清明忙种麦，谷雨种大田。

清明南风起，收成好无比。

清明蜀黍（种高粱和早玉米）谷雨花（棉花），立夏前后种芝麻。

清明前，去种棉。

清明前后，点瓜种豆。

清明前后一场雨，强如秀才中了举。

清明晴，六畜兴；清明雨，损百果。

清明去播种，早五天不早，晚五天不晚。

清明十天种高粱。

清明喂个饱（上肥），瘦苗能长好。

清明无雨多吃面。

清明秧子谷雨花，立夏苞谷顶呱呱。

清明雨纷纷，植树又造林。

清明雨星星，一棵高粱打一升。

清明早，立夏迟，谷雨种棉正当时。

清明种高粱，六月接饥荒。

清明种瓜，船装车拉。

三月清明麦勿秀，二月清明麦秀齐。

三月清明秧如草，二月清明秧如宝。

雨打清明前，洼地好种田。

三月三

“三月三，上北关，南瓜葫芦结一千。”这天附近有会是要赶的，没有会，集也是要赶的。菜籽、花籽要买，北瓜、葫芦籽要买。今日若能下种，花呀菜呀一定收得好，北瓜、葫芦也定会大丰收。这是流传在豫西一带的习俗。

民间传说，这一天到地里剜些荠菜回来，将它同鸡蛋合泡一起吃了，既能补亏，又能提神。

不过，咱河南人认为趁三月三防鬼避邪保一家平安倒是一件大事，在豫南新县、光山一带民间，都传说这一天阎王爷要派小鬼到阳世抓人。只要天傍黑燃放鞭炮，砰砰啪啪像炸雷似的，就可以驱邪气逐鬼魅了。到了夜里，没有急事可千万别随便出门，这样才能保得平平安安。同时，各家门口还要放几头大蒜，以此向小鬼们示意“算了吧”。夜深睡觉之后，鞋子也要倒着放，这样小鬼一定就会认为“没有人，还是走开吧”。

这些小鬼既然一个一个都是傻蛋，好忽悠得很，怕它做甚！于是过了半夜十二点，有一些胆大的，他们便悄悄起床，三五成群地到野外去。干什么？看“鬼灯儿”呀！

三月三这天，为了避鬼祟祛邪气，吃什么也有讲究。光山一带这天要吃蒿子馍。认为蒿子馍一吃，灵魂就可进入嵩子林中，躲过抓人的小鬼了。不过不吃蒿子馍也可以避邪，与光山为邻的新县，他们就认为不吃蒿子馍也是可以避邪的。他们吃什么呢？吃糍粑。那儿俗话管这叫作“吃早魂”。

其实把三月三定为节日，据文献记载，那是魏晋以后的事。至于在魏晋之前的汉代，那是把三月的第一个巳日——所谓“上巳”——定为节日的。至于起源，当然更早。在我国第一部诗歌总集《诗经》里就有了人们群聚在溱洧之滨秉执兰草，以祓除不祥的生动描写了。下边是《诗·郑风·溱洧》的译文：

溱水长，洧水长，
溱水洧水哗哗淌。
小伙子，大姑娘，
人人手里兰花香。
妹说“去瞧热闹怎么样”。
哥说“已经去一趟”。
“再去一趟也不妨，
洧水边上，
地方宽敞人儿喜洋洋。”
女伴男来男伴女，
你说我笑心花放，

送你一把芍药最芬芳。

溱水流，洧水流，
溱水洧水清溜溜。
男也游，女也游，
挤挤碰碰水边走。
妹说“咱们去把热闹瞧!”
哥说“已经去一遭”。
“再走一遭好不好，
洧水边上，
地方宽敞人儿乐陶陶。”
男伴女来女伴男，
你有说来我有笑，
送你香草名儿叫芍药。

据《韩诗》说，“郑国之俗，三月上巳（三月初三）之日，于两水（溱和洧）上招魂续魂，祓除不祥。”这是发现最早的对三月上巳（三月初三）这个春天的节日，满怀爱心和激情的讴歌，不只记下了人们的欢娱，也赞美了青年男女之间纯真的爱情。同时也给古人在三月上巳（三月初三）于水滨，举行祓祭以消除不祥之所谓“修禊”，留下了最早的记录。

除此之外，在三月三族人齐聚于宗祠或家庙前，举行祭祖大典，还请一台戏，娱鬼兼娱人，这在河洛地区也不为罕见。

附《诗·郑风·溱洧》原文：

溱与洧，方涣涣兮。士与女，方秉蕑兮。女曰“观乎？”士曰“既且。”“且往观乎！洧之外，洵訏且乐。”维士与女，伊其相谑，赠之以芍药。溱与洧，浏其清矣。士与女，殷其盈兮。女曰“观乎？”士曰“既且。”“且往观乎！洧之外，洵訏且乐。”维士与女，伊其将谑，赠之以芍药。

清明节

“一年好景在清明”。当此时节，杂花生树，莺飞草长，嫩柳飘丝，惠风和畅。人们祭扫陵墓，缅怀先辈，折柳插门，祈求吉祥。同时，“清明前后，点瓜种豆”，农耕大忙的节令开始了。

说起清明节的起源，并非源于远古时期宗教活动祓禊之一的水禊，而是起始于节气。早在汉代刘安著的《淮南子·天文训》中写道：“春分后……加十五日指乙则清明风至。”古人把黄道附近一周天平均分为十二次，太阳运行到某次就为某节气。春分后十五日，太阳到达黄经15°，即“指乙”清明风至。《国语》上说，一年中共有“八风”其中清明风属“巽”（阳气），万物至此“齐而巽”，“洁齐而清明矣”，因此在八风中，唯独清明风至日定为“三月节”。后来的《月令七十二候集解》中也说：“三月节……物至此时，皆以洁齐而清明矣。”《岁时百问》上解释道：“万物生长此时，皆清洁而明净，故谓之清明。”都是认为清明节起源于节气，由于日照、气温、降雨、物候等方面反映了“清明”现象，所以它成了我国二十四节气中一个相当重要的节气。

清明之所以演变为节日，则是由于介子推的故事引起的。春

秋时代，力助晋文公重耳复国的大臣介子推，功成身退，隐居绵山。为了逼迫介子推出山做官，文公于清明前烧林，不料介子推宁愿抱树焚身，也不愿出来做官。据说还留下血诗一首，道是：

割肉奉君尽丹心，但愿主公常清明。
柳下作鬼终不见，强似伴君作谏臣。
倘若主公常有我，忆我之时常自省。
臣在九泉心无愧，愿君清明复清明。

当然这样的诗系小说家言，但也表达了后人对好皇帝的热望。而晋文公也正因为介子推出亡而焚山，适值清明前二日，于是规定每年此时禁火寒食，“以志吾（文公）过，以旌（表彰）善者。”寒食、清明原来不是一个节日，但到后来就合而为一了。

至秦，据传有秦始皇曾出寝起居于陵墓之例，后来汉承秦制，洛阳诸侯皆以朔（初一）、望（十五）、二十四节气及伏、社、腊之日上饭，也即到陵墓上祭奠。至唐，寒食上坟之风已是甚盛。唐玄宗李隆基开元二十年（732 年）颁令，曰：“寒食上坟，礼经无文，近世相传，已成习俗，应该允许，使之永为常式。”就这样，寒食、清明为时相近，清明又是历来“上饭”之日，寒食、清明统一称为“清明节”了。

寒食野望吟

唐·白居易

乌啼鹊噪昏乔木，清明寒食谁家哭。
风吹旷野纸钱飞，古墓垒垒春草绿。

棠梨花映白杨树，尽是生死离别处。

冥冥重泉哭不闻，萧萧暮雨人归去。

暮雨萧萧，人已归去，或许人们还有那么一点慎终追远、春露秋霜的孝子之心；或许白天晚上墓头家中却是两种情景：白天上坟时，“纸灰飞做白蝴蝶，泪血染成红杜鹃”，而归之后，则是“日落狐狸眠冢上，夜归儿女笑灯前”。人生苦短，活着时尽力做好自己该做的事，有一分热，发一分光，以求对他人对社会有益而无害。当断最后一口气时不留太多的歉然就是了。

清明时节，碧草连天，红花如染，黄鹂鸣于翠柳，一年的好景尽在此时。一家大小扫墓之余，因利乘便，踏青悠游于旷野山间，也是太平年月百姓安居乐业才有的事。再说踏青也是有益于身心健康的活动。时下，人们或组团或个人趁大好春光踏青郊游以寻春探春者已为数不少，到外地到异国去领略异域异国风情的也是为数众多，这也是所说的生逢盛世欢乐多吧。

每逢佳节，最欢乐的还是那些不知愁滋味的孩子，清明节自不例外。许多老年人会用柳枝将烙制的烧饼串起来，挂于屋檐下风干，以备小儿食用，据说可消食化积。他们还会用带叶的柳条编成圆圈戴在孩子们的头上，还会用一截嫩柳枝去其白色木质的芯做成柳笛交给孩子们。满街上有的孩子戴着嫩柳条编成的帽子追着、跳着、笑着，有的孩子还口里吱哇吱哇地吹着柳笛，这岂不也是一条有趣的风景线……

旧时，每逢清明，人们不仅祭自己的祖先，还祭拜历史上为人民立过功、做过好事的人物。新中国成立后，扫墓活动又增添了新的内容。清明时节，人们纷纷到烈士陵园扫墓，追念先烈业绩，寄托哀思，激励壮志，还有的工厂、学校、机关多在这天举行集会，除行祭扫革命先烈坟墓之礼外，还请革命前辈讲述革命事迹和优良革命传统，这样，人们又给清明这一古老的节日，增添了更加重大的意义，更使它充溢了一种庄严的气氛。

清明时节民俗拾零

清明时节，慎终追远，祭扫先人坟墓成为民俗的主体，但清明时节春光大好，民间习俗其五光十色绚烂多彩绝不止此。

清明荡秋千

有木架上悬挂两绳，下系横板。玩者在横板上或站或坐，两手握绳，使前后摆动，相传春秋时齐桓公由山戎传入，一说起源于汉武帝时，本云千秋，祝寿之词。后世倒语为秋千（见《事物起源》卷八）。此戏为唐及后世少女少男们所喜欢，唐时更盛，王维、杜甫、李商隐均有诗言及。宋洪觉范有《秋千》诗云："画架双裁翠络偏，佳人春戏小楼前。飘扬血色裙拖地，断送玉容人上天。花板润沾红杏雨，采绳斜挂绿扬烟。下来闲处从容立，疑是蟾宫谪降仙。"荡秋千不仅可以增进健康，而且可以培养勇敢精神，所以至今为人们特别是少男少女们所喜爱。

清明蹴鞠

鞠是一种皮球，球皮用皮革做成，球内用毛塞紧。蹴鞠就是以足踢球，这是古代人所喜爱的一种游戏。唐时更盛，从首都长安，到大江以南广大地区，杜甫诗里曾有"十年蹴鞠将雏远，万里秋千习俗同"之句。蹴鞠相传为黄帝发明以训练武士，或说起于战国。汉时，蹴鞠已成为非常专业化的运动，并且有比较明确的比赛规则。汉朝皇室中蹴鞠规模很大，设有专门的球场，四周还有围墙和看台。在当时比较正规的蹴鞠比赛分为两队，双方各有十二名队员参加，以踢进球门的球数的多少来决定胜负。由于蹴鞠的对抗性强，在当时多盛行于军队和军事训练中。至唐宋，蹴鞠的形式有很大的改变，技术也有很大的提高。有宫廷的数百人参加的大型活动，也有家庭式的几个人的小比赛。宋代除了设有球门的比赛形式以外，还盛行以表现个人技巧的踢法，谓之“白打”。既有单人表演，亦有二三人乃至十余人的共同表演。至清代，爱好溜冰的满族人曾将其与滑冰结合起来，出现了“冰上蹴鞠”的运动形式。清朝中叶，随着现代足球的传入，传统的蹴鞠活动很快被现代足球所取代。

2004 年年初，国际足联确认足球发源于中国。“蹴鞠”是有史料记载的最早的足球运动。《战国策》描述了两千多年前的春秋时期，齐国都城临淄举行的蹴鞠活动，《史记》记载了蹴鞠是当时训练士兵、考察兵将体格的方式之一。

清明插柳植树

清明前后，春阳照临，春雨飞洒，植树成活率高，成长也快。自古以来，中国就有清明植树的习惯，如今，我国也将 3 月 12 日定为植树节。清明植树，插柳之俗。其来源有说是为了清明以柳纪念“教民稼穑”的农事祖师神农。有的地方，人们把柳枝插在屋檐下，以预报天气，谚语有“柳条青，雨蒙蒙；柳条干，晴了天”的说法。杨柳有强大的生命力，俗话说：“有心栽花花不开，无心插柳柳成荫。”柳条插上就活，插到哪里，活到哪里，年年插柳，处处成荫。唐代杰出的诗人、古文大家及思想家柳宗元不得志于朝廷而远贬至离长安六千余里的广西柳州做刺史，那时的柳州是荒蛮之地，但其惠政却受到世世代代柳州人民的怀念与敬仰。他一到任，就带领柳州人民种柳造林，并有诗说："柳州柳刺史，种柳柳江边。谈笑为故事，推移成昔年。垂阴当覆地，耸干会参天，好作思人树，惭无惠化传。"（《种柳戏题》）并率先垂范，亲手在当时柳州城西北角种了二百株黄柑，并且表明"方同楚客（指屈原）怜皇树（指柑橘，屈原有诗曰《橘颂》，且一开头就说后皇嘉树……），不学荆州利木奴"，绝不学当年丹阳太守李衡那样以这些柑橘树取利，这又是何等的胸怀啊！

清明戴柳

清明戴柳，有将柳枝编成圆圈戴在头上者，也有将嫩柳枝刮结成花朵而插于头髻者，还有直接将柳枝插于头髻者。明田汝成《西湖游览志余》提到，清明节"家家插柳满檐，青茜可爱，男女或戴之"。

民间谚语说："清明不戴柳，红颜成皓首""清明不戴柳，死后变黄狗""清明不戴柳，来世变猪狗"。这说明戴柳之俗可以辟邪，也说明此俗已遍见于各地了。

清朝戴柳，大多为辟邪之用，但亦有纪年华之义，上面民谚有"清明不戴柳，红颜变皓首"之句即明乎此义。此俗乃宋代"寒食"冠礼遗存。宋代男女成年行冠礼之时统置于"寒食"，而不论生时年月。"凡官民不论大、小家，子女未冠笄者，以此日上头。"（《梦粱录》）戴柳即为成年标志。据此，后世乃有"纪年华"之遗俗，并演化成妇女戴柳球于鬓畔，以祈红颜永驻的习俗。在此，青青春柳，又有象征青春之义。时值清明，妇女戴柳，则表现为对青春年华的珍惜与留恋。

它如“蚕花食”为江浙蚕乡一地特有的民俗文化活动，如马上百步射柳也非一般人所能为，至于斗鸡、斗狗之类文化品位不高，那就更不值得一提了。

诗里的清明

先看唐王维《寒食城东即事》一诗里的清明：

清溪一道穿桃李，演漾绿蒲涵白芷。
溪上人家凡几家，落花半落东流水。
蹴鞠屡过飞鸟上，秋千竟出垂杨里。
少年分日作遨游，不用清明兼上巳。

这是一首七言八句的古体诗，诗人主要写寒食（或曰“清明”）那天出游长安城东所见风物。

前四句写景。一道清流见底的溪水从桃李林中流出，绿蒲呀、白芷呀在溪水流动中荡漾个不停。小溪边上桃李掩映还居住着好几户人家。时当三月暮春，桃花红、李花白花期将尽，那花儿有一半都落在小溪里，随着潺潺的水声向东流去了，这“溪上人家凡几家”，一定是“仙家”，这儿的景简直是人间仙境啊。陶渊明《桃花源记》云：“绿溪行，忘路之远近，忽逢桃花林，夹岸数百步，中无杂树，芳草鲜美，落英缤纷。”王维诗《桃源行》亦云：“渔舟逐水爱山春，两岸桃花夹古津。坐看红树不知远，行尽青溪不见人。”除去某些神秘色彩，《寒食城东即事》所写之境，除“溪上人家凡几家”有那么一间烟火气息外，同二者何其相似乃尔！

景是美的，人亦当是美的。这首诗前四句写景，后四句则写人，写人的活动，扣紧诗题“即事”二字。“蹴鞠屡过飞鸟上”：“蹴鞠”《史记索隐》云：“蹴鞠以皮为之，中实以毛，蹴鞠为戏也。”按鞠与球同，蹴鞠，就是中国古代的足球运动。一群少年踢球踢得性起，一下子将球踢得比鸟飞得还高，并且是“屡过飞鸟上”，与此同时，还该有这些男孩子兴高采烈的叫喊声吧。下句写的是女孩子们，她们在荡秋千，“秋千竞出垂杨里”。她们在欢声笑语，她们也在比赛，她们一个个竟把秋千荡出了垂柳的树梢。这些少男少女在寒食（或清明）节里踢足球踢得尽兴，荡秋千荡得开心。春日清明仿佛就是属于这帮少男少女的。他们和她们热爱生活，对生活充满无限美好的憧憬，“少年不识愁滋味”呀！也真是的……

“少年分日作遨游，不用清明兼上巳”，这是全诗的结句，淡淡地道出了对这群少男少女“分日作遨游”，岂能局限在清明上巳这些日子呢！清明、上巳（三月第一个巳日，后来以三月三代之）正是少男少女们踏青、赏花、出外郊游的好日子。这儿讲“不用”，意思是说少男少女们，从家里走出来吧！到广阔的天地间，享受这大好春光，展现你们青春的活力吧！要晓得“花堪折时直须折，莫待叶落空折枝”啊！

这儿使我想起了何其芳的诗句：

我为少男少女们歌唱。
我歌唱早晨，
我歌唱希望，
我歌唱那些属于未来的事物，
我歌唱那些正在成长的力量……

当然，时代悬隔一千四百多年，但向年青一代投以喜悦、艳羡之情，可以说是古今同慨。

唐大历三年（768年），杜甫从夔州出峡后，流落湖湘，第二年（大历四年）春天，漂泊到了潭州（今湖南长沙）。杜甫到长沙后，正赶上清明节。诗人有感于节日气氛，异域风物。个人遭际等，写下了他诗集中仅存的连章七言长律诗：《清明二首》，这是其二：

此身漂泊苦西东，右臂偏枯半耳聋。
寂寂系舟双下泪，悠悠伏枕左书空。
十年蹴鞠将雏远，万里秋千习俗同。
旅雁上云归紫塞，家人钻火用青枫。
秦城楼阁烟花里，汉主山河锦绣中。
春去春来洞庭阔，白苹愁杀白头翁。

这一首诗具体追忆自己的漂泊生涯，把抒怀的笔调推向了广阔的空间和久远的往昔。“此身漂泊苦西东，左臂偏枯半耳聋。寂寂系舟双下泪，悠悠伏枕左书空。”此身漂泊，秦州、同谷、成都、夔州、湖湘，从西到东，苦不堪言。“苦西东”有路途奔波、颠沛流离之苦，有生活无依、寄人篱下之苦。动乱的生活，沉重的负担，摧残了诗人的健康，在夔州时便是“夔子之国杜陵翁，牙齿半落左耳聋”（《复阴》）了；肺病、风疾、消渴，多种疾病长期折磨着杜甫，使他除了“左耳聋”之外，又加上“右臂偏枯”，拖着病废的身体，尚无安身之地，诗人怎能不“寂寂系舟双下泪”呢？“寂寂”是孤寂之寂、冷寂之寂、寂寞之寂、寂寥之寂，诗人不仅承受着疾病缠身的痛苦，更有前景暗淡的困扰，浓重的孤独意识笼罩着诗人的心灵，痛苦的灵魂迸发出辛酸的泪水，幸好双眼还能流泪，借此也是一泄孤寂的情怀。由于病废，诗人的许多日子只有“伏枕”卧病；由于“右臂偏枯”，诗人只有用左手在空中虚画字形。“书空”，书写什么？当然有的是“咄咄怪事”（殷浩被废，终日书空，唯作“咄咄怪事”四字。见《世说新语》），这便是“社稷缠妖气，干戈送老儒。百年同弃物，万国尽穷途”（《舟出江陵南浦，奉寄郑少尹·审》），如此等等，皆在书空之列。干戈纷扰，国无宁日，自己终不见用，漂泊西东。茫茫人海，竟有如弃物；天地广大，却无路可通。

诗人的漂泊实在太艰苦了，诗一开始总写了漂泊而病废，诗人还未兴尽。他那漂泊之苦，漂泊之愁，犹如乱麻一团，缠绕在诗人心中，真可借“剪不断，理还乱”来形容了。因此，接下去又映带“清明”节候，从时间上、地域上极力叙写自己的漂泊之感。“十年蹴鞠将雏远，万里秋千习俗同。”“十年”，人生有多少个十年？且在杜甫的年代，人的寿命不是很长，“人生七十古来稀”（《曲江二首》），杜甫年轻时就有过感叹。但是，在杜甫的生命历程中，却已经有“十年”在漂泊中度过了。唐肃宗乾元二年（759 年）杜甫携妻带子，为避关中饥馑前往秦州，自那以后到大历四年（769 年），时光已过去十个春秋，诗人也从四十八岁到五十八岁了。“万里”，从秦州流离到西南，从西南漂泊到湖湘，这之间的距离是多么的遥远！“十年”漂泊，“万里”漂泊，自然是“苦西东”，自然是感慨万端，诗人巧妙地写“蹴鞠”，写“秋千”，通过这些清明节的游戏，来概括自己漂泊的长久和遥远。读到这里，我们不能不惊叹杜甫的独具匠心。以少胜多，以一持万，“蹴鞠”“秋千”既紧扣“清明”题意，又包含了十分丰富的内容。“万里秋千”之后继以“习俗同”三字，“习俗同”又时地双绾，把彼时彼地与此时此地联系起来，把漂泊的往昔与现时的处境联系起来，抒情主人公又自述他回到了现实的境遇之中。这样，便有“旅雁上云归紫塞，家人钻火用青枫”的感慨。这两句是在对比衬托，“旅雁”尚得“云归紫塞”（长城），而自己这一家老小却只能滞留此地而“钻火用青枫”，欲北归而不得，思及六七年前“即从巴峡穿巫峡，便下襄阳向洛阳”的狂想，但事实就是事乖人愿。战乱贫病而岁月蹉跎，好梦成空，人不如鸟，情何以堪！“湛湛江水兮上有枫，目极千里兮伤春心”，杜甫身在湖湘，而对青枫又值春天，其感动伤怀，目极千里，内心之悲自然也就油然而生了。

“处江湖之运，则忧其君”。杜甫虽身遭漂泊流离之苦，身受贫病缠身之苦，但他却不能忘情于政治，忘情于朝廷。“秦城楼阁烟花里，汉主山河锦绣中”。“秦城楼阁”“汉主山河”虽然都在“锦绣中”，二句互文，但在今天的杜甫眼里，也皆在“烟花里”，毕竟是太遥远了，“可望而不可即”，为此他的内心是十分悲哀的。“春水春来洞庭阔，白苹愁杀白头翁”。诗人欲北归家园而不得，目极长安远而遭遗弃，命运之悲如此，进退维谷境遇无望如此，超脱不得，努力枉费，一切陷于绝望之境，面对“春水春来”的洞庭之阔，面对在水上漂浮的“白苹”，好一个“愁”字了得！穷愁、病愁、家愁、国愁、漂泊之愁，浓厚的愁云缠绕着诗人病废的躯体，他不胜愁，不堪愁，“愁杀白头翁”，简直要将杜甫这个白发的老翁摧毁了。果不其然，也就在第二年即大历五年（770年）仲冬湘江的一条船上诗人结束了自己的生命。

从杜甫的心灵历程看是悲剧，从一生遭际看是悲剧，从那个特定的时代看，则更是一个悲剧了。但愿那样悲剧的时代不会再有，若真能如此，那可真要谢天谢地了……

清明与养生

清明虽至，天气转暖，冷空气还会时来光顾，餐饮上吃羊肉者有，喝鸡汤者也不少，这都是用来抗寒的。但抗来抗去上了火就不好了。这时就该注意，宜尽量避免热性食物，辣椒、大蒜、胡椒、花椒之类，虽用作调料，也应适当减少，而洋葱也不宜整盘整盘地往餐桌上端了。食物性热者，“发散”作用亦强，常食多食则损耗元气，导致气虚，降低人体免疫力，尤其辛辣之物，多吃还会导致消化不良、影响睡眠，引起皮肤过敏呢。但想降火也极易，养成良好生活习惯、作息规律，多喝开水就好。味苦之物，如苦瓜也有败火功效，且在抗菌、解毒、提神醒脑、缓解疲劳上也是有其功效的。但过犹不及，吃过量了，就会引起胃痛、腹泻，尤其对脾胃虚弱的老年人与儿童而言，那就更该注意了。清明时节，为保护肝脏，多吃些银耳也不错，医家说，为保护肝脏，提高肝脏解毒能力，提高人体抗辐射、抗缺氧的能力，银耳可说是养生、滋补的佳品。

在起居上，应早睡早起，多到树林及河边走走，大好春光在清明，前人《清明即事》诗云：

风落梨花雪满庭，今年又是一清明。

游丝到地终无意，芳草连天若有晴。
满院晓烟闻燕语，半窗晴日照蚕生。
秋千一架名园里，人隔垂杨听笑声。

的确，梨花似雪，柳丝垂地，芳草连天，燕子呢喃，蚕儿始生，姑娘们在秋千架下的欢声笑语，从挡住人们视线的垂杨深处传来。这是一幅春景图，是诗又是画，这是大自然在清明时节给人们最好的馈赠，俗话有云“久视伤血，久卧作伤气，久坐伤肉，久立伤骨，久行伤筋”。还是让我们徜徉于绿草之中，流连于这万紫千红的迷人景色里，去享受这绝美的生活吧！郊野更接近大自然，那儿空气清新，没有污染，漫步于其中，岂不是进入了一个广阔的天然氧吧！新鲜空气可以由你尽情地呼吸了，人们无不想健康长寿，没有污染，空气新鲜也该是一个不可或缺的条件。

至于选择什么样的体育锻炼项目，那要根据每个人不同的身体条件及不同的爱好，各取所宜为好，该散步的去散步，该打太极拳的去打太极拳，该跳舞的去跳舞，各取所爱，不求一律，岂不各自舒心愉快！

不过运动场地却要认真选择一下。室内不好，繁华的街道不好，靠近工厂、工地的地方，汽车废气、沙土、飞尘污染了大气更不见佳。还是走出家门，到室外有树木、有花草的地方活动才合适。特别是清明时节，生长茂盛的树木花草，能净化空气、吸附灰尘、调节温、湿度及过滤噪声，人们听鸟语而闻花香，自会心旷神怡，如此锻炼，岂不更好！

如今，城市建设注重以人为本，加强了人居环境的生态建设，绿地、公园、道路绿化带日益增多。人们锻炼身体的场所越来越多，面积越来越大，运动设施也越来越先进，越来越齐全。清明时节，夜雨纷纷，早晨日出，空气极为新鲜湿润，此时此景到树林、河边、公园里去散散步，活动活动，该是一项不错的选择。

不过运动不可过量，对个人的卫生及保暖留点心也就是了。

六　谷雨，天雨粟

谷雨，二十四节气中的第六个节气。每年4月20日前后太阳到达黄经30°时开始，《逸周书·周月》："春三月中气：雨水、春分、谷雨。"又《时训》："谷雨之日，萍始生，又五日，鸣鸠拂其羽，又五日，戴胜降于桑。"《通纬·孝经援神契》："清明后十五日，斗指辰，为谷雨。三月中，言雨生百谷清净明洁也。"《群芳谱》："谷雨，谷得雨而生也。"《月令七十二候集解》："三月中，自雨水后，土膏脉动，今又雨其谷于水也……盖谷以此时播种，自上而下也。"如此看来，播谷而时雨降当是谷雨节气得名之由来。也有人说这同黄帝史官仓颉造字有关，《淮南子·本经训》："昔者仓颉作书，而天雨粟，鬼夜哭。"仓颉造字也真是一件了不得的大事，真可以说是惊天地了，于是天如下雨似的降下了五谷；真可以说是泣鬼神了，于是鬼在夜间也呜呜地哭了起来。本来水利被视作农业的命脉，可以说无水即无五谷。那人们久盼所及的时雨，岂不是一滴雨水一粒谷吗！"雨生百谷"。"谷雨"节气得名在这里带上了一点神话意味，从另一面看，这种话里又何尝没有一点现实意味呢！

气象专家说，谷雨是春季的最后一个节气，它的到来意味着寒潮天气基本结束，气温回升速度加快，雨水也多了起来。这时期水对谷类作物的生长发育大有益处，越冬作物返青拔节需要雨水，春播作物的播种出苗需要雨水，雨水大有利于谷类作物的生长，要不把春天最后一个节气叫“谷雨”，岂不太于事实背谬了吗？

在北方桃李花开，杨柳堆烟，黄莺娇啼，正是花香四溢，柳飞燕舞的暮春三月。这时气温虽已转暖，但一早一晚仍是气温较低。而西北高原山地则处于干旱季节，降水一般不超过5—20毫米，广大北方地区的冬小麦，正处在拔节孕穗期间，要特别注意防旱防湿，预防锈病、白粉病、麦蚜虫等病虫害，要拔除黑穗病株，同时还要预防“倒春寒”和冰雹。早玉米该播种了，耕地、施肥、播种、防土蚕侵害，整天忙个不停。“清明蜀黍（包括高粱和早玉米）谷雨花”，棉区开始棉花种植，黄豆、杂豆、土豆、花生、红薯、茄子也开始在园子里育苗，为大田移栽做好准备；产烟区烟苗长出，移栽大田，紧锣密鼓地进行着。田间管理停不得，马、牛、羊、猪的防疫打针，圈棚的卫生清理以及饲料的准备及配种，一刻也松不得。五谷要丰收，六畜要兴旺，哪一样离开辛苦忙碌啊！

而在南方的广大地区，华南暖湿气团活跃起来，气温逐渐回升，空气湿度也随之加大。西风带活动频繁，低气压与江淮气旋增多，气温高达30℃以上，雨量也跟着多起来。每年第一场大雨，降雨量就会高达30—50毫米，空气湿度大，对水稻栽培当然十分有利。一些地区降雨量不足30毫米，恐怕就得采取灌溉措施，以减轻干旱的影响了。在江南地区，耕田呀、施肥呀、插秧呀、育苗呀，正准备种水稻，茶产区可说是万里碧绿，千里飘香，茶农们采收春茶正忙着呢，蚕农也正忙着加强春蚕的饲养管理呢。

大河上下，大江南北及岭南广大地区，谷雨时节，普天之下的农民们谁个不忙！为了大地的丰收，为了十几亿中国人的盘中餐，农民们在忙啊！

谚语里的谷雨

一、反映天气物候的

谷雨到，布谷叫。前三天叫干，后三天叫淹。

谷雨三朝看牡丹。

谷雨有雨兆雨多，谷雨无雨水来迟。

谷雨下雨，四十五日无干土。

谷雨阴沉沉，立夏水淋淋。

谷雨，蓑衣麻笠高挂起。

过了谷雨，百鱼近岸。

过了谷雨，不怕风雨。

谷雨过三天，园里看牡丹。

二、反映农事活动的

谷雨前和后，安瓜又点豆；采制雨前茶，品茗解忧愁。

谷雨不下，庄稼怕。

谷雨不种花（棉花），心头像蟹爬。

谷雨花，大把抓；小满花，不回家。

谷雨麦怀胎，立夏长胡须。

谷雨麦结穗，快把豆瓜种，桑女忙采撷，蚕儿肉咚咚。

谷雨麦挑旗，立夏麦穗齐。

谷雨麦挺直，立夏麦秀齐。

谷雨南风好收成。

谷雨前，清明后，种花正是好时候。

谷雨前后，撒花点豆。

谷雨前后栽地瓜，最好不要过立夏。

谷雨前十天，种棉最当先。

谷雨前应种棉，谷雨后应种豆。

谷雨三朝，蚕白头。

谷雨三天便孵蚕，谷雨十天也不晚。

谷雨无雨，后来哭雨。

谷雨下谷种，不敢往后等。

谷雨下秧，立夏栽。

谷雨有雨好种棉。

谷雨有雨棉花肥。

谷雨栽秧（红薯），一棵一筐。

谷雨栽早秧，节气正相当。

谷雨在月头，秧多不要愁。

谷雨在月尾，寻秧不知归。

谷雨在月中，寻秧乱筑冲。

谷雨种棉花，不用问人家。

谷雨种棉花，能长好疙瘩。

谷雨种棉家家忙。

过了谷雨种花生。

棉花种在谷雨前，开得利索苗儿全。

牛过谷雨吃饱草，人过芒种吃饱饭。

清明爆半笋，谷雨长成林。

清明谷雨两相连，浸种耕田莫迟延。

清明一尺笋，谷雨一支竹。

早稻播谷雨，收成没够饲老鼠。

谷雨时节种谷天，南坡北洼好种棉。

水稻插秧好火候，种瓜点豆种地蛋。

玉米花生早种上，地瓜栽秧适提前。

闲地芝麻和黍稷，深栽茄子浅栽烟。

田菁苜蓿沙打旺，绿肥作物种田间。

棉花出苗快插补，地头地边无空闲。

小麦要浇孕穗水，查治火龙和黄疸。

树木栽上细管理，否则成活难保险。

树木果园早喷药，花儿过密酌情剪。

马牛猪羊饲养好，家禽孵化科学管。

苇藕蒲草继续栽，亲鱼育肥多产卵。

赶湖流来堵鱼头，家吉（鱼）黄花捕莫慢。

谷雨节的来历与仓颉

陕西白水县有谷雨祭祀文祖仓颉的习俗。“谷雨祭仓颉”，是自汉代以来流传近两千年的民间传统。

据传黄帝时代，仓颉造字，玉帝决定予以重奖，某日晚，仓颉酣梦中间人大喊："仓颉，你想要啥!"仓颉梦中答说："我想要五谷丰登，让天下的老百姓都有饭吃。"第二天满天向下落谷粒。

仓颉将这件事告诉黄帝，黄帝便把下谷子雨这天作为一个节日，叫作"谷雨节"，命令天下的人每年到了这一天都要欢歌狂舞，感谢上天。白水人民都把这一天作为祭祀仓颉的节日。

仓颉是否实有其人？古代不少典籍认为实有其人，而且还认为仓颉是黄帝的史官。司马迁是这样认为的，班固是这样认为的，韦诞、傅玄等人也是这样认为的。

我们认为仓颉造字是美丽的神话，是远古的传说。王充《论衡·骨相》说"仓颉四目"，《淮南子·本经训》说："昔者仓颉作书而天雨粟，鬼夜哭。"说仓颉长四只眼睛，这是一个很有想象力的创造。人都生着两只眼，仓颉却在普通人的眼睛之外多生了一对眼睛，这就无怪乎仓颉能仰观天象，俯察地理，辨鸟兽之迹，见人所不见，造出文字来了，仓颉造出文字之后，使人的能力空前提高，人利用仓颉那多出一对眼睛的发明，不仅能看到千百里之外发生的事情，而且能够看到千百年前发生的事情，这岂不也是给世人多添了一对神奇的眼睛吗？人们把这对眼睛安到了仓颉的额上，这岂不是对文字创造者最高的赞颂吗！"天雨粟，鬼夜哭"，这是对文字的威力所唱的形象化的赞歌。文字的发明，使千百人的经验可以流传，使千百年的经验可以积累，它使生产力突飞猛进。"天雨粟"不正是说明文字在促进生产发展上的巨大威力吗？文字的发明，不仅使英雄的业绩得以流传，也使那些在黑暗中活动的魑魅魍魉无所逃其形、无处隐其身，在文书上永远记下了它们的劣迹、罪恶，鬼怎能不躲到黑暗的角落里流泪哭泣呢？

即使退一步承认仓颉真有其人，那也正如荀子所说：“好书者众矣，而仓颉独传者，一也。”这就是说，仓颉之所以名传后世，是由于他做了搜集、整理、统一的工作。由于传说仓颉是黄帝的史官，这种说法是较合乎情理的，鲁迅先生曾经明确指出：“要之汉字成就，所当绵历岁时，且由众手，全群共喻，乃得流行。谁为作者，殊难确指，归功一圣，亦凭臆之说也。”

我们可以这样说，作为中华民族文化载体的汉字，是千千万万个“仓颉”，经过世世代代的努力才创造出来的，如果甲骨文作为成熟的文字形成于3000多年前的商代，从那时往前推至夏、舜、尧以至黄帝，也该有两千余年吧！这该是汉字逐渐走向成熟的重要时间段吧。

如此说来，将“仓颉作书而致天雨粟”这天定为谷雨节，而兴起祭祀仓颉之俗，本身不就是对中华民族优秀传统文化的敬畏与歌颂吗！同时也是对几千年来创造了中华民族优秀文化的劳动人民的敬畏与歌颂。

谷雨的传说

传说唐高宗年间，黄河大决堤，洪水淹没了曹州。有一个水性很好的青年，名叫谷雨，他将年迈的母亲送上城墙后，又从洪水中救出十几位乡亲。这时谷雨看见水中有一束牡丹花时沉时浮，绯红的花朵像一位少女的脸，绿色的叶儿在水面上摆动，好像在摆手呼救。谷雨猛地站起，脱下衣服扔给母亲，“扑通”一声跳进水中，向牡丹花游去。水急浪高，谷雨游啊，游啊，在黄河中足足游了六个多小时才追上了牡丹花。救出牡丹花后，谷雨将牡丹花交给了种花的赵老大。

第三年春天，谷雨的母亲得了重病，谷雨四处求医，房中能卖的东西都换汤药吃了，母亲的病情仍不见好转。这天，一位少女飘然而至，来到谷雨家里。她说："俺叫丹凤，家住东村，俺家世代行医，为百姓治病。听说大娘身体欠安，特来送药。"说着，丹凤煎好药，又侍候大娘将药服下。说来也怪，谷雨的母亲服药后，立刻就能下床走动了。不久，谷雨母亲的身体竟然比病前还要硬朗，身上有用不完的力气于是她说："儿子，东村离咱家不远。你买点礼物去东村找找丹凤姑娘吧!"

谷雨到东村一打听，没有丹凤姑娘。只有赵老大家的百花园，忽然听到园子里有女子嬉笑的声音，谷雨扒开桑树篱笆往园子里张望，只见丹凤和另外几个女子在戏耍。他情不自禁地喊了一声："丹凤!"只听呼的一阵风响，几个女子瞬间无影无踪。谷雨急奔进园中四处寻找，没找到丹凤。谷雨蹲在花丛中，见眼前一株红牡丹摇来摇去，谷雨深深作了一揖，说道："多蒙丹凤姑娘妙手回春，治好了母亲的病！老人家这几日常常想念你，请仙女现身，随为兄回家一叙!"谷雨说罢，只见一页红纸缓缓飘来，上面写着两行字："待到明年四月八，奴到谷门去安家。"

一天晚上，谷雨睡得迷迷糊糊，突然被敲门声惊醒，他开门一看，面前站的竟是丹凤姑娘！只见她披头散发，衣裙不整，面带伤痕，气喘吁吁。丹凤姑娘说："我是牡丹花仙，大山头秃鹰是我家仇人，它是个无恶不作的魔怪。近日它得了重病，逼我们姐妹上山去酿造丹酒，为它医病。我们姐妹不愿取身上的血，酿下丹酒让恶贼饮用！秃鹰便派兵来抢，我们姐妹难以抵挡，丹凤今日前去，只怕难以回转，纵然不死，取血酿酒之后，我也难以成仙了！临行之时，我来拜别大娘和兄长。”此时，几个魔鬼将草房团团围住。为首的赤发妖魔大声喊叫：“速将牡丹花妖放出！敢言半个不字，我叫草房化为灰烬！”丹凤向谷雨和谷雨的母亲拜了两拜，说道：“大娘，兄长，丹凤不想连累你们，我要去了！”说罢夺门而去。谷雨和母亲哭得死去活来，伤心透顶。

丹凤和众仙女被秃鹰劫持到大山头以后，谷雨整天不声不响，在一块大石头上“嚓嚓嚓”地磨着斧头！母亲知道儿子的心，对谷雨说：“去吧，把斧子磨好，去杀死秃鹰，救出丹凤姑娘！”她从枕下摸出一包药，放在儿子手里，说：“带上这包毒药，也许能用得着！”

谷雨去找秃鹰，他手握板斧跳进秃鹰的洞里，见丹凤和三名花仙都被绑在一根石柱子上。丹凤望着谷雨着急地说：“你不要莽撞！它们妖多势众，都守护在秃鹰身旁，难以下手！再说我们姐妹因不给秃鹰酿酒，它便命两小妖去大山头抬来石灰，每天烤煮我们，如今姐妹们元气大伤，更难对付它啦！”谷雨劝丹凤姑娘答应为秃鹰酿酒，暗中将毒药放入酒中。

丹凤和众仙女叫小妖传话给秃鹰，答应为秃鹰酿酒。丹凤和众花仙酿了两坛酒，一坛送给秃鹰，一坛留给众小妖。秃鹰捧坛刚喝了一半，另一半已被众妖争喝一空。酒到口中，非常香甜，稍时便觉得头重脚轻，四肢麻木。谷雨见时机已到，手持板斧，冲了出来。秃鹰久病不愈，又喝了药酒，虽有妖术也难以施展。战了几个回合，便被谷雨一斧砍倒在地。谷雨挥动板斧，如车轮转动一般左杀右砍，霎时将众妖平息了。

谷雨带着丹凤和众花仙欢欢喜喜地往外走，正在这时，一支飞剑向凤丹后背刺来，谷雨迅速用自己的身体挡住了飞剑，飞剑穿透了谷雨的身体，他大叫一声，倒在血泊之中。原来秃鹰虽受重伤，但是并没有咽气，它看到丹凤和众花仙欲走，便从背后下了毒手。丹凤恼怒万分，拿起谷雨的板斧，将垂死挣扎的秃鹰砍成烂泥。回转身来，抱起谷雨的尸体，撕心裂肺地痛哭起来。

谷雨被埋在赵老大的百花园中。从此，丹凤和众花仙都在曹州安了家。每逢谷雨的祭日，牡丹就要开花，表示她对谷雨的怀念。谷雨的出生和逝世都在同一天，后来人们为了纪念他，就把他的生日作为谷雨之日。

祭仓颉外谷雨民俗多有

谷雨祭仓颉，可谓意义悠长。然除此之外，以求神灵之力降福除灾的，以走路吃喝洗澡保健康的，以赏牡丹悦其身心的，或以女郎做东邀后生爬坡对歌寻求如意郎君的，可谓形形色色、风光多有矣。

谷雨祭海

谷雨时节，春海水暖，鱼行浅海，正是下海捕鱼的好日子。“骑着谷雨上网场”。为求出海平安、满载而归，谷雨这天渔民们举海祭，以祈海神保佑，为渔民出海捕鱼“壮行”，故谷雨又有“壮行节”之名，此俗于今山东胶东地区荣成一带仍然流行。排场大一点的，以一头去毛烙皮又以腔血染红的肥猪，十个白面大饽饽为祭品，排场小一点的以一猪头或一白面蒸成的猪形饽饽为祭品，而鞭炮、香纸则是祭神所必需的。旧时村村有海神庙、娘娘庙。祭时，供品满案抬至庙前，或抬至海边，敲锣打鼓，鞭炮炸响，在香烟缭绕氤氲之中渔民们跪拜如仪。那场面是够隆重的。

谷雨禁杀五毒

五毒者，一般指蝎、蛇、蜈蚣、壁虎、蟾蜍。如何禁杀？山东、山西、陕西一带流行一法，就是帖谷雨帖以祈祷驱凶纳吉，这谷雨帖可以说就是道教的五毒符，在黄表纸上用木刻板印上神鸡捉蝎或天师除五毒的形象，有的还附有诸如“太上老君如律令，谷雨三月中，蛇蝎水不生”“谷雨三月中，老君天下空。手持七星剑，单斩蝎子精”之类的文字。清乾隆六年（1741 年）山东《夏津县志》记：“谷雨，朱砂书符禁蝎。”

这一类民俗所蕴含的人们除害虫保平安获丰收的心理希冀是完全可以理解的。而这种希冀往往包含着对异己的自然力量不能掌控的无奈。不得已而祈祷神灵，如果这样能收到效果，而且相信了它，那可真的有点阿 Q 了。

“走谷雨”。谷雨那天青年夫妇走村串亲，也有的到野外转一圈就回来，走亲戚增进了感情联系，出去走走也对健康有益而无害。

“喝谷雨茶”。南方人在谷雨这天要摘新茶回来喝，据说可以清火、明目、辟邪，功效多多。

“谷雨吃香椿”。北方人谷雨吃香椿，此时香椿爽香爽口大有营养，“雨前香椿嫩如丝”，今日食之可提高身体免疫力、健胃、理气、止泻、润肤、抗菌、消炎、杀虫，功效可谓大大的高！

走走、喝喝、吃吃这种事本来就有益而无害，而偏在谷雨这天去“走”、去“喝”、去“吃”，其功效与平日究竟有何特别？

为什么有此特别？其中奥妙你说得清吗？

赏牡丹花

最使人赏心悦目的要数谷雨三朝看牡丹了，“洛阳牡丹甲天下”，洛阳年年牡丹花会，可谓盛大至极，洛阳牡丹何以甲天下？明冯梦龙曾道出个中缘由：“只为昔日唐朝有个武则天皇后，淫乱无道，宠幸两个官儿，名唤张易之、张昌宗，于冬月之间，要游后苑，写出四句诏来，道：‘来朝游上苑，火速报春知，百花连夜发，莫待晓风吹。’不想武则天是应运之主，百花不敢违旨，一夜发蕊开花。次日驾幸后苑，只见千红万紫，芳菲满目，单有牡丹花有些志气，不肯奉承女主幸臣，要一根叶儿也没有，则天大怒，遂贬于洛阳。故此洛阳牡丹冠于天下。”（《三言》之三）晋人陶渊明爱菊，但唐人大爱牡丹，李正封诗“天香夜染衣，国色朝酣酒”，当时即为唐文宗君臣称赏不已，比他早一点的刘禹锡就写道：“庭前芍药妖无格，池上芙蓉净少情。唯有牡丹真国色，花开时节动京城。”这个京城当指长安，非指东都洛阳，那么当洛阳牡丹花开时节，岂动得天下吗！洛阳人真该说句“大实话”：“真得感谢则天皇后了！”

据闻山东菏泽牡丹也挺好，四川彭州牡丹也不错，它们也年年举行牡丹花会，喜欢的人不妨趁谷雨时节东西南北走走，要晓得这良辰美景易逝，“天”你又奈何他不得，赏心乐事自在中华这个大院子里，何须他寻！

苗家谷雨爬坡节

此俗兴于黔东南南凯里地区，苗语称其为“纪波”。这是苗族青年男女一年一度特有的择偶恋爱的欢聚盛会，青年男女事先有约，决定某日在女方寨子某个地点举行爬坡节。节日那天，山坡上会聚集数千人，坡上一圈圈、一丛丛男女青年游方唱歌、吹笙、踩鼓，并以此来寻友觅伴追求知音，节日气氛笼罩了整个山坡。东道主是女郎们，她们将事先备好的鱼肉糯米饭带上山坡，一边款待后生们，一边互相对歌，在这当中，青年男女互相物色对象，组成一双双情侣，成为一个个幸福家庭。一些老妈妈也出来帮女儿物色对象。夕阳西下，姑娘们邀请后生们到寨子里继续谈情说爱，并再次设宴款待。情投意合的，即交换信物订婚。夜深了，寨子里有亲友的到亲友家投宿，没亲友的由姑娘们的母亲分别请到家里过夜。天快亮时，后生们起身回程，姑娘们将糯米饭送给意中人，并送到半路才依依惜别。

这个爬坡节真是别具一格，它再现了远古母系社会的生活方式，婚姻的缔结居于主动地位的是妇女，而不是男子。是否可以将此风俗当作母系社会婚姻缔结的活化石看待呢？其残留痕迹确实是太明显了呀！

与谷雨有关的诗

唐柳宗元以参与永贞（805 年）政治革新，遭宦官俱文珍等旧势力攻击而致失败，于十一月由连州刺史再贬为永州司马。诗《闻黄鹂》即写于贬谪十年中的某年谷雨前后。

闻黄鹂

唐·柳宗元

倦闻子规朝暮声，不意忽有黄鹂鸣。

一声梦断楚江曲，满眼故园春意生。

目极千里无山河，麦芒际天摇青波。
王畿优本少赋役，务闲酒熟饶经过。
此时晴烟最深处，舍南巷北遥相语。
翻日迥度昆明飞，凌风斜看细柳翥。
我今误落千万山，身同伧人不思还。
乡禽何事亦来此，令我生心忆桑梓。
闭声回翅归务速，西林紫椹行当熟。

诗人因参与利国利民的政治革新，而遭贬谪致数千里外的永州，本就抑郁不乐欲归而不得。何况时当暮春，子规偏要朝朝暮暮地在耳旁，“不如归去”“不如归去”的叫个不休，“倦闻”二字就写出了诗人当时当地的心情。然而下句陡的一转，“不意忽有黄鹂鸣”这句点了题，这是其一；其二是句中一个“不意”，没有料到；一个“忽有”来得突然，这就把诗人闻黄鹂那种且惊且喜的心情表现得活灵活现了。“一声梦断楚江曲，满眼故园春意生”这是说，黄鹂一声娇啼仿佛使诗人从贬谪湖湘的噩梦中醒来，此时满眼尽是故乡园蓬蓬勃勃的春意。

下面八句就是对“满园春意生”具体、形象而且生动的描述：无山河阻隔，目极千里的关中平原沃土上，已孕穗的麦子翻滚着连天的青色波浪，这可是又一个丰收年啊！长安近郊农耕为本轻徭薄赋，老百姓也闲，你来我往家家置酒相待，这时节天晴日丽杨柳堆烟，隐藏在柳烟深处的黄鹂，正在舍南巷北用动听的啼鸣远远地相互打招呼。时而有几只在晴日下翻动着翅膀远远地飞过了昆明池，它们或许在凌空飞翔时会斜眼瞧一瞧细细柳丝的舞动吧！在这里写及黄鹂的只有寥寥四句，但紧扣烟柳满皇都的最胜之处，写其南北相语，写其展翅飞翔，写其“邪看细柳翥”。诗的语言跳动着一颗轻松愉快的心，仿佛诗人的心已同可爱的黄鹂触融为一体了。但愈是如此，就愈是引起诗人的迁谪之感，“我今误落千万山，身同伧人不思还”。柳宗元说他失足掉进了千万座大山里，自己身份低贱且形体粗野同那些被称为伧人的没什么两样，我是不再作返回长安之想了。诗人哪里是不思归去，而是欲归不得呀！

最后诗人又将这种贬谪之感欲归不得等寓在黄鹂身上，“乡禽何事亦来此，令我生心忆桑梓，闭声回翅归务速，西林紫椹行当熟”。我家乡的鸟呀、黄鹂呀，你因为什么也来到这儿呢？是你引发了我这贬谪异地而思念家乡的感情啊！你莫再啼了，还是掉转翅膀快点回到我的故乡去吧，西林熟紫溜溜的桑葚正在等待着你回去享用啊！这种贬谪之感，这种欲归而不得的忧思与愤懑，借诗人劝鸟北归的奇特妙思，得到了充分强烈的表达。

柳宗元在另外文字还说，自己被贬谪永州，其地“幽邃浅狭，蛟龙不屑，不能兴云雨，无以利世，而适类于余。然则虽辱而愚之，可也。”又无不愤然地说：“余遭有道，而违于理，悖于事，故凡为愚者莫我若也。”诗人哪里是愚，他是太清醒太有智慧了。一个醒者与智者的忧思与愤懑全在这里哟！

请再欣赏一首情调有异，有关谷雨节气的诗。

三月五日陪裴大夫泛长沙东湖

唐·李群玉

上巳余风景，芳辰集远坰。

彩舟浮滉荡，绣毂下娉婷。
林榭回葱蒨，笙歌转杳冥。
湖光迷翡翠，草色醉蜻蜓。
鸟弄桐花日，鱼翻谷雨萍。
从今留盛会，谁看画兰亭？

这是一首写郊游泛舟的诗。开头一二句点明了郊游泛舟之时间："上巳"（三月三日）之后；点明了在长沙的"远埛"，即离长沙闹市较远的郊野。因为这不是一般的郊游、泛舟，而是诗人陪裴休这位湖南观察使这样的大官一块去的，豪华排场自不必说："彩舟浮滉荡"，彩船浮在水深波微的东湖上；"绣毂下娉婷"连车帷都绣得异常美丽的车子上下来了几位娉婷的歌女乐伎，她们走进了草木葱茏掩映的亭榭回廊之中，吹笙弹琴唱曲，跟着"笙歌转杳冥"那美妙动听的笙歌之声就从那儿立刻飞转到极高极远的地方去了。

以下六句写湖上及岸上风光，湖水是清澈的、碧绿的，在春日照耀之下，也分不清哪是湖光哪是翡翠了，岸上的草儿绿而且嫩，连那蜻蜓也停在草叶上不愿离开，仿佛它也被这草色陶醉了。梧桐花儿已开了一些日子，那鸟在枝上跳来跳去，花枝在摇，花儿在摇，有几片花也落了下来，今天正是谷雨节，水面下的鱼儿在游，在翻动着谷雨节的浮萍，浮萍也因而时聚时散啊！

诗人陪裴大夫这长沙东湖之游，耳中是美妙婉转的笙歌之声，眼里是湖光及其周边如此的美景，恐怕这只裴大夫东湖之游的彩舟上还有觥筹交错之欢吧！于是诗人感慨起来：

从今留盛会，
谁看画兰亭。

兰亭雅集为晋书法家王羲之等人之雅集，据《兰亭集序》，兰亭其地也不过“崇山峻岭”“茂林修竹”“清流激湍”“映带左右”，更无什么“丝竹管弦之盛”，种种不如此东湖泛舟之游，即使将兰亭雅集绘成画，有哪个愿绘！即使绘成画，又有哪个愿去看呢！以兰亭雅集之不美反衬长沙东湖泛舟之美，读者若不信，那你自己去比较品评吧。

谷雨与养生

古人说：谷雨养生，事半功倍。

首先在饮食上，宜清除积热。谷雨时节，不少人感觉体内积热，很不舒服。若食疗，那就该喝点绿豆粥、竹叶粥，日饮几杯酸梅汤、菊槐绿茶也时见功效。为清热养肝计，盘子里多一些芹菜、荠菜、菠菜、莴莲、荸荠、黄瓜，碗里多一些荞麦食品也是不错的选择。

在这里要特别推荐一下芹菜，它能清积热降肝火，又能镇静降压，另外它还有健胃利尿之效。谷雨节食之，特适合。对中老年人益处尤多。以梗短而粗壮，菜叶稀少者为佳，不过芹菜叶子中含胡萝卜素、维生素 C，其量甚高，不弃嫩叶同芹菜秆一块吃了，岂不更好！芹菜烹调，宜少放食盐，切记。

这时节宜补血益气，提高体质，为安度盛夏打下基础，宜减少高蛋白高热量食物的摄入。谷雨前后，应适时用一些能够缓解精神压力和调节情绪的食物，多吃一些含 B 族维生素较多的食物就挺好，小麦胚粉、标准粉、荞麦粉、燕麦面、小米、大麦，再搭配些黄豆或其他豆类、黑芝麻做主食就不错。菜盘子里多一些如海带之类的海产品，对益肾养心、改善情绪、调节精神，可以说是大有裨益。

总而言之，暮春饮食养生，应注意考虑：一低盐、二低脂、三低糖、四低胆固醇、五低刺激，不需多高档，家常便饭，新鲜蔬菜就不错，不大起眼的荠菜、菠菜、马兰头、香椿头，甚至到野地采些蒲公英之类的野菜，它们既可清热解毒，又可通利二便、醒脾开胃，真可谓好处多多也。

其次在起居上，头一条就是适应谷雨节候阳长阴消之变，宜早睡早起。如今，那种日出而作，日落而息的生活状态已是一去不复返了。不少年轻人说："现代生活工作节奏快、压力大，不拼命不行啊！30 岁以前拿命买钱，30 岁以后拿钱买命。"越来越多的人加入了"夜班队伍"。但是养生专家告诉我们，熬夜就等于慢性自杀。尤其在谷雨时节，阳长阴消，更不宜通宵达旦地工作、学习，还是早睡早起为好，作息要规律，劳逸要结合。熬夜、熬夜，会熬得你皮肤受损，未老先衰，还会熬得你视力、记忆力、免疫力迅速下降。对大自然要有敬畏之心，遵循其规律，使人体阴阳始终保持平衡，不啻为四季养生之良方。

谷雨到来，暮春时节，天气渐暖，中午有点热，早晚有点凉，甚至有点寒意，黄河流域尤其河洛地区的人们常说"麦不老，不离袄（棉上衣）"，是深合"春捂"之理的。有时大汗，然不可吹风，因此而致感冒就太不妙。

养花、赏花可算是雅事一桩，但这雅事并不是适宜于任何人，因为有些花会释放有害气体，使人过敏，有些花含有毒物质，长期接触会使人慢性中毒，当然对抵抗力强的人没事，而对抵抗力弱的人，时间一长，毒气侵内，那他就得患病受罪了。例如，夜来香的气味会使高血压心脏病患者病情恶化；一些兰花的香气会使人神经兴奋导致失眠；百合花的香气也会引起人中枢神经兴奋，而致失眠的症状；月季花香可导致某些人胸闷、呼吸困难；仙人掌刺内的液体有毒，人若被刺就会皮肤红肿、疼痛、痛痒难忍；郁金香、含羞草中的毒碱会使接触者头昏脑涨、毛发脱落；紫荆花粉会引发哮喘；夹竹桃会分泌一种白色毒液，长期接触就会精神不振，智力下降；洋绣球会散发一种有毒微粒，过多接触可能使人皮肤过敏引发瘙痒；一品红中的白色液体可能造成人体的过敏症状；黄色杜鹃花中含有一种四环二萜类毒素，会引起接触者呕吐、呼吸困难、四肢麻木等中毒症状。总之，养花也好，赏花也罢，一有不适或中毒，第一反应是考虑是否因为花草的有毒气体中毒所引起，以采取紧急应对措施才是。

至于室外活动，应以散步为佳，中医讲究春夏养阳，秋冬养阴，尤其春日总给人一种万物生长、蒸蒸日上的印象。谷雨时节，室外空气清新，正是采纳自然之气养阳的好时机。如何养阳？室外活动，根据自身体质以选择不同活动方式，达到畅达心胸、怡情养性、扩大新陈代谢的目的，出点汗，使气血通畅、瘀滞疏散、祛湿排毒以提高心肺功能，如此身体好了，疾病少了，岂不就使得人体与外界平衡了吗？

谷雨时节，男女老少皆宜，体质强弱皆可，而且最简单易行的室外运动就是散步，散步时，上下四肢有节奏的交替运动，同心脏跳动合拍，同肺为中心呼吸系统协调，可以说是促进体内各种器官正常运转的全身运动，相比之下，这也是一项最安全的运动。

趁春日初升的好晨光，还是出来走走吧！

七　立夏，时暑尚微

立夏，二十四节气中的第七个节气。每年5月6日前后太阳到达黄经45°开始，斗指东南维为立夏，万物至此皆长大，故名立夏。《月令七十二候集解》："立夏，四月节，立字解见春。夏，假也，物至此时皆假大也。"立夏作为节气，最早见于《吕氏春秋·孟春纪第一》，关于《吕氏春秋》的成书，其《序意》中说："维秦八年，岁在涒滩，秋甲子朔。朔之日，良人请问十二纪。"高诱认为这里的"八年"就是秦始皇即位的第八年。即公元前239年。因之认为立夏这个节气，在战国末年（前239年）就已经确立，预示着春夏之间季节的转换，为古时按阴历划分四季之夏季开始的日子，但书面记载往往要落后于事实的存在。

当我们的古人认识夏季，而且将夏季的四、五、六三个月，分别称为孟夏、仲夏、季夏之时，立夏之日就该是早已确定了的。屈原自沉汨罗是在公元前278年阴历五月五日，而就在四月他写了《怀沙》，一开头就说："滔滔孟夏兮，草木莽莽。"甚至在二十年前他被楚怀王疏废而退居汉北时写的《抽思》里也说："望孟夏之短夜兮，何晦明之若岁?"如果只是认为到了战国末年（前239年）才确立立夏为节气，那就真有点皮相之见了。

我国劳动人民经过长期的劳动实践，将立夏节气，很鲜明地分为了三候，《逸周书·时讯解》一书就反映这一点：初候，"蝼蝈鸣"：此时为初夏时节，青蛙等蛙类动物开始在田间、塘畔鸣叫觅食。二候，“蚯蚓出”：由于此时地下湿度持续升高，蚯蚓也由地下爬到地面来呼吸新鲜空气了。三候，“王瓜生”：就是说王瓜（也叫土瓜）这时已开始长大成熟，人们可以采摘，并互相馈赠，从立夏的三个物候现象可以看出，入夏后，气温大幅度升高，大自然的动植物都进入了疯长期，人们常说春是生的季节，那么夏则是长的季节了。

中国古代对春、夏、秋、冬四季之始非常重视，每逢一个新的季节到来，帝王总要率领三公九卿等高级官员举行大典以迎接新的季节到来。为迎接孟夏之来，天子要居住在明堂的南方之堂的左室，要乘红色的车，驾红色的马，插红色的旗，穿红色的衣，佩戴红色的玉，若这个月立夏，立夏的前三天，太史得进见天子报告说：“某日立夏，天的成德在五行的火。”天子于是斋戒。立夏之日，天子亲率三公、九卿和大夫们到南郊举行迎夏典礼。回宫后进行赏赐，分封诸侯，表彰和赏赐的工作于是进行，没有人不高兴。同时，命令野虞到田地和原野巡视，为天子慰劳和鼓励农民，让农民不要有误农时的。还命令司徒巡视乡间，以命令农民努力耕作，不要在都邑中休息。

实际上，若按气候学的标准，日平均气温稳定升达22℃以上为夏季之始，可是我国幅员辽阔，立夏前后，我国也只有福州至南岭一线以南地区真正的“绿树浓阴夏日长，楼台倒影入池塘”进入夏季，而东北和东北的部分地区这时则刚刚进入春季，全国大部分地区平均气温在18—20℃，正是“百般红紫斗芳菲”的仲春和暮春季节。甚至进入了五月，很多地方的槐花也正开着呢。

立夏来到，气温升高，炎暑将至，夏长，农作在此时旺盛生长，如小麦及豆类这些夏熟作物，灌浆的灌浆，结荚的结荚；春播作物的生长也日益旺盛，田间管理紧张繁忙，一刻也松不得。大江南北，“多插立夏秧，谷子收满仓”，早稻插栽更紧，中稻播种也要扫尾，盼雨水早来，望雨量增大，因为“立夏不下，犁耙高挂；立夏无雨，碓头无米”啊！再者，梅雨季节就要在立夏之后到来，整个江南这时雨多了，也下得大了，防洪防涝的同时，还得防因雨湿较重诱发的各种病害。对此事谨慎一点、小心一点也是必需的。另外，“四月清和雨乍晴”，乍冷乍热，棉花炭疽病、立枯病易于爆发流行，对付它，早施肥、早耕田、早下手治病治虫，还是非常有效的。而在我国华北、黄淮平原及西北地区，气温虽回升得快，但降雨不多，这对小麦的灌浆乳熟不利，对棉花、玉米、高粱、花生这些春播作物苗期生长不利，中耕、锄苗、补充水分是需要抓紧的，对小麦则要抓紧浇灌浆水，尤其不能放松。不然，争取小麦高产，确保春作物幼苗的茁壮成长，岂不都成了一句空话！

谚语里的立夏

一、反映天气与物候的

立夏北风当日雨。

立夏北风如毒药，干断河里鹭鸶脚。

立夏不拿扇，急煞种田汉。

立夏后冷生风，热必有暴雨。

立夏见夏，立秋见秋。

立夏雷，六月旱。

立夏晴，雨淋淋。

立夏蚯蚓出，麦子麦芒生。

立夏日晴，必有旱情。

立夏日下雨，夏至少雨。

立夏蛇出洞，准备快防洪。

立夏无雨三伏热，重阳无雨一冬晴。

立夏下雨，九场大水。

立夏小满，江河水满。

立夏小满，雨水相赶。

立夏小满青蛙叫，雨水也将到。

立夏小满田水满，芒种夏至火烧天。

立夏雨，涨大水。

立夏雨少，立冬雪好。

上午立了夏，下午把扇拿。

一年四季东风雨，立夏东风昼夜晴。

门前无人问落花，绿色冉冉遍天涯。

二、反映农事活动的

四月八，大麦小麦穿柿花。

一穗儿，两穗，一月上囤儿。

麦秀风摇，稻秀水浇。

风扬花，饱塌塌；雨扬花，秕瞎瞎。

立夏麦咧嘴，不能缺了水。

麦旺四月雨，不如不在三月二十几。

麦收八（月）十（月）三（月）场雨。

寸麦不怕尺水，尺麦却怕寸水。

立夏天气凉，麦子收得强。

立夏前后连阴天，又生密虫（麦蚜）又生疸（锈病）。

麦拔节，蛾子来；麦怀胎，虫（黏虫）出来。

小麦开花虫长大，消灭幼虫于立夏。

清明蜀黍（早玉米、高粱）谷雨花（棉花），立夏前后种芝麻。

立夏芝麻小满谷。

立夏的玉米谷雨的谷。

立夏种绿豆。

立夏前后，种瓜点豆。

立夏种姜，夏至收“娘”。

立夏栽稻子，小满种芝麻。

四月插秧（早稻）谷满仓。

先栽浅，后栽深，春秧就插三五根。

立夏无雷声，粮食少几升。

立夏三朝遍地锄。

多插立夏秧，谷子收满仓。

立夏不起阵（雷雨），起阵好收成。

立夏不热，五谷不结。

立夏不下，犁耙高挂。

立夏不下，蚕老麦罢。

立夏不下，无水洗耙；立夏不落，无水洗脚。

立夏到小满，种啥也不晚。

立夏一场风，小麦一场空。

立夏落雨，谷米如雨。

立夏起北风，十口鱼塘九口空。

立夏日鸣雷，早稻害虫多。

立夏无雨农人愁，到处禾苗对半收。

立夏无雨要防旱，立夏落雨要买伞。

立夏雨，尖斗谷子平斗米。

农事节令到立夏，查补齐全把苗挖。

粮棉作物勤松耪，灭草松土根下扎。

水稻插秧突击搞，季节不容再拖拉。

玉米花生继续种，红麻黄姜和芝麻。

闲散土地种黍稷，南坡北洼栽地瓜。

麦浇开花灌浆水，防治锈病和麦蚜。

苹果李子早疏果，稀密恰当果子大。

适时防治枣步曲，一般不宜过立夏。

牛驴骡马喂养好，加强防疫常检查。

使役需要讲科学，强弱快慢巧配搭。

小猪要动大猪静，放羊满天星为佳。

静水鲤鱼流水鲶，科学喂养鱼龟虾。

四月八

“四月八，大麦小麦串柿花”。麦收临近，这一天，民间集呀会呀颇多。集上、会上熙熙攘攘、成群结队，买镰刀、木锨、桑杈、扫帚的尤其多。三夏大忙将至，人气挺旺，卖生活用品的百货店里杂货摊前，这天生意确实不错。

栾川人管四月八这天叫“清和节”。据说这天是“求子”的好日子。豫东一带，一大早，天还不亮哩，那些新婚夫妇都光着身子起来了，他们手执长杆敲打着院里的楝树，弄得楝花纷纷落了下来。他们嘴里同时还唱着：

“四月八，打楝花，来年生个胖娃娃。”

打下的楝花也不扔掉，收藏起来，泡酒做药还可以治梅核气呢。这即所谓“四月八，打楝花。男打七，女打八，打了楝花治梅花”。

这天送子观音庙里也热闹得很。爇香氤氲鞭炮聒耳自不必说，重要的是跪拜于送子菩萨塑像前祈求送一贵子。就这还得起早，争烧第一炉香，才能在送子奶奶殿里的娃娃山上，抢得一个娃娃。因为据说，谁抢得了娃娃，谁就会喜得贵子。

4 月 8 日的风俗一个地方一个样儿。在濮阳等地，这天竟然不许媳妇尤其新媳妇串门子走亲戚，一定得待在家里过，说是“新媳妇过四月八婆家发”。

4 月 8 日，据传还是老佛爷释迦牟尼的生日，这天僧尼及居士要到街市上买些鱼，然后将它们放回河水中，让它们重归大自然，这即所谓“放生节”之称的来由。同时僧尼及居士们还要给佛举行隆重的浴佛礼。以水灌佛像，谓之“浴佛”，也称“灌佛”。而灌佛的水可不是一般清水就可以了，而是要用都梁香为青色水、附子香为黄色水、安息香为黑色水等五色香汤来灌佛顶（见梁宗懔《荆楚岁时记》）。4 月 8 日，也正是大麦小麦灌浆之时，如果能下点儿小雨，那就更是丰收有望。其实那老天爷肯变天儿。因此就有了 4 月 8 日浴佛，这天必雨之说。可是有一年，玉皇大帝却出人意料地同佛祖释迦牟尼打起鹜来：

俗言浴佛天必雨，今年浴佛天愈晴。
招提钟磬集梵侣，世尊尘埃思一靖。
纷然膜拜口诵偈，举头看天红日明。
或云天意与佛拗，不放雨师龙伯行。
天虽不雨佛亦浴，误他亿万苍生情。
庙堂何人职调燮，劝天与佛无使争。
沛然一雨四方足，亿万苍生俱沐浴。
——宋·王十朋

4 月8 日浴佛这天不但没下雨，而且是越发万里无云了。寺庙里正在做着浴佛的法事，钟磬一时齐鸣，聚在一起的和尚居士肃然无声，佛祖释迦牟尼多么想在这个日子里，将自己身上一年来沾染的尘埃，让雨水给冲刷个干干净净啊！佛的徒子徒孙们满心虔诚纷纷向佛膜拜顶礼，嘴里还不辍地哼哼诵着偈语。抬头看看天，天上仍是一轮红钢钢的火日头。有人说这是老天爷故意给老佛爷打彆的，这一天，就是不放雨师龙伯给老佛爷凑这个趣。诗人发话说，老天爷你即使不下雨，寺庙里的浴佛之礼还是照旧举行，可亿万苍生盼有一场好雨的心情，不是就误了吗！老天爷居住在那庄严的灵霄宝殿上，哪个人管与佛之间的协调？最好劝劝老天爷同这个外来的老佛爷不要再争了。最好这时下一场及时的好雨，普天之下的大麦小麦及一切农作物浆都灌得满满的，籽粒都长得饱饱的，来个东西南北大丰收，那亿万苍生，岂不都沐浴在你老天爷的深恩厚泽之中吗！整首诗生动描写了寺庙里浴佛礼的情景，对佛及佛徒们不乏调侃之味，但诗人的心却还是惦记着田里的庄稼，他希望有一场好雨，给天下苍生带来一个好的收成。

4 月8 日是浴佛节，但民间关心的是即将到来的麦收，是多子多福人丁兴旺。最好是能在这几天下一场好雨，使今年的大田能多收个三斗五斗。至于4 月8 日没有下雨，给佛及他的徒子徒孙们造成了一点尴尬，那又关我什么事！

说立夏民俗种种

黄河流域的中原地区，对时令节俗较为重视，但往往也是同农事活动，同对鬼神的敬畏，同祭祖、祀神有点瓜葛，别的就少有为民俗学家所重视的了。

比如立夏在江南要“尝三鲜”：樱桃、青梅、麦子，还要用“九荤十三素”来祭祖；再比如立夏吃蛋：鸡蛋、鸭蛋、鹅蛋，据说立夏吃鸡蛋大补，由此还衍生出来让小儿赛鸡蛋的游戏，要说，立夏“尝三新”，吃个鸡蛋犒劳一下自己也不错，但对中原地区尤其是河洛一带作为一种民俗则是闻所未闻了。这儿的老百姓只知麦快收割了，得赶集赴会置买些镰刀、桑杈、木锨之类家什，或者将麦场压一压、整一整，那才是大家所关心的。至于什么“浴佛节”，那是和尚尼姑们及那些佛家弟子的事，一般老百姓是问也不问的。尤其20 世纪20 年代，冯玉祥主政河南，毁神像，扒庙宇改学校，只是听说洛阳白马寺、登封少林寺、中岳庙还有几个和尚道士，平日里屡经干旱、兵燹的中原老百姓，糊口为难，谁还会去关心那个！只是到了近三十年，改革开放了，盛世出现了，这寺那庙的才又死灰复燃，一些善男信女才又活跃了起来，时而也会见有个别和尚道士招摇而过市了。

再比如立夏称人这风俗并不见于中原，可能江南此俗流传甚广，试想解放近七十年，也就是近二十多年温饱才得以解决，说句老实话，饱饭还没吃够几天呢，至于别的什么地方立夏称人，那是人家早已一贯生活不错，吃得饱了，穿得暖了，有了将人称一称，说几句吉利话，得个好彩头的心思。还有人将此同诸葛亮、孟获、阿斗及晋武帝司马炎拉上关系。说什么诸葛亮七擒孟获，孟获心悦诚服，诸葛亮临终托阿斗于孟获，及至阿斗国破被掳至洛而乐不思蜀，孟获仍要从云南带兵不远万里来探视阿斗，并声言如果比去年立夏少了一斤，就要起兵造反，司马炎迫于压力，只得好吃好喝将阿斗喂养起来，使其体重不减反增，阿斗也因此“清静安乐，福寿双全”了。阿斗因庸碌、懦弱无能而致失国被俘，反倒乐不思蜀，并依敌之喂养而至“清静安乐，福寿双全”。我真不知道，这种清静安乐有什么值得称道之处？几千年来，农耕社会的小生产者喜欢圣君贤相，自是必然，爱屋及乌，希望他的后代也能清静安乐过一辈子，别遭横祸，其心情是可以理解的。在这儿立夏为人称重这个风俗之起拉诸葛亮出来，跟霜降吃软柿子硬同明太祖朱元璋拉上点关系有点相似，此类事情在各地可说是屡有所闻。

不过，立夏（即使是平日）吃鸡蛋倒有益而无害，鸡蛋毕竟是营养丰富之物。夏日小儿往往食欲不振，经夏可能消瘦，立夏将其称一称重，待立秋再称一称重并为其补一补营养。在一些地区有将此俗称为“贴膘”的。我看这“膘”倒贴得不错，至于同阿斗有无牵连，那就一点也不重要了。

诗里的初夏

先看唐高骈诗《山亭夏日》，这首七绝写了绿树阴浓、楼台倒影、池塘水波、满架蔷薇四样景物，经诗人笔下巧妙组合而成就了一幅初夏时节色彩鲜丽、情调清和的图画，其诗云：

绿树阴浓夏日长，楼台倒影入池塘。
水晶帘动微风起，满架蔷薇一院香。

“绿树阴浓”正是初夏之物候特点，而“夏日长”，一个“长字”点明了夏日时令特征。炎夏烈日烤人难耐，何况日照时又长，屋里闷热待不得，而屋外“绿树阴浓”之处则是最好的去处。老杜也说自己“忆昔好追凉，故绕池边树”。岂不知“绿树阴浓”正是抵御、消磨“夏日长”的重要手段?“夏日长”得抵御，炎炎烈日灼人被挡在“绿树阴浓”之外，诗人自会安逸，自会有情趣有悠闲去观察“楼台倒影入池塘”的美景。一个“入”字道出了一是水清，二是风微。如果水浑，那倒影如何得入？如果风大，搅得水波涌起，即使水能反映楼台影像，那也是七零八落、乱七八糟，哪能看得明白。从这两句里看诗人心里是安逸的，是娴静的，第三句看似突然一转，实则是紧承第二句之意而来，“水晶帘动微风起”，将一池清水比作一挂“水晶帘”，比得形象鲜明，准确生动。“水晶帘动”，何以动?因为“微风起”也。这时，整个画面是静的，虽有“风”但“微”，无碍于画面之静，然亦因为“微风起”，有可能才使得“满架蔷薇一院香”。

这么一来，这首诗从第一句写因绿树阴浓诗人可安逸消夏，到第二句以娴静之心对楼台倒影的细心观察，到第三句水晶帘动——池水波微而写微风起一转，抖出了画面中另一种景物“满架蔷薇”，而它又是因“微风起”而使其香气飘散至“一院”的，这样就从树之绿、池塘如水晶帘一样通透明亮，楼台的砖瓦之青及影入池塘的光彩，最后加蔷薇的花色花香，而构就了一幅有人物活动的美妙的图画，而“一院香”则是美妙的图画所达到的效果。

再看第二首，即南宋诗人陆游以《立夏》为题五律诗：

赤帜插城扉，东君整驾归。
泥新巢燕闹，花尽蜜蜂稀。
槐柳阴初密，帘栊暑尚微。
日斜汤沐罢，熟练试单衣。

据《礼记·月令》记载，立夏那天，天子将乘红色的车，驾红色的马，插红色的旗，穿红色的衣，佩戴红色的玉，率领公卿百官到南郊去举行迎夏大典。陆游当时见“赤帜插城扉”，红旗插在城门上，当是中国古代立夏那天迎夏的遗风。立夏了，夏天就此开始，而春天就此归去。“东君整驾归”，东君，春之神。也该整顿车驾归去了。诗首联以“立夏春归”四字为纲而笼罩全诗，接下去颔联腹联四句则专写立夏临春归时之景物。

“泥新巢燕闹”，“泥新”燕子垒窝一口口泥；一个“新”字点明燕子是在一新址安家；“闹”写字立夏时节，燕巢里可能添了新的成员：小燕唧唧，老燕呢喃，好一个“闹”字了得！“花尽蜜蜂稀”，与上“泥新”句一写房屋之梁上檐下，一与庭园之中，而且一动一静互映成趣，腹联写槐树与柳树，它们可能生长房舍之旁。“阴初密”，那就不是浓阴。若就反映的时令来看，同上面一首《山亭夏日》反映的时令相比，陆游是准确观察了立夏当地的物候现象才写出了如此贴切现实的诗句，而《山亭夏日》所反映的即使不是小满，恐怕也是四月节将尽之时。因为诗写在刚交立夏之当日，炎夏在帘栊之间给人的感觉，当然是“暑尚微”了，这四句诗人心态异常平静地向你道来，讲巢燕用“闹”字，讲帘栊之间气温给人的感觉，是“暑尚微”，造语可以说是平平淡淡，但自见其甚深功力。诗人于立夏这天，抓住了燕子、蜜蜂、树荫、暑气四种事物典型的物候表现，予以细致准确的描写，画出了一幅具有平淡之美立夏风物图。

最后两句“日斜汤沐罢，熟练试单衣”。诗人退隐山阴后自种了些药草，且常以蹇驴代步，到处为乡亲们诊病送医，活人甚众，到日斜之时才从外面回到家里洗个温水澡，熟练试一下单衣，休息一宿，明日不是操弄草药，就是去给乡亲们诊病送医。这就是陆放翁退隐后的全部生活，乡亲都爱戴他，不少孩子竟然以“陆”为名，表示对诗人的永世感激。

《立夏》这首诗，应该看作诗人生活真实生动的反映。

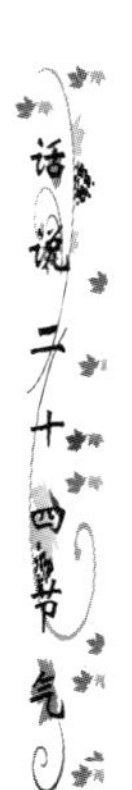

立夏与养生

夏季是一年阳气最盛的季节，人体阳气此时最易发泄，天阳下济，地热上蒸。天地之气开始在立夏时节上下交合，各种植物花期已过，开始挂果，万物繁荣秀丽，天气渐渐变热，人体的新陈代谢也旺盛起来，人体阳气外发，阴气内伏，所以在炎夏伊始，就要顺应自然，注意养生，这对于防病健身、延年益寿，皆大有好处。

中医古籍指出“南方生热，热生火”。火热主夏，内应于心。心主血，藏神，主神志，为君主之官。七情过激皆可伤心，致使心神不安。夏季暑气当令，烈日酷暑，腠理发泄，汗液外出，汗为心之液，心气最易耗损，所谓“壮火食气”。所谓“暑易伤气”“暑易伤心”正是这个道理。虽时暑尚微，但是夏季伊始，就要注重精神调养。神气充足了，那么人体机能自会旺盛协调，若神气涣散，人体机能就会遭到破坏，医者也说：“善摄生者，不劳神，不苦形，神形既安，祸患何由而至!”因此，从立夏始，整个夏季都要调养神气，做到神清气和，快乐欢畅，心怀宁静，使心神得养，就像中医经典《素问》所说的那样：“使志无怒，使华英成就，使气得泄，若所爱在外，此夏气之应，养长之道也。”也即是说，要使精神像含苞待放的花朵一样秀美，切忌发怒，以使机体的气机宣扬，通泄自如，情绪外向，呈现出对外界事物有浓厚的兴趣，这才是适应夏日的养生之道。尤其是老年人更要有意识地进行自我精神调养，保持神清气和，心情愉快的状态，切忌大悲大喜，以免伤心、伤身、伤神。我看还是戏曲歌曲能唱的就去唱，能听的就去听，能养花的就去养，能下棋的就去下，能钓鱼的就去钓，能说笑的自管去谈笑风生，这样，自找乐子最好。

在日常起居上也要注意调养。人在夏季，心火旺，肺气衰，故宜晚睡早起。以顺应自然，保养阳气。中医典籍说：“夏三月，此谓蕃秀，天地气交，万物华实，夜卧早起，无厌于日，使志无怒，使华英成秀，此夏气之应，养长之道也。”晚些入睡，以顺应阴气的不足；早些起床，以顺应阳气的充盈。因为夏天太阳升得早，清晨空气新鲜，早起后到室外活动一下，对养生有益。不要厌恶夏季日长天热，坚持参加一些适宜的劳动与锻炼，以适应夏季养生之气。由于夏日中午气温高，晚上又睡得迟，故宜适当午休，以保证足够的睡眠。夏季暑热湿胜，宜防暴晒，防室湿，可又不可图一时之凉快，过于避热趋凉，露宿室外不可，卧居湿凉的石上地上不可，睡眠时让电扇直吹不可，空调房间内外温差过大亦不可。不要在树荫下、过道里、凉台上乘凉过久，要晓得在夏季，暑热外蒸，汗液大泄，毛孔开放，机体也易受风寒湿邪侵袭。若不注意，人体气血虚弱，再遇外邪侵袭，引起手足麻木、面瘫等病发作，那麻烦可就大了。

至于衣着，由于天热多汗，衣服宜单薄且通透性好，尤应勤洗勤换。

关于饮食调养，交立夏节，表示春暖结束，炎夏开始。由于夏季炎热出汗多，体内失水不少，肠胃消化功能较差，多进稀食不啻为夏季饮食养生之要方。如早晚喝粥，午餐喝汤。如此既能生津解渴、清凉解暑，又能补养身体。在煮粥时加些荷叶，称荷叶粥，味道清香，粥中略有苦味，可醒脾开胃，有消解暑热、养胃清肠、生津止渴之功效。在煮粥时加些绿豆或单用绿豆煮汤，也有消暑止渴、清热解毒、生津利尿的作用。夏季营养消耗较大，天气炎热又影响食欲，饮食一要清淡，二要清洁，除此还要补充一些营养物质。

（1）补充充足的维生素，可以多吃些西红柿、青椒、冬瓜等菜蔬，也可多吃些西瓜、杨梅、甜瓜、桃、梨等新鲜瓜果。

（2）补充水分和无机盐，特别注意钾盐的补充，豆类或豆制品、香菇、水果、蔬菜等都是钾的很好来源。

（3）适量地补充蛋白质。如鱼、瘦肉、蛋、奶和豆类等都是最佳的优质蛋白。

《颐身集》云“夏季心旺肾衰，虽大热不宜吃冷陶冰雪、蜜冰、凉粉、冷粥”等，否则，饮食无度会使胃肠毛细血管收缩和胃肠道平滑肌收缩，影响消化液的分泌，引起腹痛、消化不良等胃肠道疾病。谚语说：“天时虽热，不可贪凉；瓜果虽美，不可多食。”这可是经验之谈哟！

入夏后，饮食尤须注意卫生，把好“病从口入”这一关，不喝生水，不吃不洁及腐败变质的食物，正如古人所说“秽饭、馁肉、臭鱼，食之皆伤”呀！

经验及实验观察都说明，夏季多活动一下肢体，参加力所能及的劳动和锻炼，对增强体质，提高肌体防病能力，改善与提高脏腑功能等都大有好处。但一要适宜、适度，避免暴晒，不宜出汗太多；二要安排在早晨或晚上；三是即使出汗，也不要冷水冲头，不要喝大量凉开水，在水中可放些盐；四是有条件的能洗个热水澡，消除一下疲劳也挺不错。

八　小满，小得盈满也

小满，二十四节气中的第八个节气，每年5月20—22日，太阳到达黄经60°时开始。《月令七十二候集解》：“四月中，小满者，物至此小得盈满也。”别的古籍也说：“斗指甲为小满，万物长于此少得盈满。麦至此方小满而未全熟，故名也。”也即是说，这时我国北方地区，麦类等夏熟作物，籽粒已开始饱满，但还没有成熟，约相当乳熟后期。小满得名由此。而南方地区的农谚则赋予小满以新的寓意："小满不满，干断田坎"，"小满不满，芒种不管"，将"满"用来形容雨水的盈缺，指出小满时田里如果蓄不满水，就可能造成田坎断裂，甚至芒种时也无法栽插水稻。

小满三候：一候苦菜秀。《埤雅》以荼为苦菜。《毛诗》曰："谁谓荼苦?"是也。鲍氏曰："感大之气而苦味成。"《尔雅》曰："不荣而实者谓之秀，荣而不实者谓之英。"此苦菜宜言英也。蔡邕《月令》则从鲍氏意，以之谓苦荬菜。二候靡草死。郑康成、鲍景阳皆云：靡草，葶苈之属。《礼记》注曰："草之故叶而靡细者。"方氏曰："凡物感阳而生者，则强而立；感阴而生者，则柔而靡。"谓之靡草，则至阴之所也，故不胜至阳而死。三候麦秋至。原为小暑至，后《金史志》改。《月令》："麦秋至，在四月；小暑至，在五月。小满为四月之中气，故易之。秋者，百谷成熟之时，此于时虽夏，于麦则秋，故云麦秋也。"从气候特征来看，在小满节气到下一个芒种节气期间，全国各地都渐次进入了夏季，南北温差进一步缩小，降水也进一步增多。

黄河中下游、黄淮平原有"小满不满，麦有一险"的谚语。这是指小麦在此时刚进入乳熟阶段，非常容易遭受干热风的侵害，从而导致小麦灌浆不足，籽粒干瘪而减产，防御干热风，长远看就是营造防护林带，现成的就是浇好"麦黄水"或喷洒化学药物。为保证麦子丰产，还须加强麦田病虫害的防治，预防突如其来的雷雨大风及冰雹的袭击。这时棉花真叶三四片，也要及时定苗、补苗、移苗。

在长江中下游地区，广大的南方地区有"小满不下，黄梅偏少""小满无雨，芒种无水"的谚语，这时节雨水为什么偏少?可能是太平洋上的副热带高压势力较弱，位置偏南，意味着到了黄梅时节，降水可能就会偏少。而这时农田里正需要充裕的水分，于是农民们踏水车翻水，忙个不休。这时油菜也已收割下来急待舂打，做成清香四溢的菜籽油，于是油车在农民手里也是忙个不休了。田里的农活自然耽误不得，可家里的蚕宝宝们也需要细心照料啊！小满前后，蚕要开始结茧了，养蚕人家忙着摇动丝车缫丝。《清嘉录》中记载："小满乍来，蚕妇煮茧，治车缫丝，昼夜操作。"可见，古时小满节气时新丝已经上市，丝市转旺在即，蚕农丝商无不满怀期望，等待着收获的日子快快到来。小满时节，江南地区需要往田里车水，需要舂打已收割的油菜籽，也需要摇动缫车加快缫丝，这时的水车、油车、缫车可说是忙得很呀！江南农谚说："小满动三车，忙得不知他。"此谚盖不虚也！

如果此时节雨量充足，或者因为水车忙碌而使田里水量足够，那就该忙于秧苗的栽插了。"立夏小满正栽秧""秧奔小满谷奔秋"。小满正是适宜水稻栽插的季节，华南的夏旱严重与否和水稻面积栽插的多少，有直接的关系；而栽插的迟早，又与水稻单产的高低密切相关。华南中部和西部，常有冬干春旱，大雨来临又较迟，有些年份要到 6 月大雨才姗姗而至，甚至最晚迟至 7 月，加之常年小满雨量不足，平均仅四十毫米左右，自然满足不了栽秧的需水量，使得华南中部的夏旱更为严重。俗话说"蓄水如蓄粮""保水如保粮"，如此，那也只能使得水车日夜忙了。

抗御干旱，除加快植树造林、改进耕作栽培措施，尤其需要头年的蓄水、保水。同时，也要对可能出现的连续阴雨天气注意，它可对小春作物的收获暴晒影响不小啊！

在西北高原地区，这时可能雨水充足，而进入雨季，农作物生长旺盛，欣欣向荣。但从那儿有较强冷空气南下时，就会使得江西、浙江，甚至福建、广东等省区5月下旬至6月上旬出现连续三天以上日平均气温低于20℃、日最低气温低于17℃的低温阴雨天气，会给这些地区早稻稻穗的发育、扬花、授粉以影响，这就是当地人们所称的“小满寒”了。

从小满节气到芒种节气这二三十天，以气候特征而论，全国各地都或先或后进入了夏季，南北温差缩小了，雨水增多了。小满以后，35℃以上的高温天气开始出现在黄淮地区及长江中下游。这时这些地区可又该注意防暑了。

谚语里的小满

一、反映天气与物候的

小满不满，干断田坎。

小满不下，黄梅雨少。

小满不满，无水洗碗。

小满满齐沿，芒种管半年。

二、反映农事活动的

小满不满，麦有一险。

秧奔小麦谷奔秋。

大麦不过小满，小麦不过芒种。

过了小满十日种，十日不种一场空。

小麦到小满，不割自会断。

小满不满，芒种不管。

小满不满，芒种开镰。

小满不下，黄梅雨少。

小满不种花，种花不回家。

小满吃水，大满吃米。

小满打火夜插田，芒种插田分上下。

小满动三车（水车、油车、丝车），忙得不知他。

小满防虫患，农药备齐全。

小满割不得，芒种割不及。

小满沟不满，芒种秧水短。

小满谷，打满屋。

小满暖洋洋，锄麦种杂粮。

小满前后，种瓜种豆。

小麦青粒硬，收成方可定。

小满三天遍地锄。

小满十八天，不熟也自干。

小满十八天，青麦也成面。

小满十日刀下死。

小满十日见白面。

小满天天赶，芒种不容缓。

小满未满，还有危险。

小满五日满，粮仓装得满。

小满物盈盈，小麦快长成；大地色彩多，青黄绿白红。

小满小满，麦粒渐满。

小满有雨豌豆收，小满无雨豌豆丢。

小满麦渐黄，夏至稻花香。

麦黄栽稻（中稻），稻黄种麦。

麦到小满，稻（早稻）到立秋。

小满玉米芒种黍。

小满芝麻芒种香。

小满黍子芒种麻。

小满芝麻芒种谷，过了立夏种蜀黍。

小满芝麻芒种谷，秋分种麦好时候。

小满不起蒜，留在地里烂。

辣椒栽花，茄子栽芽。

小满见三鲜：黄瓜、樱桃、蒜薹。

小满三新见：樱桃、茧和蒜。

小满见三新：樱桃、黄瓜、大麦仁。

西瓜怕热雨，麦怕干热风。

小满桑葚黑，芒种小麦割。

做天难做四月天。蚕要温和麦要寒。采桑娘子喜天晴，种田哥哥要雨天。

小满小麦粒渐满，收割还须十多天。

收前十天停浇水，防治麦蚜和黄疸。

去杂去劣选良种，及时套种粮油棉。

芝麻黍稷种尚可，春棉播种为时晚。

早春作物勤松土，行间株间都锄严。

植棉搿杈狠治虫，酌情追肥和浇灌。

麦前抓紧把炕换，炕洞砸碎堆田边。

早修农具早打算，莫等麦熟打转转。

果树蔬果加措施，怀孕母畜要细管。

鱼塘昼夜勤观察，做到防患于未然。

养鱼犹如种粮棉，管理得当夺高产。

小满民俗种种

两千多年的中国封建社会是典型的农耕社会，男耕女织，是中国农民最普遍最常见的劳动方式，但一年到头能否饱食暖衣，除政治因素以外，不但取决于自己适时的辛勤劳作，还取决于一种异己力量即超自然的神灵。在长江流域及江南广大地区，谚云“小满不满，干断田坎”，渴望水源涌旺是自然的，甚至于将能车得水的水车也神化起来，这倒同黄河流域尤其河洛一带将石磨称为白虎、石碾（挤压使谷子脱皮的工具）称为青龙，对其敬畏膜拜，年末致祭相似。南方农村对水车祭拜是在小满。人们在水车基上放置鱼肉、爇香燃烛。有意思的是祭品中还有一杯白水，祭拜时还要将白水泼入田中，以祈稻秧、插栽及生长时，所需水源充足。

农耕文化，男耕女织，所谓女织北方以棉花为原料，南方则以蚕丝为原料，江浙一带养蚕极为兴盛。蚕极娇贵，无一定经验养活极难，气温、湿度、桑叶的冷、热、干、湿对蚕的生存都有影响。古人视蚕为“天物”。蚕字原作“蠶”，后来简化作“蚕”。蚕，天虫也。正可见人们的用意：为蚕茧丰收，寄希望于异己的掌管蚕事的神灵，祈求她的保佑以求丰收，这完全可以理解。祈蚕多在“放蚕”两三日内举行，无固定日子。南方各地建有“蚕神庙”，神为女性神，称“蚕娘”。北方称“蚕姑奶奶”

“蚕姑圣母”。养蚕人家到庙向蚕神祭拜，供上美酒、水果，丰盛佳肴，还特别扎一把稻草山，置面粉制成的“面蚕”于其上，以象征蚕茧丰收。北方农家养蚕者，皆设蚕姑奶奶牌位于室，供祭品于案上爇香火于炉中，祭时鞭炮齐鸣，跪拜如仪。

据史传，黄帝正妃嫘祖，曾教民养蚕、缫丝、织帛，经民国初年，到20世纪二三十年代，解放后考古学家们曾在荥阳青台遗址多次挖掘，发现粘附于瓮棺壁上的丝织品，用蚕丝纺织而成，有纱和罗两种，经国家文物局14℃测定距今已5120±120年，距传说中的嫘祖教民蚕织时代相近，旧时养蚕人有祭祀蚕姑奶奶即嫘祖的习俗，且有大量民间传说，于是荥阳被命名为“中国嫘祖文化之乡”。

说起“吃碾转”，中原地区尤其是河洛一带倒有此俗。小满以后，芒种未至。小麦灌浆刚过，籽粒饱满，从整体看麦已黄稍，人们割几个麦个儿弄到家，去穗、捋籽、上笼蒸熟。凉后，揉搓、簸扬、去糠留籽，置于石磨之上。随着石磨推转，碾转就像机制圆滚滚的粗面条一样流了下来，以后就可加上蒜泥、油、盐等调料，盛碗可食了，这在当地叫“吃青”，说起来仿佛有点尝新的味道。但细论起来这事并不那么惬意，新中国成立前，糠菜半年粮，这小满前后，正是旧粮早尽，新麦未熟，春荒尚未结束之时。谁人不知，“吃青”与麦熟收打后磨面去吃相比大不划算，若不是饥馁太久而思饱食，谁还去“吃青”！以吃碾转为尝新的人家是有的，他们大多是村里的殷实户。记得1942年中原大旱，赤地千里，饿殍遍地，熬到1943年小满前后，正是小麦将熟之时，有人熬过荒年没被饿死，却因多吃半碗年转撑死了。可哀！

一般农家赶小满会、小满集，置办些农具家什，为麦收大忙工具做些准备，这倒是真的。

至于吕洞宾这位神仙的生日，中原河洛一带人们一般人是不知，即使知者对这位吕神仙也多是嗤之以鼻。戏里有《吕洞宾戏牡丹》，这算是调戏良家妇女。戏里还有《杨八姐游春》，佘太君为杨八姐能嫁给皇帝老儿提出了条件，其中一个条件就是杨八姐出嫁时，必须“八大仙人抬花轿，就是不要吕洞宾”，为什么？佘太君说吕洞宾道德败坏是个“骚神”！

如此神仙，何足道哉！

小满的诗

归田四时乐春夏二首（其二）

宋·欧阳修

南风原头吹百草，草木丛深茅舍小。

麦穗初齐稚子娇，桑叶正肥蚕食饱。

老翁但喜岁年熟，饷妇安知时节好。

野棠梨密啼晚莺，海石榴红啭山鸟。

田家此乐知者谁？我独知之归不早。

乞身当及强健时，顾我蹉跎已衰老。

这首诗诗题下欧阳修自注：“秋冬二首，命圣俞（梅尧臣字圣俞——编著者按）分作。”诗作于宋仁宗嘉祐三年，即1058年，诗人时年51岁。

这首七言古诗，着力描述了小满前后农家生活的情状。

南风吹拂着郊原上无边的绿草，在草木丛掩映的深处有几间小小的茅屋，由此展开对这一农家生活情景的描述：麦出齐了穗，半月二十天就该收割打场，新粮下来，一家人吃的就有了指望。这一家子稚子娇小，不也是他们这一家子更美好的指望吗！这一笔从农舍之外的麦田写到小院里可爱的“稚子”，下句说“桑叶正肥蚕食饱”，则从小院外“桑叶正肥”，写及“蚕食饱”。蚕食既饱，蚕丝也得丰收，一家人穿的不也就有了指望吗？所以引出了“老翁”与“饷妇”一门心思所关注的事物：“老翁但喜岁年熟”，“但喜”，只喜，仅仅为这一年有一个好的收成而高兴，“饷妇安知时节好”，往地里给自家丈夫儿子送饭的女人哪里晓得欣赏这小满时节野外的大好风光啊！这话倒不差，农家只喜年成好，哪有闲心赏风光！

紧跟着两句“野棠梨密啼晚莺，海石榴红啭山鸟”，野棠梨已结出密密的果子，早来的黄鹂如今还在枝头唱着那婉转动听的歌，海石榴开花了，那花红得像一簇簇正在燃烧的火焰，在花儿掩映中几只山鸟也在唱着呢，梨果满枝鸟语花香，花红似火，这是一幅怎样的野外美景，又是怎样的一幅美丽诱人的画图啊！“田家此乐知者谁?”欧阳修自问，又自答道：“我独知之归不早。”读了几卷书又大小做了官的文人士大夫们，他们只看见农家生活闲逸的一面，又为四时的田野风光吟咏不休，唐朝的王维说“即此羡闲逸，怅然吟式微”，如今欧阳修也说自己“归不早”了，甚至还为自己“乞身”没能“当及强健时”，而今已是“顾我蹉跎已衰老”，留下大大的遗憾。

几千年的农耕社会，田家自有闲逸的一面，但总的来说应该是闲逸快乐少，辛勤劳苦多，自夏以来的阶级社会，上下四千年了，如果将每朝每代的所谓盛世加起来，有五分之一吗？恐怕没有。即如安史之乱前的所谓大唐盛世，不也是“朱门酒肉臭，路有冻死骨”吗！但是田家闲逸的那一面，经常是被不纳粮不当差的文人士大夫们给夸大了。就在欧阳修写这首诗的宗仁宗嘉祐三年（1025年），欧阳修就被宋仁宗特授依前右谏议大夫、知制诰、史馆修撰充翰林学士兼龙图阁学士权知开封府，兼畿内劝农使，这样的欧阳修屁股决定思想，他眼中有那样的农家，那样的农家有那样的快乐，自是理所当然。

乡村四月

宋·翁卷

绿遍山原白满川，子规声里雨如烟。

乡村四月闲人少，才了蚕桑又插田。

这是一首写江南农村初夏风光的诗。

前两句写自然景象。“绿”写树木葱郁，“白”写水光映天。妙的是不直接点明树和水，而是从视觉角度着眼，用“绿”和“白”这两种对比之色来表现远望中的整体景象，色彩明丽动人。更妙的是，诗人不仅以捕捉到山水的色彩形象为满足，他还要写出水的精神。农历四月已是初夏，自然不同于芽叶方抽、朦胧新绿的初春景象，所以在“绿”字之后用一“遍”字，“白”字之后用一“满”字。诗人写的不是一棵树、一片林，而是漫山遍野的树；不是一条水溪，几畦秧田，而是视力所及的所有川畦。这才是初夏的景象。这是乡村的静景，下面又进一步描写“子规声里雨如烟”。以烟喻雨，把那如烟似雾、霏霏霂霂的细雨形象，描摹得非常传神。更妙的是加上了“田家候之，以兴农事”（《本草·杜鹃》）的子规鸣声。雨是润物无声的细雨，景色凄迷，一加上这催耕的鸟声，便由静入动，显示了活泼的生机。

后两句写农事的繁忙。“乡村四月闲人少”一句，描尽乡村四月的景象。第四句补足上句之意。“蚕桑”照应着首句的“绿遍山原”；“插田”照应首句的“白满川”。“才”和“又”两个虚字用得灵活，不言“忙”而“忙”意自见。

四句诗，有静有动，鲜明如画，却又能补绘事之不及，述事纯用口语，颇似民歌，却又比民歌深沉。山水描写是为农民劳动勾画的背景，诗人对乡村生活的热爱之情见于言外。

金性尧先生说这首诗：“诗人在落笔时或许没有经过严格的选择，但乡村四月中最能反映生活节奏的事物却被他抓住了。”（《宋诗三百首》第339页）这是因为诗人虽然能诗能文，但“终身布衣”，同乡村同农民味近，最熟悉他们成年的辛劳忙碌，不像其他士大夫文人只看见农民的“闲逸”，隔岸观火似的写些田家乐之类无聊的话来，所以翁卷这样的诗人“没经过严格的选择”，就能抓住反映乡村四月生活节奏的本质特征。诗论云“造语平淡难”。写这样的生活，造语不平淡是难以达意的，但是翁卷这位诗人做到了。

缫丝行

宋·范成夫

小麦青青大麦黄，原头日出天色凉。

妇姑相呼有忙事，舍后煮茧门前香。

缫车嘈嘈似风雨，茧厚丝长无断缕。

今年那暇织绢着，明日西门卖丝去。

这八句是七言歌行体的诗作。

“小麦青青大麦黄”点明时令正是交小满节后，芒种未至。“原头日出天色凉”，写出这一节令气温变化的特点，早晚与中午温差较大。如今虽是初夏，然而“日出”而“天色”仍“凉”。这岂不正是初夏早晨的气温给人的感觉吗！紧接着下面四句，紧扣诗题写妇（媳妇）姑（婆婆）辛勤忙碌的缫丝劳动。“妇姑相呼有忙事，舍后煮茧门前香”句写煮茧，以嗅觉推知本来事体，同苏轼“谁家煮茧一村香”同一表现手法。然苏轼“麻叶层层麻叶光，谁家煮茧一村香，隔篱娇语络丝娘”同此意境却大不相同。“妇姑”二句，写出的是农家缫丝的辛苦，而苏轼笔下却是农家劳作的闲逸、安详与快乐，他写缫丝娘的劳动，是他以徐州地方长官的眼光去看他治下的农民，他和农民的生活意识岂可同日而语！同在这首《缫丝行》里，范成大所表现的对农民痛苦遭遇的同情，也自有区别，接着两句写缫丝，“缫丝嘈嘈似急雨，茧厚丝长无断缕”。上句写妇姑两人缫线劳动的辛劳、紧张，下句写今年蚕茧丰收了质量也好。然而蚕丝丰收辛勤劳动带来的结果却是“今年那暇织绢着，明日西门卖丝去”。今年哪有闲空将丝留下一点纺织成绢穿在自己身上，今天缫出丝来，一刻也等不得，“明日西门卖丝去”，其没有讲出的话是今年比去年赋税更重，官府催逼更急，而造成的直接结果则必然是“纺织娘，没衣裳”，必然是“遍身罗绮者，不是养蚕人”。

几千年封建社会，就是建立在地主统治阶级对农民“夺我口中食，剥我身上衣”的残酷剥削基础之上的，而这样的国家政权之所以还能勉强维持下去，那就是农民还没有被剥夺得无衣无食饥寒交迫活不下去的时刻，也就是说还没有到农民不向其剥削者、压迫者拼命就不可能活下去的时刻。几千年中国历史上大大小小无数次的农民战争不就说明了这一点吗！

这首诗在表现方法上全用白描，将事实加以如实描述，不添多余的枝叶，其倾向性及所表达的感情自然流出。这就是这首诗的艺术魅力所在，说它是一首纺织诗可，说它上承白居易现实主义诗歌传统，是一首南宋当代的讽喻诗也无不可。

小满与养生

小满已过，天气转为炎热，汗出得也较多。饮食上还是该以清淡素食为主。不过素食营养单一，须搭配些其他食物，方可保持营养平衡。欲达此目的，不同的素食品种就成为选择对象：蔬菜水果最为常见，论营养丰富当推其中颜色较为浓烈者，而又应以有养阴、清火功效者为佳选。蔬菜如冬瓜、黄瓜、黄花菜、水芹、木耳、荸荠、胡萝卜、山药、西红柿；瓜果如西瓜、梨与香蕉等。如果以不沾一点荤腥为不满足，搭配些仿荤的素食，如豆类、坚果类、菌类使之营养更加均衡，也不能说不是很好的选择。

因为天热，人体可能会出现一些不良的生理反应，像无精打采、食欲不振就是较为典型的表现。在膳食安排合理的大原则下，适当吃些冷饮，以解渴去火，促进消化也未尝不可，但对此一要注意适量，二要注意卫生。不然，诱发了食物中毒、痢疾、病毒性肝炎等疾病，那就大大的不妙了。关于食用冷饮过量，小儿尤其不宜。小儿肠壁比成人为薄，肠道表面的肠系膜通常也比较长而且柔软，较难把肠道固定在后腹壁。若冷饮进入肠道，使肠道发生不规则地收缩，而引起肠套叠，那小儿必然会感到腹部阵痛，接着是呕吐、间歇性哭闹，腹部出现肿块。到这般光景，得马上去医院就医，别无他法。再一点是激烈活动后也不可食用冷饮。

此外，为人称为“谷类之王”的薏米，有健脾利湿之功效；苋菜能清热止血、消除郁结，可以帮助人们远离湿邪、振作精神。为养生计，吃一些薏米与苋菜之类，也是大有裨益的。

在平时的生活起居上，由于交小满节后，气温明显升高，雨量增多，不要着凉受风而患上感冒；又由于天气多雨潮湿，若起居不当也必将会引发风湿症、风疹、湿疹、汗斑、湿性皮肤病等症状。

夏日气候闷热潮湿，是皮肤病的高发季节。按未病先防的养生观，重点讲一下“风疹”的防治。《金匮要略·中风历节篇》说：“邪气中经，则身痒而瘾疹。”看来古代医家对此病早已有所认识。“风疹”的病因病机不外乎三点：第一，湿郁肌肤，复感风热或风寒，与湿相搏，郁于肌肤皮毛腠理之间而发病；第二，由于肠胃积热，复感风邪，内不得疏泄，外不得透达，郁于皮毛腠理之间而来；第三，与身体质量有关，吃鱼、虾、蟹等食物过敏导致脾胃不和，蕴温生热，郁于肌肤发为此病。风疹可发生于人体的任何部位，发病迅速，皮肤上会突然出现大小不等的皮疹，或成块成片，或呈丘疹样，此起彼伏，疏密不一，并伴有皮肤的异常瘙痒，随气候冷热而减轻或加剧。当我们了解了发病的机理后，就可以有的放矢地加以预防和治疗了。

此外，一些人因天热而出汗，可他们的衣服却是汗湿了干，干了又汗湿，如此反复，身上就会出现块块白斑，眉毛也像变得稀疏起来，此时应立即就医才是。

有人说洗冷水澡可以健美瘦身，这倒是个好主意，但也因人而异，“一刀切”总是行不通的。

交小满节，天气转热，怎么在运动中求得养生效果呢？回答是：请亲近一下大自然，请到原野上来，请到大海之滨来，请到森林里来吧！来这里散散步，来这里打打拳，来这里活动一下你的筋骨，这里负离子含量高，是闹市区的几十倍，甚至几百倍呢。负离子与阳光一样，是人类生命运动不可或缺的。有人称它为“空气中的维生素”“长寿素”。尤其是在森林里，那里有许多植物能产生具有抑菌、杀菌功能的挥发性物质，那里能抑减噪声，那里能吸附尘埃、净化空气。来这里散步、运动、休息，就能够获得更多的有益健康的天然成分。这就好像洗澡一样，经常让这些树木给你洗洗澡，许多慢性病，如慢性支气管炎、冠心病以及神经衰弱等，都会有明显的好转。

骄阳似火，感盛夏而生畏，可当你一走进这绿叶浓阴的林子里，一股清凉、舒心的微风就会扑面而来，这时你会顿感舒畅。在这里可游、可乐、可健身，适合各类人群。人们认为这种活动最省钱、最便利，还为它起了个挺时尚的名号，称之曰“森林浴”。

另外，天气炎热也要预防中暑，一不要在中午或骄阳直射下长久活动和锻炼；二不要在运动中负荷过大；三要加强水分或盐分的补充；四要运动后温水冲洗一下身子，放松放松；五要保证充足的睡眠，中午最好睡个午觉，如此这般，你哪里还会中暑呢！

九　芒种，三夏大忙时

芒种，二十四节气中的第九个节气，每年6月6日前后太阳到达黄经75°时开始。《月令七十二候集解》："五月节，谓有芒之种谷可以下种矣。"南朝崔令思《三礼文宗》："五月芒种为节者，言时可以种有芒之谷，故以芒种为名。"所谓"有芒之谷"，指的是稻、麦等有芒的农作物。《周礼·地官·稻人》："泽草所法，种之芒种。"《注》引郑司农（众）："芒种，稻麦也。"其实该这样说，芒种，芒种，就是有芒的麦子快收，有芒的稻子可种了。

芒种时节，在整个华北、黄淮及江淮地区正是小麦成熟时节。成熟的小麦，怕风，一场大风就可以将麦粒从穗上捋光；怕雨，一场大雨就会造成麦子倒状，大为减产。大风、大雨、冰雹这时对成熟的麦子而言，简直是灾难性的，人称麦收是"龙口夺食""虎口夺食"，正可见其紧迫已极。如果见麦茬在地墒情还好，麦个儿往场里一运，就要满地耧铃咣当，趁墒将谷子先种下去。"人误地一时，地误人一年。""春争日，夏争时"，不被"误"就得"争"，就得"抢"。大田里，这边镰刀挥舞、收割机突突，那厢耧铃咣当，播种机轰响。最忙的那几天简直是彻夜不息。芒种，芒种，忙收，忙种，再加上个早玉米及棉花田的忙管理，农家哪里有些微的闲工夫啊！

古人将芒种节气分为三候："初候螳螂生；二候鵙（鸟名，即伯劳）始鸣；三候反舌无声。"根据中国传统哲学阴阳二气消长的规律，4月初夏为阳之极，其封象为"䷀"，5月仲夏则阴生，其卦象为"䷫"，所以作出如下解释：螳螂在去年深秋产的卵因感受到阴气初生而破壳生出小螳螂；喜阴的伯劳鸟开始在枝头出现，并且感阴而鸣；与此相反，能够学习其他鸟鸣叫的反舌鸟，却因此时感应到了阴气的出现而停止了鸣叫。

芒种作为一种节气的典型性，在于它对农业物候现象的反映。

时至芒种，四川盆地麦收已了，中稻、红薯移栽接近尾声，广大地区中稻返青，一眼望去无边的秧苗嫩绿，一派勃勃生机。“东风染尽三千顷，折鹭飞来无处停”。田野景色，可谓秀丽。如果尚有未完成移栽的中稻，应抓紧栽插，时不我待。若迟了，气温一升高，水稻之营养生长期短了，且在此生长阶段若碰到干旱，又碰到病虫害，那就别想高产了。再说红薯务必在夏至之前完成移栽。若迟了，干旱影响会加重，待到一入秋气温下降，薯块膨大受了影响，等到产量显著降低，那可就真的后悔晚矣！

芒种时节忙夏管，为什么？因为“芒种”之后雨水增多，气温渐高，棉花、春玉米等春种作物已进入需水需肥的生长高峰。这样，不仅要追肥补水，还需除草、防病、治虫。不然的话，病虫草害、干旱、渍涝、冰雹等灾害同时发生或交替出现，春天种的棉花呀、玉米呀，将大受其害，轻则减产，重则绝收。

在我国东北、西北地区，因雨水不足，要给冬小麦、春小麦施肥浇水；在江淮地区单季晚稻开始栽插，双季晚稻正在育秧；而在华南地区，中稻耘田追肥正紧，晚稻播种也放松不得。在我国辽阔广大的田野里，是千千万万农民在洒着汗水，在耗着心血，在播种着、管理着大地的丰收，中国十三亿人民之所以能在建设中国特色社会主义道路上迅跑，难道不正是这千千万万的农民给了大家无穷的热，给了他们用之不尽的力量吗！

“黄梅时节家家雨，青草池塘处处蛙”。芒种期间，我国江淮流域的雨量增多，气温升高，会出现一种连阴雨天气。空气潮湿，天气闷热，日照少，有时还伴有低湿，器具衣物易于发霉，人称这段时间为“梅雨季节”，其时正当江南梅子黄熟，又称为“梅雨天”。

“梅雨季节”，持续一月左右，其形成原因是冬季结束，冷空气强度相对削弱而北退，南方暖空气相应北进伸展至长江中下游，同仍有相当势力的北方冷空气相遇相峙，并形成准静止交锋状态，于是形成了这种阴雨连绵天气，至暖空气战胜冷空气，并占领江淮流域，梅雨天气方才宣告结束，这时雨带中心已北移黄淮流域了。进入梅雨之日称“入梅”，结束之日称“出梅”。具体日期因地理位置不同而略有差异。如果以太阳运行至黄经 80°的位置来算，入梅应在公历6 月12 日左右，经过一个月，到7 月11日就该是出梅之日了，我国民间一般认为十天干中第九、十位的“壬”“癸”五行属水，而“壬”则是天河之水，因之将芒种后的第一个壬日定为入梅，将夏至后的第一个“庚”日，定为出梅，那这个梅雨时节就只有半个多月了。

芒种时节，水稻、棉花等农作物生长旺盛，需水量多，适中的梅雨对农业生产十分有利，如果梅雨过迟或降水过少甚至“空梅”的年份，农作物就会受到干旱的威胁。但是，如果梅雨过早，雨日过多，长期阴雨寡照，也会对农业生产造成不良影响；如果是雨量过于集中或遭遇暴雨，那可就洪涝成灾了。

所以，梅雨期到来的早晚，持续时间之长短以及这一时期雨量之大小，对农作物的丰收皆有重要意义。当地农民重视梅雨季节，自是理所当然。

谚语里的芒种

一、反映天气与物候的

芒种不下雨，夏至十八河。

芒种打雷是旱年。

芒种火烧鸡，夏至烂草鞋。

芒种落雨，端午涨水。

芒种晴天，夏至有雨。

芒种热得很，八月冷得早。

芒种日晴热，夏天多大水。

芒种西南风，夏至雨连天。

芒种夏至，水浸禾田。

芒种夏至是水节，如若无雨是旱田。

芒种有雨，夏至晴天。

芒种有雨无干土。

五月十三，不雨直干。

芒种雨涟涟，夏至火烧天。

芒种雨涟涟，夏至旱燥田。

吃了端午粽，棉衣不可送。

二、反映农事活动的

芒种忙，麦上场。

夏季农活繁，做好收、种、管。

芒种芒种，连收带种。

机、畜、人齐上阵，割运打轧快入囤。

小麦选种在田间，弄到场里就要掺。

若要种子选得好，秆粗、穗大、籽粒饱。

麦收有三怕，雹砸、雨淋、大风刮。

麦在地里不要笑，收到囤里才牢靠。

麦熟一晌，龙口夺粮。

九成熟，十成收；十成熟，一成丢。

麦熟九成动手割，莫等熟透颗粒落。

麦熟收，干热丢。

麦收要紧，秋收要稳。

紧收麦子慢收秋。

麦子争青打满仓，谷子争青少打粮。

生割麦子出好面，生砍高粱煮好饭。

杏子黄，麦上场。

枣花开，割小麦。

麦到芒种谷到秋，豆子寒露用镰钩。

芒种前后麦上场，男女老少昼夜忙。

三麦不如一秋长，三秋不如一麦忙。

麦收有五忙：割、拉、打、晒、藏。

麦子入场昼夜忙，快打、快扬、快入仓。

麦松一场空，秋稳籽粒丰。

麦收时节停一停，风吹雨打一场空。

麦收无大小，一人一镰刀。

面朝黄土背朝天，腰酸腿疼割得慢，收割机过去一大片。

小麦虽丰收，就怕收中丢。

龙口夺食，虎口夺粮。

过了芒种不种稻，过了夏至不栽田。

雷打芒种，稻子好种。

麦到芒种谷到秋，寒露以后刨红薯。

芒种不开镰，不过三五天。

芒种不种，过后落空。

芒种多西南（风），早稻病虫重。

芒种刮北风，旱断青苗根。

芒种刮北风，旱情会发生。

芒种好节气，棒棒坠落地：落地就生根，生根就成器。

芒种麦登场，秋耕紧跟上。

芒种忙，下晚秧。

芒种忙雨头，忙收又忙种。

芒种忙忙栽，夏至谷怀胎。

芒种忙收，日夜不休。

芒种芒种，样样都忙。

芒种蒙头落，夏至水推秧。

芒种夏至，水浸禾田。

芒种夏至，芒果落地。

芒种夏至六月天，除草防雹麦开镰。

芒种夏至忙，莫把烟草忘。

芒种雨汛高峰期，护堤排涝要注意。

芒种遇雨，年丰物美。

芒种栽薯重十斤，夏至栽薯光根根。

芒种栽秧日管日，夏至栽秧时管时。

四月芒种忙忙种，五月芒种不忙种。

四月芒种前熟麦，五月芒种麦不熟。

四月芒种如打仗，误了芒种要上当。

四月芒种雨，五月无干土，六月火烧埔。

五月端午

节日探源

五月初五，叫“端阳”“重午”“蒲节”“天中节”“女儿节”；也有叫“浴兰节”的，南梁宗懔《荆楚岁时记》：“五月五日，谓之浴兰节。……以菖蒲镂成屑以泛酒。按《大戴礼记》曰：‘五月五日，蓄兰为沐浴。’《楚辞》曰：‘浴兰汤兮沐芳华’。今谓之浴兰节，又谓之端午。”

端午节的来源与我国先民对太阳的崇拜有关，“日叶正阳，时当中夏”（《岁华纪丽》），五与午，皆为阳的极致。端午节正当夏季之中，太阳也正合于正阳之位。且斯时在中原地区正当麦收大忙临近尾声，祭祀田神、祭祀太阳神实在情理之中。换句话说，端午节应该是为调节农业生产的节奏而设置的。这可是中原农民祭祀田神、太阳神的一次狂欢哟！

时有先后，地有南北，同为端午而不同风不同俗当是一客观存在，再者历史上这一天曾发生的令人叹惋的重大事件，也给后人留下不可磨灭的深刻记忆。人们在这一天对事件的主角——他们最有可能是忠臣孝子，或者是影响某一地区的大人物——举行纪念祭祀活动，而且日久成俗，也是完全可以理解的。

也就因为这一点，荆楚大地以龙舟竞渡说是去打捞屈原的尸体，以粽子投江以使屈原尸体免为蛟龙所食，而吴越却以相似的方式纪念忠谏被杀投于江中的伍子胥，而会稽（今浙江绍兴）一带却又要在这一天纪念祭祀孝女曹娥了，到了山西，这一天却把介子推当作祭祀的对象。而在北方一些地区却将五月初五视为“恶日”。《风俗通义》《论衡》《后汉书》等古书都有“不举五月子”，即不将五月所生的孩子抚养成人的内容。战国时齐国显贵孟尝君田文五月五日出生，其父不让家人养之。孟尝君死时屈原还活跃在楚国的政坛上呢。此风流及，东晋大将王镇恶、宋徽宗赵佶也都有相同的经历。

对五月端午之俗因纪念屈原而起，闻一多先生就不同意这种说法，他认为五月端午是龙的节日，竞渡、吃粽子都是同龙有关的。竞渡用的是龙舟，粽子投于水中又常被蛟龙所窃，而竞渡的来源，同春秋当时吴越之间的关系特别深，据《说苑·奉使》《战国策·赵策》记载，吴越百姓有“断发文身”“以像龙子”的习俗，而古代五月五日用“五彩丝系臂”的习俗，不正是那“以像龙子”的“文身”习俗的遗迹吗？也就因为这些，闻先生认为五月端午是祭祀龙的节日，其起源远在屈原之前，“和中国人民同样的古老”。

说句实在的，闻一多先生对五月五日风俗起源的见解，其认识的之深之广是比纪念屈原说高明一点的。

不可否认，在诸说中纪念屈原说是流传最广、影响最深的。

屈原是我国古代伟大的爱国诗人。他生活在两千多年前战国时代的楚国，曾担任过左徒、三闾大夫等重要官职，主张北联齐国，西抗强秦，但楚怀王宠信奸佞，听信谗言，将屈原削职放逐。当屈原听说郢都（今湖北省江陵市境内）被秦军攻破，他痛不欲生，于公元前278年农历五月初五怀抱石头，投入滚滚的汨罗江自尽。当时人们竞渡以打捞屈原尸体，投粽子于江中以免屈原尸体为蛟龙所食。为纪念屈原这位伟大的爱国主义诗人，竞舟、食粽日久就习沿成俗。至宋代，朝廷追封屈原为“忠烈公”，并定五月五日为端午节，传谕全国纪念屈原，还让人们佩戴香袋，以示屈原的品德节操如馨香溢世，流芳千古。

在现实生活中，某个客观事物往往成为人们寄托感情、愿望的载体，屈原身上千百年来不就寄托着人们的理想、愿望和情感吗！人们从之吸取营养，激励自己。每当五月端午节到来，人们以各种方式悼念屈原“慕其清高，嘉其文彩，哀其不遇，而愍其志”（《楚辞章句·离骚经序》），从而更加热爱伟大的祖国，更加激发为实现中华民族伟大复兴的中国梦而奋斗的满腔热情。

节俗种种

河南南部是春秋战国时期的楚地，如周口一带每逢端午就喜欢“划龙舟”为庆，届时人们还要将粽子投入河、水坑及水塘之中，这大概是荆楚大地每逢五月端午纪念屈原向屈原表达敬意所采取的竞渡、食粽方式，流传至中原地区的余波吧。而就整个河南来讲，五月端午活动还是围绕着祛毒除疫这个中心来进行的。

天还不大亮，日头还没出，中原大地的田间、河边或山坡上，就出现了好多个挎着竹篮、手拿镰刀的人，他们在采带露水的艾叶、车前子、毛毛草、毛耳眼、菊花、地黄这些中草药，回家去将它们束之于屋檐之下，或者插在门头上、窗口上，再贴上在黄表纸上木刻印制的张天师或钟馗像和用黄、绿各色纸剪成的花鸟虫兽。这就是俗话说的“贴艾虎”。这样就可以避开疾疫了。

豫东一带，在这天多采伤力草、打荷包鸡蛋，说是吃了可以防痨伤。

在信阳等地，好多人一大早到秧田里采集秧草上的露水，说是用它洗眼就可以“明目”。而且连出痱子也得到了预防。也有些人为了同样目的到河边采集菖蒲，回家熬水洗澡。

许多地方（比如说驻马店）在五月端午这天“捕捉癞蛤蟆（蟾蜍）做药以治毒疾。”《中原文化大典》还说，“传说癞蛤蟆是一种‘神虫’，用它制药可以治疗毒疽等症，端午节捉到的是最好的”。癞蛤蟆，固然对其神化乃是一个传说，然其药用价值却是查有实据的。《神农本草》云：“蝦蟆一名苦蠪。五月五日，取东行者四枚，反缚著密室中闭之。明旦启示，自解者取为术用……烧灰傅疮立验。”《药性论》也说：“端午，取蝦蟆肩眉脂，以朱砂麝香为丸，如麻子大，孩儿疳瘦者，空心一丸。如脑疳，以奶汁调鼻中，立愈。”六日则不中用，所谓“六日蟾蜍乖世用”也。

清代诗人李调元有诗《五月五日捕蟾歌》对这一风俗作了形象生动而且有趣的描画：

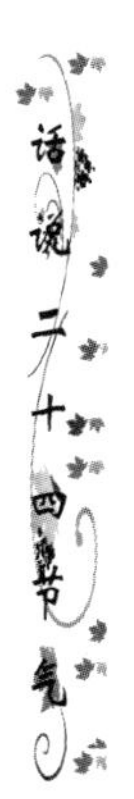

庚寅之岁五月五，清风习习凉无暑。
吾侪斗草柳荫西，争斩青蒲悬艾虎。
忽传此日宜蟾酥，恶状膨脝莫敢侮。
闲携群儿出门去，拔草搜根到深圃。
是时微雨云朦朦，竹罅当天不知午。

襄荷密荫蒟蒻遮，有物轮囷色如土。
蠢蠢徐步出苔荫，怒气迎人腹如鼓。
呼儿韰脑伏以钳，眼赪口闭不能吐。
乃知虽有伟身躯，技止此耳真驴伍。
试看填墨挂风檐，百计躲藏究何补？

你瞧，这癞蛤蟆形似“轮囷”其“色如土”。一见有人来打扰它平静安逸的生活，它这才迈着蠢蠢而又徐徐的步子，从青苔之下走了出来。对着来人挺起如鼓的肚皮怒气大发，真有点不可一世的样子。可是“呼儿韰脑伏以钳”，当孩子们用钳子将它制伏，这时的它也只能是红着眼睛闭起嘴巴连大气也不敢吐一口了。读至此，真的不禁使人哑然失笑。这个如技穷的黔驴一样的家伙，到了的命运也只能是“填墨挂风檐”，等“风干后便可使用”。这一点今与古倒是如出一辙。

五月端午这天，中原民间还有做香草布袋儿佩戴的风俗，香草布袋儿俗称“香布袋儿”“香囊”。一临近端午，这香草布袋儿街上就有卖的。这一下倒真忙坏了那些善于女红的绣娘了。

端阳杂咏

清·胡凤丹

为人压线更加工，刺绣年年谓女红。
五色休夸花似锦，清香尽在一囊中。

当然也可以由家中妇女用彩色丝绸或细布面料，内装香草缝制而成的。其形有如菱角、莲藕、蝴蝶、猴子、鸡子、蟾蜍等，惟妙惟肖。最常见的是菱角或称“三角”。香布袋儿气味芬芳，既可以防毒驱虫，又是不错的装饰品。端午这天，多佩戴在身上，一般是老人、小孩儿、姑娘们佩戴得最多。

在偃师、登封一带，端午节佩戴的香布袋中还有一种是“熊”（音 nài，龟的一种）形的。据说“熊”是大禹治水时为打通轩辕山而变。所以就用“熊”形香布袋儿来纪念大禹的功绩，其实这一风俗源于古本《淮南子》对禹治洪水故事的记述：

“禹治洪水，通轩辕山，化为熊。谓涂山氏曰：‘欲饷，闻鼓声乃来。’禹跳石，误中鼓。涂山氏往，见禹方作熊，惭而去。至嵩高山下，化为石。方生启，禹曰：‘归我子！’石破北方而启生。”大意是说：禹治洪水，要打通轩辕山，还要变成力大无比的熊才能办得到。禹告诉他的老婆涂山氏说：“想给我送饭，听到了鼓声你才能来。”谁知不巧，禹往一块大石头上跳，却不慎跳到了鼓上。听到鼓咚地响了一声，涂山氏就到工地上给禹送饭，见禹刚刚变成了熊，涂山氏想不通自己的丈夫怎么竟是一只熊呢。于是就羞愧难当地离去了。等到了嵩高山下，涂山氏就变成了一块石头。涂山氏这时刚要生启呢，禹就向涂山氏大声喊道：“归还我的儿子！”这时那块石头的北面随着禹的喊声就裂了一个口子。于是启就从那条石头缝里蹦出来了。如此看来，那“熊”可不是一种龟。实实在在的它可是一只熊瞎子啊！

端午这天，还要让小孩儿穿上事先做好绣有“五毒”形象的黄鞋，戴上绣有“五毒”形象的兜肚，并给他们的脖子、手腕、脚脖上系以五色线，说这样即可让小孩儿们避邪祛毒预防疾病了。唐代段成式《酉阳杂俎》载：“北朝妇人……五月进五时图、五时花，施帐之上。是日又命长命缕、宛转绳，皆结为人像带之。”这个“北方”当然包括中原，五时图当绘有五毒，即蝎子、蜈蚣、蜘蛛、蛇及蜥蜴之类的形象，五时花则是指正吐艳似火的石榴花了。现在制作的香囊也好，专给小孩儿们制作的黄鞋、兜肚也罢，大概都是五时图之风的遗留与发展吧。

为避毒祛邪，宋代开封还曾出现过端午这天贴天师符的风俗。到了明清此风更盛。除天师符，还有“五备符”“五毒符”“万瑞符”及“纸符”等，贴五色桃印彩符，有的还在新符上画上姜太公、财神、聚宝盆、摇钱树。

中原民间还有饮雄黄酒的习俗：

端阳杂咏

清·胡凤丹

一樽美酒泛雄黄，家宴团圆喜共尝。

喜看妻孥尽沉醉，只侬醉眼独清狂。

“饮了雄黄酒，百病都远走”。其实，并非那么回事。雄黄，别称鸡冠石，是一种矿物质，内含汞等有害物质，通过消化系统进入人体后，日久便会损坏肝脏，甚至导致癌变。然而，这种危害却没被古人认识。后来，到端午这天，人们是要饮酒，然多非雄黄酒，而是举杯痛饮别的酒祝贺节日。

过了端午，有的地方要接新婚女儿偕夫婿回娘家过“新端午”，届时娘家要设宴款待女儿女婿，临走时，还要赠送女婿雨伞、草帽等，为他们避暑降温使用。可有的地方过了端午，娘要去瞧闺女，依然要送雨伞、草帽与扇子等，为闺女、女婿避暑降温之用。这样，五月端午就又被称作“女儿节”或“女婿节”。

端午节还有斗百草的习俗，参与者大多是青年男女。他们到郊外踏青时，采集各种花草进行比赛，看谁采集的品种多，花草奇，谁就算获得优胜。除此之外，中原地区一些地方还有躲端午之俗，认为端午这天五毒猖獗邪气又浓，对孩子极为不利，担心孩子生灾患病，就让他们躲一躲。一般是藏于姥姥家，等过了端午再回家。这样就可保一年之内孩子们无病无灾了。

至于五月端午那天吃什么，粽子是必不可少的，此外就是茶叶蛋及油条糖糕之类。不信，你这天到村里走一走，那一定就会听到刺刺啦啦油条、糖糕下锅的声音，就会闻到阵阵的扑鼻的油条的气息。树荫下，那一群青年男女，正在斗草。他们忽而低低细语，忽而开怀大笑，可能哪个姑娘哪个小伙儿斗草赢了吧。年轻人之间的打趣调笑，顿时使得整个村子洋溢在旺盛青春的欢乐之中……

芒种风俗拾零

消失了的迎送花神之俗。

农历二月二花朝节迎花神。芒种节气时近五月，百花凋谢。民间多有芒种节祭祀花神仪式，以饯送花神归位，同时表达对花神的感激之情，以期明年再会，此俗或起源甚早，南朝崔令思《三礼义宗》云：“五月芒种为节者，言时可以种有芒之谷，故以芒种为名。芒种节举行祭饯花神之会。”然其后则甚少见闻，至明清则仅见于小说《红楼梦》第二十七回“滴翠亭杨妃戏彩蝶，埋香冢飞燕泣残红”，对大观园里识得文墨的那些贵族小姐此类民俗活动的描写。这类民俗活动也许因其太贵族化了，太阳春白雪了，大多数人欣赏不了，也参与不了，或许他们根本就无欣赏、参与的兴趣，这么一来，少数人圈子里的玩意儿玩来玩去，终于玩不下去了。不过这些人通文墨会写字，于是在一些故纸堆里就留下了印记。

据说贵州东南部一带，侗族青年男女在芒种节前后，都要举办打泥巴仗节。当天，新婚夫妇由要好的男女青年陪同，集体插秧，边插秧边打闹，互扔泥巴。活动结束，检查战果，身上泥巴最多的，就是最受欢迎的人。

这一民俗倒接地气，使辛苦的插秧劳作增加了欢乐。我看这一民俗一定会长久持续下去的。另有一些民俗不是为此，而是为了感情联络或增加亲情，有利于人间的和谐，如端午节送扇子就属此类。据说此俗同唐太宗李世民有些关联。

据史料记载，贞观十八年（644 年）五月五日，唐太宗对长孙无忌等人说："五日旧俗，必用服玩相贺。今朕赐诸君飞白扇二枚，扇动清风，以增美德。"唐太宗在端午赐扇子给臣下，其意是鼓励臣下扇动清廉之风。此后，五月五日送扇子成了风尚。到了宋代乃至明清时期都一直有此倡廉的传统习俗。

时至今日，很多地方仍保持着端午节送扇子的习俗，只不过变成了亲人之间的相互赠送。当然，端午各地送扇子的具体情况却大不相同。有媳妇给公婆送扇子的，有娘家给新出嫁的女儿送扇子的，但更多的是女婿给岳父岳母送扇子。湖北阳新一带的民间风俗端午送扇子是端午节前几天，女婿到岳父岳母家"送节礼"，在众多的节礼中，扇子是必备的。扇子的形状、用料、做工各不相同。从形状上说，有圆的、有方的、有椭圆的，还有折叠的；从用料上说，有羽毛的，有丝绢的，有纸的，也有麦秆、蒲草的；从做工上讲，有纺织的、镂刻的、火烫的。送时也有不少讲究，不同的扇子要送给不同的对象。要谨慎择适而送。如羽毛扇送给老岳父，是祝福他像诸葛亮一样足智多谋、多富多贵；将檀香木扇送给老岳母，是祝福她老人家长寿不老，品德香馨；把大蒲扇送给妻兄，说明他成家立业、能够主事；把丝绢扇送给妻妹，是祝福她温柔贤淑、郎君合意；把折扇送给妻弟，暗示他学业有成，人才出众。

俗话说："十里不同俗，五里改规矩。"休说福州不同于甘肃的镇原，即是一个河南省，西峡与长葛相似，都是五月端午娘家给新出嫁的姑娘送去衣料、手巾、扇子等物，新嫁女儿则于"六月六"这天带着夏天所需之物回娘家看望父母，叫作"看夏"。而到河洛地区的巩义、偃师一带则只有"看夏"这一种礼节，而他们却管这种礼节叫"望夏"。

趁节日（不止五月端午），亲人、恋人、朋友之间多有互相赠予之事发生，这对于人们之间联络感情、增加感情，彼此之间相互沟通交流思想，以利团结互动互助，建立和谐社会都该是大有裨益的。

诗词里的芒种

先读一读陆游一首有关芒种的诗。

芒种后经旬无日不雨偶得长句

宋·陆游

芒种初过雨及时，纱厨睡起角巾攲。

痴云不散常遮塔，野水无声自入池。

绿树晚凉鸠语闹，画梁昼寂燕归迟。

闲身自喜浑无事，衣覆熏笼独诵诗。

芒种时节，我国西南地区在及时移栽水稻，江淮之间、沿江各省麦茬稻、单季晚稻开始栽插，而华南地区晚稻也要开始播种了。“芒种初过雨及时”，这雨来得及时，民以食为天，稻需要种，稻秧需要插，这雨岂不是在芒种初过，人们所盼望的及时雨吗？虽被南宋朝廷投闲置散，但陆游却仍是关心农事，心系天下苍生。“雨及时”而致农事不误，诗人心里高兴了、踏实了，“纱厨睡起角巾欹”，也在“纱厨”里睡得着了，刚睡起时头上戴的角巾也歪到了一边。“角巾”，古代隐士所戴的一种有棱角的头巾。“角巾”二字，正表现了诗人投闲置散、报国无门的身份。

诗的颔、腹二联，则集中描写了芒种过后经旬无日不雨的景况及诗人的感受。“痴云不散常遮塔”，写阴云朦胧；“野水无声自入池”，写雨乃润物细无声的好雨，是恰应长时需要的及时雨。腹联的“绿树晚凉鸠语闹”，一个“凉”字给人的感觉是凉爽的舒适的，一个“闹”字写鸠之语，不是令人生厌的聒噪，而“鸠语”，更写出了诗人心灵因这场雨而得以满足的心情。如果说这上句写“闹”的话，而下句则写“寂”了，其因在于“画梁燕”之“归迟”。这燕子白天不着窝，也可能是为觅食，为生活而忙碌吧！而江南广大地区的农田里，成千上万的农民不正在头上顶着雨，脚下蹚着泥，整天整天地在为水稻的收成，辛勤地讨生活吗？

诗人自己呢？最后两句隐约点出了自己的行踪，“闲身自喜浑无事，衣覆熏笼独诵诗”，一方面左邻右舍，东村西村，甚至整个江南地区都在忙，而诗人自己呢，则“自喜”“闲身浑（全）无事”，但实际并非如此，最后一句“衣覆熏笼独诵诗”就告诉了我们这其中所隐的秘密。且不说颔联二句已透露出我们的诗人并没全窝在家里，“衣覆熏笼”四字更告诉我们，诗人在这一天不止一次出门在烟雨中活动，要不他的衣裳怎会不止一次地置在熏笼之上，湿衣熏干，湿了再熏干，这就是所谓“覆”。诗人不以出没于烟雨之中为苦，而以为乐，“独诵诗”三字就告诉了我们这一点。

天若晴朗，诗人经常是以毛驴代步出去的。“驴肩每带药囊行，村巷欢欣夹道迎。共说问来曾活我，生儿多以陆为名。”（《山村经行因施药》）即是“芒种过后经旬无日不雨”，诗人还是要出门，因为他忘不了待他如恩人如亲人的农民，他可能是给远近的农民送药去了吧！

“亘古男儿一放翁”，伟大的忧国忧民的爱国主义诗人啊……

关于五月端午斗草之俗，先读唐司空图的这首小诗：

灯花三首（其二）

唐·司空图

姊姊教人且抱儿，逐他女伴卸头迟。

明朝斗草多应喜，剪得烟花自扫眉。

这是一首七言绝句，是以妹妹口吻叙述这个小媳妇儿，斗草前一天晚上的活动。

你看这个小媳妇儿，在妹妹眼中简直是玩疯了。孩子让别人给她抱着，她自己跟着女伴跑了出去，大概有什么乐子好玩吧。等她归来时，已经很晚了。“卸头迟”等卸去头上饰品去休息，也已经是太迟太迟了。就这样该休息了吧，她却无丝毫睡意，剪掉灯花，灯更亮了，这位小媳妇儿竟为明天的活动描起眉来。她为什么兴奋至如此地步呢？第三句实际是答案："明朝斗草多应喜"。明天斗草，这个小媳妇大概一定会赢吧。三四句是因果关系，如此之因，引出如此之果。这个痴迷于斗草游戏的小媳妇形象，就跃然纸上了。

还有一首写斗草的词，更值得一读。

破阵子

宋・晏殊

燕子来时新社，梨花落后清明。池上碧苔三四点，叶底黄鹂一两声，日长飞絮轻。巧笑东邻女伴，采桑径里逢迎。疑怪昨宵春梦好，元是今朝斗草赢，笑从双脸生。

斗草，又叫"斗百草"游戏。或对花草之名，如狗耳花对鸡冠花，或斗草的多寡与韧性等。常于端午行之。南朝宗懔《荆楚岁时记》："五月五日，四民并蹋百草，又有斗草之戏。"直至元代高明《琵琶记・牛氏规奴》尚有这样的话："蹋气球不好，便和你斗草耍子。"但这首词所写的斗草之戏，却是发生在"梨花落后清明"之时。那时，岂不是暮春三月，莺飞草长一年中最美的时光吗！

这首词上半阕，笔调轻淡，刻画暮春近夏的景色。二十四节气，春分连接清明——这正是一年中春光最堪留恋的时节。春已中分，新燕刚至，此时恰值社日也将到来。古人称燕子为社燕，因为它常是春社来，秋社去。词人所说的新社，指的即是春社了。那时每年有春秋两个社日，而尤重春社，邻里大聚会，来祀社（大地之神也）之礼，酒食分餐，赛会腾欢，极一时一地之盛，闺中少女也“放”了“假”，正所谓“问知让日停针线”，连女红也是可以放下的，呼姐唤妹，许可门外游观。词篇开头一句，其精神全在于此。

我们的民族“花历”，又有二十四番花信风，自小寒至谷雨，每五日为一花信，每三节应三信有三芳开放；按春分节的三信，正是海棠花、梨花、木兰花。梨花落后，清明在望。词人写时序风物，一丝不差。当此季节，气息芳润，池畔苔生鲜翠，林丛鹂啭清音——春光已是苒苒而近晚了，神情更在言外。清明的花信三番又应在何处？那就是桐花、麦花与柳花。所以词人接着写的就是“日长—飞絮”。古有句云“落尽海棠飞尽絮，困人天气日初长”，可见合看：写景，写景，状物，状物！而不知时境推迁，光风流转，触人思绪之闲情婉致。

词的下半阕，写斗草少女的兴高采烈及笑声的天真无邪，划破春野之寂，笔触尤其生动。当此良辰佳节之时，则有两少女，出现于词人笔下，她们的言语、行动出现于我们眼前：在采桑的路上，她们正好遇着，一见面，西邻女就问东邻女：“你怎么今天这么高兴？夜里做什么好梦了吧？快告诉人听听！……”东邻女笑道：“莫胡笑，人家刚才和她们斗草来着，得了彩头呢！”

“笑从双脸生”这五个字，再难另找更好的写少女笑吟吟的句子来替换。何谓双脸？盖脸本从眼际得义，而不是后人所指的“嘴巴”。其用词之美，美在情景；其用笔，明丽清婉，秀美无伦，而别无奇特可寻之迹。迨至末句，收足全篇，神理尽出，此虽非奇，岂非常笔？天时、人事、物态、心情，全归于一体，若无神力，能达到如此境地吗？与此同时，也真正使我们深感生活是如此的温馨和美丽。

芒种与养生

芒种饮食宜清淡，有清热解毒之功效的食品为佳。唐朝孙思邈提倡人们“常宜轻清甜淡之物，大小麦曲，粳米为佳”，又说：“善养生者常须少食肉，多食饭。”强调饮食清补的同时，告诫人们食勿过咸、过甜。夏季人体新陈代谢旺盛，汗易外泄，耗气伤津之时，宜多吃祛暑益气、生津止渴的饮食。补充水分，多喝开水，就显得十分必要了。

对老年人而言，因机体功能减退，热天消化液分泌减少，心脑血管不同程度的硬化，饮食以清补为主，辅以消暑解热护胃益脾和具有降压、降脂功能的食品。

芒种期间，人们易于上火，而粽子则是民间的解暑佳品。中医认为，粽子的原料糯米和包粽子的竹叶都有清热去火的功效，可以预防和缓解咽喉肿痛、口舌生疮、粉刺等症状。如果想达到降火的功效，最好选择以红枣、栗子做馅的粽子。红枣味甘性温，可以养血安神，而栗子则有健脾补胃之功效。适当吃一些这两种食材做馅的粽子，对人体健康十分有益，但也不可贪食。

另外莴笋在芒种期间，也的确是清热解毒的佳品，莴笋中钾离子的含量比钠盐高二十倍，故在盛夏吃它，可使体内盐分趋于平衡。它还可以清热解毒、去火利尿，在缓解高血压和心脏病方面有一定效果。另外，现代医学研究表明，莴笋还具有独特的抗癌作用。生吃可有效保留其丰富的营养素，如果烹饪，应将叶同根茎放在一起烹饪，因为莴笋叶之营养价值超过其根茎。

“芒种夏至天，走路要人牵；牵的人要人拉，拉的人要人推。”这形象地表现了人们在这时节的懒散。医生提醒，首先要使自己保持精神轻松、心情愉快。夏日昼长夜短，午休可以消除疲劳，有利于健康。

再一点，芒种过后，衣料宜选择透气性好的棉与丝，样式要宽松，光脊梁也不见得就能防暑降温。午时天热，人易出汗衣衫要勤洗勤换。为避免中暑，芒种后要洗澡，“阳热”易于发泄，但须注意，出汗时不要立即洗澡。中国有句老话“汗出不见湿”，若“汗出见湿，乃生痤疮”。洗浴以药浴，则最能达到健身防病之目的。

最后一点是要让空调房间通通风、换换气，长时门窗紧闭，室内空气污染致氧气缺乏，再加上恒温环境，自身产热散热功能失调，若因此患上所谓“空调病”，那就不划算了。

芒种了，什么运动好？将健身小球常在手中经常把玩，也不失为一种好的运动方式。让球转动需手指、手掌、手腕一起协调动作，共同用力。中医学认为手掌、掌心、手指末端有许多行血活血的穴位。现代医学也认为，人手上有十分丰富的血管和神经，长期把玩健身小球，可以促进双手血液循环，增强心肌收缩能力，改善冠状动脉血流量，同时还能对高血压、冠心病、脑血栓后遗症、指腕部关节炎、末梢神经炎等病症有一定防治作用。

再者，经常赤脚在草地上或鹅卵石上走走也不错。人的足底有很多内脏反射区，经常在草地或鹅卵石上走走，可以对足底的敏感点进行刺激。既感觉舒适，又对身心健康大有好处。让你的双足亲近大地，该多好呀！

十　夏至，白昼最长的一天

夏至，二十四节气中的第十个节气。每年6月22日前后太阳到达黄经90°（夏至点）时开始。《周礼·春官·冯相氏》：“冬夏致日。”《注》：“冬至，日在牵牛，景（影）长尺；夏至，日在东井，景长五寸：此长短之极。”《月令七十二候集解》：“五月中……夏，假也；至，极也，万物于此皆假大而至极也。”《汉学堂经解》所集崔令思《三礼义宗》：“夏至为中者，至有三义：一以明阳气之至极，二以朝阴气之始至，三以明日行至北至。”而叙说最为简括明白的，当推《恪遵宪度抄本》：“日北至，日长之至，日影短至，故曰夏至。至者，极也。”

早在公元前7世纪，我们的先人就采用土圭测日影，确定了夏至的准确日期。夏至这天，太阳直射地面的位置，到达一年的最北端，几乎直射北回归线（北纬23°26′），北半球的白昼达到最长，且越往北昼越长。如海南的海口市这天的日长13小时多一点，杭州市14小时，北京约15小时，而黑龙江的漠河可达17小时以上。夏至以后，太阳直射地面的位置逐渐南移，北半球的白昼日渐缩短。民间有“吃过夏至饭，一天短一线”之说。也就在这个时候，南半球却正值隆冬季节呢。

如果按中国传统文化的哲学基础《周易》而论，据阴阳消长规律所编辑的十二月消息卦，初夏四月封象为乾“䷀”，而五月仲夏则为姤“䷫”，这就是所谓“夏至一阴生”了。月令七十二候出现或消失的原因，也往往以此为解。如将夏至分为三候：“一候鹿角解；二候蜩（蝉）始鸣；三候半夏生。”而解说也必然是麋与鹿虽属同科，但二者一属阴，一属阳。鹿的角朝前生，所以属阳。夏至日阴气生而阳气始衰，所以阳性的鹿角开始脱落，而麋因属阴，所以在冬至日角才脱落；雄性的蝉在夏至后因感阴气之生便鼓翼而鸣；半夏是一种喜阴的药草，因在仲夏的沼泽地或水田中出生而得名。由此可见，在炎热的仲夏，一些喜阴的生物开始出现，而阳性的生物却开始衰退。

我国民间把夏至后的15天分成“三时”，一般头时3天，中时5天，末时7天。这期间我国大部分地区气温较高，日照充足，作物生长很快，生理与生态需水均较多。此时的降水对农业产量影响很大，有“夏至雨点值千金”之说。一般年份，长江中下游地区和黄淮地区降水一般可满足作物生长的要求。《荆楚岁时记》中记有“六月必有三时雨，田家以为甘泽，邑里相贺”。可见一千多年前，人们对此降雨特点已有明确的认识。在中原地区的河洛及黄淮流域，民间也有谚云：“有钱难买五月旱，六月连阴吃饱饭”。其语言虽出自土俗不及古籍文雅，但理倒是相通的。然而在长江中下游及江淮流域，夏至时恰逢梅雨季节，频频出现暴雨天气，则对如何防汛就该十分重视了。另外还会出现“夏雨隔田坎”，这是南方的说法，照黄河流域说法，该是“夏雨隔地界”，其南北语义也大致相同，都是因地面受热强烈，空流对流强烈，或在午后或在傍晚常形成雷阵雨天气，这种热雷雨，来得也快，去得也疾，降雨范围小，才造成了夏雨“隔田坎”“隔地界”的现象，唐刘禹锡《竹枝词》“东边日出西边雨”的诗句，倒是对这种现象的形象描写。俗话说“不过夏至不热”“夏至三庚（三个庚日）数头伏”，民间管这一天叫“暑伏”（初伏，入伏）。夏至这天虽然白昼最长，太阳角度最高，但并不是一年中天气最热的时候。因为接近地表的热量，这时还在继续积蓄，并没有达到最多的时候。俗话说“热在三伏”，真正的暑热天气是以夏至和立秋为基点计算的。在阳历 7 月中旬到 8 月中旬，我国各地都进入高温天气。此时，有些地区的最高气温可达到 40℃左右。

夏至过后，我国南方大部地区的农业生产因农作物生长旺盛，杂草、病虫迅速滋长蔓延而进入田间管理时期。高原牧区则开始了草肥畜旺的黄金季节。这时，华南西部雨水量也显著增加，使入春以来华南雨量东多西少的形势，逐渐转变为西多东少。如有夏旱，一般这时可望解除。近 30 年来，华南西部在阳历 6 月下旬出现大范围洪涝的次数虽不多，但程度却比较严重。因此，要特别注意做好防洪准备。夏至节气是华南东部全年雨量最多的节气，往后常受副热带高压控制，出现伏旱。为了增强抗旱能力，夺取农业丰收，在这些地区抢蓄伏前雨水是一项非常重要的措施。

夏至节气以后，除我国青藏高原、东北和内蒙古大部、云南部分地区常年无夏外，我国各地日平均气温一般都升至 32℃以上。此时，长江中下游地区在正常年份正处于“梅天下梅雨”的梅雨期，黄淮平原处于“云来常带雨”的雨季，这就为农作物创造了一个水热同季非常有利于生长的环境。

夏至时节，意味着炎热天气的正式开始，而且是闷热。

谚语里的夏至

一、反映天气与物候的

吃了夏至面，一天短一线。

不过夏至不热，夏至三庚数头伏。

爱玩夏至日，爱眠冬至夜。

长到夏至短到冬。

过了夏至节，夫妻各自歇。

日长长到夏至，日短短到冬至。

夏至不起尘，起了尘，四十五天大黄风。

夏至大烂，梅雨当饭。

夏至东南风，平地把船撑。

夏至东南风，十八天后大雨淋。

夏至狗，冬至猫。

夏至狗，无处走。

夏至刮东风，半月水来冲。

夏至见春天，有雨到秋天。

夏至雨十八落，一天要落七八砣。

夏至闷热汛来早。

夏至未来莫道热，冬至未来莫道寒。

夏至无风三伏热。

夏至无雨三伏热，处暑难得十日阴。

夏至无云三伏热，重阳无雨一冬晴。

夏至响雷三伏冷，夏至无雨晒死人。

夏至杨梅满山红，小暑杨梅要生虫。

夏至有风三伏热，重阳无雨一冬晴。

夏至有雷三伏热。

夏至有雨三伏热，重阳无雨一冬晴。

二、反映农事活动的

夏至插老秧，只能喝米汤。

伏里锄一遍，赛过水浇园。

谷雨好种姜，夏至姜离娘。

立夏立不住，刮到麦不熟。

麦割夏至。

夏至东风摇，麦子水里捞。

夏至东风摇，麦子坐水牢。

夏至伏天到，中耕很重要。

夏至进入伏里天，耕田算是水浇园。

夏至无雨，囤里无米。

夏至有雨应秋旱。

夏至栽苕（红薯），斤斤吊吊。

夏至后进入伏天，北方气温高，光照足，雨水增多，农作物生长旺盛，杂草、害虫迅速滋长蔓延，需要加强田间管理，农谚说“夏至棉田草，胜如毒蛇咬”“夏至进入伏天里，耕地赛过水浇园”“进入夏至六月天，黄金季节要抢先”。劳动人民在实践中，总结出一篇农事歌谣：

夏至时节天最长，南坡北洼农夫忙。

玉米夏谷快播种，大豆再抢光长秧。

早春作物细管理，追浇勤锄把虫防。

夏播作物补定苗，行间株矩勤松耪。

棉花进入盛蕾期，常规措施都用上。

一旦遭受雹子砸，田间会诊觅良方。

一般不要来翻种，追治整修快松耪。

高粱玉米制种田，严格管理保质量。

田间杂株要拔除，母本玉米雄去光。

起刨大蒜和地蛋（土豆），瓜菜管理要加强。

久旱不雨浇果树，一定不能浇过量。

麦糠青草水缸捞，牲口爱吃体健壮。

二茬苜蓿好胀肚，多掺干草就无妨。

藕苇蒲芡都管好，喂鱼定时又定量。

青蛙捕虫功劳大，人人保护莫损伤。

三、反映养生的

夏至馄饨冬至团（饺子），四季安康人团圆。

夏至馄饨免疰夏。（疰，zhù，疰夏，病名。夏令的一种季节性疾病，症见食少，体倦、消瘦等。多由体弱气虚，暑热伤气所致。）

夏至吃个荔，一年都无弊。

夏至三庚暑伏日，暑伏日，吃饺子，不吃饺子长痱子。

四、关于夏至九九歌

《吴下田家志》有载：

一九至二九，扇子弗离手，三九二十七，冰水甜如蜜。四九三十六，拭汗如出浴。五九四十五，树头秋叶舞，六九五十四，乘凉弗入寺。七九六十三，床头寻被单。八九七十二，思量盖夹被，九九八十一，家家找棉衣。

还有一首，似是出自北方黄河中下游地区：

一九至二九，扇子不离手。三九二十七，汗水湿了衣。四九三十六，房顶晒个透。五九四十五，乘凉莫入屋。六九五十四，早晚凉丝丝。七九六十三，夹被替被单。八九七十二，盖上薄棉被。九九八十一，准备过冬衣。

夏至古今俗

对夏至有所认识的最早记载，当属《尚书·尧典》："申命羲叔，宅南交。平秩南讹，敬致。日永，星火，以正仲夏。"而到了太史公司马迁笔下，就将这段话作了译解："申命羲叔，居南交。使程南为，敬致。日永，星火，以正仲夏。"若译成现代汉语，当是：

再任命羲权，居住在南交，管理督导夏季劝农的事务，敬行教化，致达事功。夏至日，白昼最长，苍龙七宿中的大火（心宿）黄昏时出现在正南方，用以确定仲夏的气节。

夏至，古时又称“夏节”“夏至节”。古时夏至日，人们通过祭神以祈求灾消年丰。《周礼·春官宗伯第三·司巫/神社》载：“以夏日至致地祇物魅，以禬（guì，除也）国之凶荒，民之札丧。”大概意思是说，在夏至那天招致地祇物魅降临接受祭祀，以消除国家的荒年饥岁，百姓的疫病死亡。很显然，周代夏至祭祀地祇物魅，意为消除疫疠、荒年与饥饿死亡。《史记·封禅书》记载：“夏至日，祭也，皆用乐舞。”夏至作为古代节日，宋朝在夏至之日始，百官放假三天，辽代则是“夏至日谓之‘朝节’，妇女进彩扇，以粉脂囊相赠遗”（《辽史》），清朝为“夏至日为交时，日头时、二时、末时，谓之‘三时’，居人慎起居，禁诅咒、戒剃头，多所忌讳……”（《清嘉录》）。

在我国南方广大地区，夏至这天有祭田公、田婆的习俗，田公、田婆就是土地神，这是古代夏至祭祀土地神，以祈求农业丰收、消除病虫害的遗意。

夏至这天应时的食品是面，有“冬至饺子夏至面”之说。好吃的北京人在夏至这天讲究吃面。按照老北京的风俗，每年一到夏至节气就可以大食生菜、凉面了。因为这个时候天气炎热，吃些生冷之物可以降火开胃，又不至于因寒凉而损害健康。夏至这天，北京各家面馆人气很旺。面馆的四川凉面、担担面、红烧牛肉面还是炸酱面等都很“畅销”。

但到岭南广大地区，“狗肉”和“荔枝”则是人们借夏至之名想吃的“专利”。广东粤两地区和广西的钦州、玉林等地区也是非常喜欢在夏至吃狗肉和荔枝的。据说夏至日的狗肉和荔枝合吃不热，有“冬至应生夏至狗”之说，故此夏至吃狗肉和荔枝的习惯延续至今。“吃了夏至狗，西风绕道走”，大意是指人在夏至日这天吃了狗肉，身体就能抵抗西风恶雨的入侵，少感冒，身体好。正是基于此良好愿望，成就了“夏至吃狗肉”这一独特的民间饮食文化，据有关资料记载，夏至杀狗补身，源于战国时代秦德公即位次年，六月酷热，疫疠流行，秦德公便按“狗为养畜，能避不祥”之说，命令臣民杀狗避邪，后来形成夏至杀狗的习俗。“立夏日，吃补食”，说明补食从立夏就开始了。

同样过夏至，南不同北，北不同南，浙江绍兴夏至这天“做夏至”，主要是祭其祖先，到了江苏无锡，夏至这天早吃麦粥午吃馄饨，取混沌和合之意。这天无锡人不祭祖，而是给小孩称体重，盼望孩子胖些健康些，如果往我国最北境的黑龙江漠河去，夏至白昼可长达17 小时，“昼玩夏至，夜眠冬至”，那儿正办旅游节呢。每年都有数万人来这儿的“北极村”，欢庆夏至节。

诗词里的夏至

夏至避暑北池

唐·韦应物

昼晷已云极，宵漏自此长。
未及施政教，所忧变炎凉。
公门日多暇，是月农稍忙。
高居念田里，苦热安可当？
亭午息群物，独游爱方塘。
门闭阴寂寂，城高树苍苍。
绿筠尚含粉，圆荷始散芳。
于焉洒烦抱，可以对华觞。

这首诗前八句写诗人初到某州刺史任，时至夏至，但他“念田里”“苦热”，心里还装着百姓。

开头一句具体写昼晷所测白天时间已是极限，二句写夜漏的计时从此渐渐长了，这儿用对测时仪器的具体描写，表明这一天昼长至极，而夜自此渐长，恰值夏至之日。“未及施政教，所忧变炎凉。”这两句写自己刚到任还没来得及实施政令与教化，担心从夏到秋炎凉变换之际，自己仍然无所作为，第三、四句“公门日多暇，是月农稍忙”，点明官府不要当无事之时去找事，要晓得“是月农稍忙”，不要误了农时。“高居念田里，苦热安可当”是说我虽居州郡长官之高位，但我惦记着正在田间劳动的农民，辛苦炎热他们怎么受得了啊！

这首诗后八句则写诗人避暑北池的闲适生活。

九、十句写夏至午时诗人独游方塘。以下十一、十二、十三、十四四句专写北池周围的环境：一开始突出了个体感受阴寂、目所见之树绿，而又以州衙闭门、州城高峙，为阴寂、绿树的背景，后两句以细致的笔锋，写竹之翠，荷之香，诉之视觉与嗅觉，形象地写出北池避暑之惬意。“于焉洒烦抱，可以对华觞”，这是诗的结句，是说自己未及施政教的焦虑，炎凉之变带来时不我待的“所忧”，在夏至避暑北池之时这种“烦抱”全被“洒”掉了，诗人说自己“可以对华觞”，可以开怀畅饮了。

这首诗是一首闲适诗，但究其具体诗人之心境却又闲而不适，独自闲居消夏，却又惦记着在炎炎烈日之下酷热难当而劳作不休的农民。这就是这首诗的人民性所在，也即可贵之处。

夏至日作

唐·权德舆

璇枢无停运，四序相错行。

寄言赫戏景，今日一阴生。

这是一首借写夏至而表现四时运行规律的哲理诗。

夜空北方排列成斗形的七颗亮星，即天枢、天璇、天玑、天权、玉衡、开阳、摇光，即所谓北斗七星，即北斗星。诗里以“璇”“枢”代北斗星。北斗星在不同的季节和夜晚不同的时间，斗柄指向天空不同的方向。古人就用初昏时候斗柄所指方向来确定季节：斗柄指东是春天，指南是夏天，指西是秋天，指北是冬天。也用斗柄指定一年十二个月份。开头两句诗是说，北斗没有停止运转的时候，春夏秋冬四时的彼此更迭变化就将永远进行下去，“寄言赫戏景”，请把我的话捎给强烈日光照耀天地能给人以盛大光明的太阳之气吧，今天，也就在今天，一阴就将在你盛大光明的太阳之气中滋生，并不可遏地逐渐成长，炎夏终将被凉秋代替，这是不可阻挡的自然法则。

从四时的更迭变化，阴极而生一阳，最后为阳所取代；阳极而生一阴，最终为阴所取代，大自然有春、夏、秋、冬，人生何尝没有春、夏、秋、冬。凡万物莫不在一定条件下盛极而衰，而衰又莫不在一定条件下衰极而盛。从这首小诗中，我们是该悟出一些道理的。不是吗！

竹枝词

唐·刘禹锡

杨柳青青江水平，闻郎江上踏歌声。

东边日出西边雨，道是无晴却有晴。

夏至节气以后，地面受热强烈，空气对流旺盛，午后到傍晚常形成骤来疾去的雷阵雨，由于阵雨范围小，人们称为“夏雨隔田坎”“隔地界下雨”，在这善变的天气中，刘禹锡据夏至雨“东边日出西边雨”所造成的“道是无晴却有晴”的奇特天气现象，基于活跃联想的生动比喻，用谐音双关的手法表达了一位沉浸在初恋中的少女微妙复杂的心理活动，而成就了一首千古传诵的佳作，即这首《竹枝词》。

第一句写景，写她眼前所见，江边杨柳，垂拂青条；江中流水，平如镜面，这是十分美好的环境。第二句写她耳中所闻。在这样动人情思的环境里，她忽然听到江边传来的歌声，那是多么熟悉的声音啊！一飘到耳朵里，就知道是谁唱的了，第三、四句接着写她听到这熟悉的歌声之后的心理活动。姑娘虽早在心里爱上了这位小伙子，但对方还没什么表示。今天他从江边走了过来，而且边走边唱，似乎是对自己多少有些意思。这给了她很大的安慰和鼓舞，因之她就想到这个人啊，倒有点像黄梅时节晴雨不定的天气，说它是晴天吧，西边还下着雨，说它是雨天吧，东边还出着大太阳，可真有点着摸不准了。这里晴雨的“晴”，是用来暗指感情的“情”。“道是无晴却有晴”，就是“道是无情却有情”。通过这两句极其形象又极其朴素的诗，她的迷惘，她的眷恋，她的忐忑不安，她的希望和等待便都刻画出来了。

这种根据汉语语音特点而形成的表现方式，是历代民间情歌中所习用的。它们往往取材于眼前习见的景物，明确而又含蓄地表达了微妙的感情。明人胡震亨在《唐音癸签》中说刘禹锡的诗“开朗流畅，含思婉转”，“运用似无过人处，却都惬人意，语语可歌”。这些特点，在其《竹枝词》等民歌体诗中体现得尤为突出。这些诗保存了清新明朗的民间情调，采撷朴素生动的民间口语，运用俚歌俗调的形式，绘真景，抒真情，具有浓厚的地方色彩和天然的风韵。

夏至与养生

夏至阳气最壮，养生要注意保护阳气。《素问·四气调神大论》曰：“使志无怒，使华英成秀，使气得泄，若所爱在外，此夏气之应，养长之道也。”就是说，夏至要神清气和，快乐欢畅，心胸宽阔，精神饱满，不要举凡懈怠厌倦，恼怒忧郁，要像万物生长需要阳光那样，对外界事物拥有浓厚的兴趣，培养乐观外向的性格，以利于气机的通泄。

嵇康《养生论》中谈到对夏季炎热的保养：“更宜调息静心，常如冰雪在心，炎热亦于吾心少减，不可以热为热，更生热矣。”这就是所谓的“心静自然凉”。此即夏季养生法中的精神调养。

在饮食上，夏至养生宜食酸味，多食果蔬，由于人们在夏至时出汗较多，盐分损失大，身体中的钠等电解质也会有所流失，所以除了需要补充盐分之外，还要食用一些带有酸味的食物，中医认为，夏至时节应该多食带有酸味的食物，以达到固表止汗的效果。《黄帝内经·素问》中记载：“心主夏，心苦缓，急食酸以收之。”说的便是夏季需要食用酸性的食物以收敛心气。酸性而可食之物有山茱萸、五味子、五倍子、乌梅等，虽不可对它们大吃大嚼，但适当吃一些可以生津、去腥、解腻，增加食欲，可谓大有益处。要防暑降温吗？可以吃凉面。要杀死夏季滋生的细菌吗？可以多食些韭菜、青蒜、蒜苗、大蒜、洋葱、大葱。千万要记住不要吃剩菜剩饭，不要吃过期、无标志、包装破损的食品，也不要吃或少吃路边摊贩卖的麻辣烫、凉菜或熟食，也不要吃生的或生腌的水产品，要记住“病从口入”哟。

绿豆，有“济世之良谷”之美誉，为消暑利尿，补充水分计多吃些绿豆挺不错；空心菜，凉性蔬菜，为祛热解毒、排除毒素并降低血温，盘子里多些空心菜也是不错的主意。

在起居上，因夏季炎热，宜晚睡早起，顺应自然界阳盛阴衰的变化，合理安排午休时间，一为避免炎热之势，二可消除疲劳之感，另外凉席也要及时清洗以预防皮肤病，夏日出汗多，为清除皮肤上的汗垢，防止出痱子及皮炎，勤用比体温略高的温水每天起码冲一次澡，也是保洁防病之良方。

在运动养生方面，可以顺应时节，采取游泳健身的方式，当然下水前，对游泳场所，游泳时的安全以及卫生、时间都是应当考虑的，当其他如散步之类的运动对夏季养生而言也是必不可少，但是要注意在清晨或傍晚天气较凉爽时，在河湖水边、公园庭院等空气清新的地方进行。至于那些条件好的人，不用我在这儿喋喋不休，恐怕他们早已飞到林区，飞到海滨去疗养、度假了。

十一 小暑，热气犹小也

小暑，二十四节气中的第十一个节气。7 月 7 日前后太阳到达黄经 105°时开始。《月令七十二候集解》："六月节……暑，热也。就热之中分为大小，月初为小，月中为大，今则热气犹小也。"暑，表示炎热的意思。小暑为小热，还不十分热。意指天气开始炎热，但还没到最热，这对我国大部分地区而言还是基本符合的。

我国古代分小暑为三候：初候曰温风至；二候曰蟋蟀居宇；三候曰鹰始挚。小暑时节不会再有一丝凉风，连风都令人感到热乎乎的，这是真的。《诗 · 豳风 · 七月》描述蟋蟀的活动说："七月在野，八月在宇，九月在户，十月蟋蟀入我床下"，有人说："文中所说的八月即是夏历的六月，即小暑节气的时候，由于天热，蟋蟀离开了田野，到庭院的墙角以避暑热。"这实际上是对《诗 · 豳风 · 七月》的误读。因为从《诗 · 豳风 · 七月》全篇看，除"一之日""二之日""三之日""四之日"几句用周历（以夏历十一月建子为岁首）外，其余七、八、九、十以及四、五、六月皆与夏历相符，也就是说在《诗 · 豳风 · 七月》中，蟋蟀"八月在宇"根本与小暑无关，另外"八月在宇"之"宇"是房檐，该句可译为"八月里它在檐下唱不休"（程俊英译）或直接译成"八月里在屋檐底"（余冠莫译），而译成"到庭院的墙角下"，就毫无道理可言了。至于将"蟋蟀居宇"作为小暑之物候之一，与《诗 · 豳风 · 七月》所记不合，同今日我们所知的季夏之物候也不相符。

今天我们所谓之七十二候，同《礼记·月令》关系密切，如季夏之候应，《月令》是如此记述的："温风始至，蟋蟀居壁，鹰乃学习，腐草为萤。"关于"蟋蟀居壁"，陈澔《注》曰："蟋蟀生于土中，此时羽翼尚未能远飞，但居其穴之壁。至七月，则能远飞，飞而在野矣。"陈《注》出自《十三经注疏·礼记正义》由汉郑玄注，唐孔颖达疏。我看陈注、孔疏倒是与事实相差不远。《礼记·月令》抄《吕氏春秋·十二纪》，《七十二候》又抄《礼记·月令》，如此抄来抄去变了味，倒真的使我等读者越来越深感莫名其妙了。至于小暑的另一候应则是把《礼记·月令》的"鹰乃学习"雏鹰开始学习飞翔，改为"鹰始挚"，雏鹰作为肉食的动物开始学习击杀和攫取，而不是如有人所说的"老鹰也因地面气温大高而喜在清凉的高空中活动"。

其实，小暑六月节可是有诗的，诗就形象生动地描写了小暑之三候。诗云："倏忽温风至，因循小暑来。竹喧先觉雨，山暗已闻雷。户牖深青霭，阶庭生绿苔。鹰鹯新学习，蟋蟀莫相催。"

小暑期间，南方地区平均气温为26℃左右。一般年份，7月中旬华南、东南低海拔河谷地区，可能出现日平均气温高于30℃，日最高气温高于35℃的集中时段，这种气温对杂交水稻抽穗、扬花非常不利，除了事先在农作物布局上充分考虑此因素外，已经栽插的要采取相应的补救措施。在西北高原北部，小暑时节的可见霜雪，此时的景象也只相当于华南的初春时节。

从小暑节气开始，长江中下游地区的梅雨季节先后结束，而东部淮河、秦岭一线以北的广大北方地区开始了来自太平洋的东南季节雨季，自此降水明显增加，且雨量比较集中；华南、西南、青藏高原地处来自印度洋和我国南海的西南季风雨季中，而长江中下游地区则一般为副热带高压控制下的高温少雨天气，常常出现的伏旱对农业生产影响很大，及时蓄水防旱在此时显得十分重要。农谚有“伏天的雨，锅里的米”之说。这时出现的雷雨、热带风暴或台风带来的降水虽对水稻等农作物生长十分有利，但有时也会给棉花、大豆等旱农作物及蔬菜造成不利影响。

有些年份，小暑节气前后来自北方的冷空气仍然较为强劲，在长江中下游地区与南方暖空气狭路相逢、势均力敌，出现锋面雷雨。有谚语云：“小暑一声雷，倒转做黄梅。”小暑时节的雷雨常是“倒黄梅”天气的信息，预示雨带还会在长江中下游地区维持一段时间。

小暑时节，除东北与西北地区收割冬、春小麦等农作物外，农业生产上此时主要是忙着田间管理。早稻处于灌浆后期，早熟品种在大暑前就要成熟收割，要保持田间干干湿湿。中稻已拔节，进入孕穗期，应根据长势追施肥，以促穗大粒多。单季晚稻正在分蘖，应及早施好分蘖肥。双晚秧苗要防治病虫，于栽秧前五七天施足“送嫁肥”。

小暑时节，我国广大地区还应及时预防雷暴这种危害极大的异常天气现象。

雷暴是一种强烈的天气现象，是积雨云云中、云间或云地之间产生的一种放电现象。雷暴发生时往往雷鸣电闪。有时也可以只闻雷声，是一种中小尺度的强对流天气现象。出现时间往往以下午为多，有时夜间因云顶辐射冷却，云层内温度层结变得很不稳定，云块翻滚，也可能出现雷暴。产生雷暴天气的主要条件是大气层结不稳定。对流层中，上部为干冷平流，下部为暖湿平流，最易生成强雷暴。强雷暴常伴有大风、冰雹、龙卷风、暴雨和雷击等，是一种危险的天气现象。它不仅会影响飞机等的飞行安全，干扰无线电通信，而且还会击毁建筑物、输电和通信线路、电气机车、击伤击毙人畜，引起火灾等。及时做好预防雷暴的工作，看来是千万麻痹不得的！

谚语里的小暑

一、反映天气与物候的

小暑天气热，不知到哪儿歇。

小暑一声雷，倒转做黄梅。

小暑交大暑，热得无处躲。

大暑小暑，灌死老鼠。

坏了小暑，淹死老鼠。

小暑北风水流柴，大暑北风天红霞。

小暑大暑，热无钻处。

小暑大暑，有米不愿回家煮。

小暑东北风，大水淹地头。

小暑东风早，大雨落到饱。

小暑东南风，三车（牛车、风车、脚车）都勿动。

小暑风不动，霜冻来得迟。

小暑，一日热三分。

小暑过热，九月早冷。

小暑南风大暑早。

小暑南风十八朝，晒得南山竹也焦。

小暑怕东风，大暑怕红霞。

小暑少落雨，热得像火炉。

小暑无雨，饿死老鼠。

小暑无雨，十八天南洋风。

小暑无雨十八风，大暑无雨一场空。

小暑西北风，鲤鱼飞上屋。

小暑西南淹小桥，大暑西南踏人腰。

雨搭小暑头，二十四天不断头。

雨落小暑头，河里断了流。

二、反映农事活动的

小暑天气热，棉花整枝不停歇。

大暑前，小雨后，庄稼老头种绿豆。

霉里芝麻莳里豆，小暑里头种赤豆。

小暑不淋，干死竹林。

小暑不热，五谷不结。

小暑不种薯，立伏不种豆。

小暑吃芒果。

小暑吃黍，大暑吃谷。

小暑打雷，大暑打堤。

小暑管玉茭，人工授粉好。

小暑过后十八天，庄稼不收土里钻。

小暑后，大暑前，二暑之间种绿豆。

小暑见个儿，大暑见垛儿。

小暑节，筑塘缺。

小暑起南风，绿豆似柴篷。

小暑起燥风，日日夜夜好天公。

小暑一声雷，晒谷搬去又搬回。

小暑收大麦，大暑收小麦。

小暑头上一点漏，拔掉黄秧种绿豆。

小暑无青稻，大暑连头无。

节到小暑近伏天，天气无常雨连绵。

有的年份雨稀少，高温低温呈伏旱。

立足抗炎夺丰收，防涝抗旱两打算。

夏播作物间定苗，追肥治虫狠锄田。

春苗中耕带培土，防治病虫严把关。

棉花进入花铃期，修治追榜酌情灌。

预防中暑和中毒，掌握两早和两晚。

毛巾肥皂随身带，长裤长褂身上穿。

空闲地上种蔬菜，头伏萝卜不容缓。

雨季造林好时机，精细认真管果园。

冬修榆树夏修桑，修整白杨于伏天。

村村户户沤绿肥，肥堆如山麦增产。

割晒青草好时机，牲口冬季之“美餐”。

伏天牲口保好膘，秋天种麦不为难。

鱼长三伏猪三秋，增饵防病是关键。

三、反映养生的

小暑黄鳝赛人参。

六月六

六月六日，古称“天贶（kuàng，赐，赏赐）节”，始自宋真宗大中祥符年间。

宋真宗赵恒景德元年（1004年）闰九月辽军攻宋，十一月主力进抵澶州（今河南濮阳市）城下。宋宰相寇准力排王钦若、陈尧叟南迁逃跑之议，促真宗御驾亲征。十二月（1005年1月）宋辽议和，宋屈辱地许给辽岁币银绢三十万。史称“澶渊之盟”。景德三年（1006年），王钦若谮寇准，谓准于澶州之役以帝为“孤注”，准于是罢相。真宗听信王钦若，造作“天书”，准备举行封禅事，号为“大功业”。又以所制造的景德四年（1007年）正月初三的“天书降”事件，改元为大中祥符元年（1008年）。并于是年十月东封泰山，十一月二十日诏以正月三日天书降日，为“天庆节”。至大中祥符四年（1011年）又将北祭祀汾阴后土。正月初七（辛巳），诏执事汾阴，懈怠者，罪勿原。至二十二日（丙申），宋真宗又下诏：以六月六日天书再降日为“天贶节”。

自制造天书后，宋真宗这位皇帝老儿把他的主要精力都用在了鬼神祭祀的活动上，一再制造新的“天书”“符瑞”骗局以粉饰太平。此即所谓“以神道设教”糊弄百姓。至于朝政，他就没有任何建树了。

到六月六这个所谓“天贶节”，虽然宋真宗这个皇帝老儿下令为“天贶节”，以示皇恩浩荡、国泰民安，到了这天，皇帝老儿还要带领文武百官行香祭拜，以待天瑞，但这个节日传至民间失去原意则是必然的。

在我们中原，从古以来六月节就是一个广大农民庆丰收的节日。六月初一，年将过半，这恐怕就是称其为“小年下”“半年节”的缘由。六月初，夏收夏种已近结束，田里这时也没什么急活必须干。人们经过八九个月辛劳麦子收成还好。就当时讲，吃的先不用发愁，而农民们紧张、劳累的心也得到了几天的放松。另外，为感谢神灵祖先的庇佑，感谢土地的赐予，庆贺一下，理所当然。至于用新麦面蒸笼馒头，炸点油馍、面托，吃顿韭菜鸡蛋馅新麦面包的饺子，也是在情理之中的。如果是清早，你到村里走一走，就会有鞭炮的阵阵脆响传入耳中，淡淡的爇香的气息向你的鼻孔袭来，这大概是家家的主妇们在向祖先神灵及土地祈祷，以庆麦子入仓和大秋丰收吧。

六月六，中午除吃顿饺子，吃顿捞面条，吃顿炒面也可以，这叫“吃硬食”。据说吃了硬食水分少，可克洪涝灾害。吃炒面时，多将炒面下入沸汤内。添上红糖以治泻肚、祛湿热、除目疾、止腹痛。即使同是六月六吃的炒面，周口一带民间就有特殊要求：一是必须在这天天不亮时炒制，二是炒制者一定要不穿衣服光着肚皮。说是不如此，那炒的面就不治病了。

但在汝南、上蔡一带民间六月六吃炒面却有着浓重的英雄崇拜意味。宋高宗赵构绍兴十年（1140 年）六月，岳飞挥师进军中原，士气高涨，民众拥护，屡战屡胜，失地不断收复。张宪、姚政率前军和游奕兵军直抵光州，转向顺昌，胜利解顺昌之围。张宪率部折向西北，袭取蔡州、牛皋所领左军败金人于宋西路，又攻克鲁山，挥兵东向，与大军会合。统领孙显于陈州、蔡州界内，大破金人排蛮子千户所部。

岳家军北进中原，一路势如破竹，老百姓则欢欣鼓舞。岳家军收复蔡州时，蔡州群众更是纷纷将大量炒面送至军前表示慰问。岳飞被冤杀，天下莫不痛之。于是这一带民间六月六吃炒面就更有纪念岳飞这位民族英雄的意味了。

六月六这天，中原女儿多去走娘家，这叫“望夏”“瞧夏”，要说是什么节、有的就直称“闺女回娘家节”了。

“望夏”时，出门的闺女尤其是结婚未满三年的闺女要偕女婿一起回娘家探望父母。探望时要以新麦面所做的蒸馍、糖包及油炸食品做礼品。六月六这天，无论是嫁出去的小闺女、老闺女都要回娘家探望父母。“割罢麦，打罢场，谁家闺女不瞧娘!”兴的就是这个。可也怪，这天也有父母带着礼物去瞧闺女的。许昌、漯河一带，父亲或伯、叔在这天得去看望过门未满一年的女儿，去时须多备纸扇两把，俗称“送扇子”。

古以“六”为吉数，六月六，两个六相叠，岂不吉上加吉!于是大路上探亲访友的多，家里老人在这天给小儿女订婚的也不少。在豫南，婆家还要请已订婚未过门的媳妇来家小住，届时还一定得给她添上新衣以增深感情。这叫“看麦收”。

“六月六，晒龙衣”。这一天，传说老龙王也要出来晒鳞片哩。既然如此，人们仿照老龙王将自己的衣物拿出来晾晒一番，以驱潮气有何不可！不过也有讲究，晒时一定要将老人的“送老衣”也拿出来晾晒一番，这样就能够给老人增寿了。在开封居住的满族同胞，他们旧时的风俗更别致。每逢六月六这天，还要将放置于墙柜内的祖先皮塑和骨灰盒捧出，置于日下暴晒，俗称

"晒祖"。至于寺庙的和尚要晒经卷，书香之家要将书籍搬出来晾晒一番也就不足为怪了。

三伏乘朝爽，闲庭散旧编。
如游千载上，与结半生缘。
读喜年非耋，题惊岁又迁。
呼儿勤检点，家世只青毡。
——清·潘奕隽

"世上百病皆可治，唯有书痴不可医。"你看这位老书生，他说读书就仿佛在同千年前的圣贤仁人对话，书生与书结下了不解之缘。他说喜的是自己还不到七老八十还能读书，但是打开书本瞧瞧，却只见旧题未见新签了。惭愧！

"东西不同风，南北不同俗。"在河南三门峡一带，20世纪50年代前民间还要在六月六这天给新亡故的老人奠汤送单衣。届时，凡未过一周年的新丧，孝男孝女们都要用罐或壶，盛以带汤的饺子，到坟上烧纸祭奠，以示送单衣。然后将饺子埋于坟墓四角，汤洒于坟的周围，以示怀念。其实，这种奠汤的风俗同"瞧夏""望夏"之俗的本质有类似之处。"慎终追远""事死如事生"，只是表现形式有所不同罢了。

别样的六月六

说起时令节俗，南北东西无论怎么不同，皆无非是敬长、敬神、敬先人及利乐自己之身心这四项。

"割罢麦，打罢场，哪有闺女不瞧娘！"这种"望夏""瞧夏”的风俗在于“敬长”；而当人们对大自然没有或缺乏科学认识时，总认为冥冥之中总有种异己的神秘的超自然的力量，在操控着大自然，也操控着自己的命运，这就是所谓神，于是人们就造出了种种的“神”，并向它跪拜祈祷起来。伏日，古人说伏是“隐伏避盛暑”的意思。伏日祭礼，远在先秦已见著录。古书上说，伏日所祭，“其帝炎帝，其神祝融”。炎帝传说是太阳神，祝融则是炎帝的玄孙火神，传说炎帝让太阳发出足够的光和热，使五谷孕育生长，从此人类不愁衣食。人们感谢他的功德，便在最热的时候纪念他，因此就有了“伏日祭祀”的传说。而到后来，什么祭礼都出现了，比如六月六祭虫王，并形成什么“虫王节”，以祈求人畜平安，生产丰收就是一例。东北辽宁孟州的八腊庙会，北京善果寺的数罗汉活动，山东泰山脚下的东岳庙会都有这个意思。其他一些地方虽不及这几个地方活动盛大，可到六月六这天，到小庙里给“虫王爷”“瘟神爷”烧几炷香却是常有的事。

六月六还有些风俗也很有意思。杂技班里的大象被驯养而且为人劳作，在六月六这天也颇受优待，人们为它洗澡，供给好的饲料。而到广西壮族，六月六被认为是“牛魂节”，牛也享受了同大象一样的待遇。这一方面使我们看出了人们“民胞物与”的广阔胸怀；另一方面我们也深感有自然崇拜泛神论的因素存在。牛、马也小觑不得，古代就有“铁牛扶汉主，泥马渡康王”的传说，牛、马都是牛王爷、马王爷的属下，且为人劳作。逢年过节，向牛王爷、马王爷上香，优待一下牛、马，自是理所当然。至于大象，更了不得，它可是佛国普贤菩萨的坐骑，是吉祥的象征，对它另眼相看自是应该。更何况无知如石磨、碾盘之物还被人称为白虎、青龙，过年时还受人一炷香呢，那就别再说人逢六月六给大象、黄牛洗澡的事了。

六月六还要上坟，或在伏天祭祖。上坟祭祖大概是流传了几千年的民俗吧。从这里可以了解中华民族“慎终追远”“事死如事生”这种传统观念及习俗可谓源远流长，至今而不衰。也就因此，“数典忘宗”被人鄙视，是大逆不道的。

往往大型的民俗活动，都有盛大的娱乐活动伴随始终，这与其说是娱神灵、娱先人，还不如说人们趁这个机会在利乐自身，当然也有以六月六这个日子，形成大规模以娱乐为目的的民俗活动的。如贵州松桃地区以赛歌为中心的“赶歌节”，同时又是苗家人表达爱情、选择情侣的主要方式，节日当天，小伙子们吹奏芦笙、唢呐、笛子等乐器奔向歌场，姑娘们穿着绣着名花彩蝶、镶着宽大花边的衣服，佩戴闪光耀眼的银饰，相伴来到歌场，以村寨为单位集体对歌，经过反复较量，产生深受大家爱戴的“歌王”。而在我国西北甘肃、宁夏、青海地区，从六月六开始要举行为时五天的“花儿会”。“花儿”是一种民歌，其歌词大多是即兴编成，形式有独唱、对唱，内容则丰富多彩。在“花儿会”期间，人们各着自己本民族特色的服装，带着帐篷、大饼赶来赴会。会上，大家互相赛歌以使心灵沟通，不少著名艺术家慕名而来采风，写作品、撰文章，“花儿会”的影响也因此而扩大，如今已成为驰名中外的歌唱盛会了。

所谓“神灵”是人们自己制造出来的，尤其是对“瘟神”“虫王”之类，一方面对它叩头礼拜，敬畏有加；另一方面又恨得它牙痒痒。公然亵渎则不大敢为，但拿其开涮则是常有的事。求雨而不下雨，干脆将神像抬到烈日下暴晒一通，让神也尝尝被烈日暴晒是何种滋味。住在广东、广西、云南、贵州及湖南的瑶族同胞，是将六月六作为传统节日“半年”来过，其目的也同其他民族一样希望人畜无灾，五谷丰登。过“半年”同岁终过年一样，瑶族人都要撒石灰、放响炮、贴对子、杀鸡杀鸭。据说瑶族人民就用这法子使得奉玉帝之命要留在这里一年的温神提前滚了蛋！

你说人们信神吗，或者说是不信呢？其实信与不信都存在于人们心灵之中。但是，我们坚信总有那么一天，随着科学的发展，随着人们掌握自身命运能力的增强，各式各样神的偶像，最终会被人们从心灵深处把它打碎的。不是吗！

“三伏”及其民俗

“三伏”是一年中最热的季节。据《史记正义》释：“伏者，隐伏避盛者也。”历书中的“三伏”则是根据节气和干支纪日相结合来编排的。“夏至”后第三个庚日为“初伏”，那天民间称为“入伏”或“暑伏”；第四个庚日为“中伏”“立秋”后的第一个庚日起的十天为“末伏”。从入伏，至末伏终结皆谓“伏日”，但有时则专指“三伏”中祭祀那一天，《汉书·东方朔传》：“伏日，诏赐以官肉。”又《郊祀志》上：“作伏祠。”颜师古注：“伏者，谓阴气将起，迫于残阳而未得升，故为藏伏，因名伏日也。立秋之后，以金代火、金畏于火故至庚日必伏。庚，金也。”如果五个庚日出现在立秋之前，则第四个到第五个庚日间的十天仍属中伏，至第六个庚日起为末伏始终。如2017年就有这种情况，这一年6月21日夏至，第一个庚日是6月22日，第二个庚日是7月2日，第三个庚日是7月12日，故7月12日为“初伏”，7月22日为“中伏”。因第五个庚日8月1日在8月7日立秋之前，所以第四个到第五个庚日之间的十天仍属“中伏”，这样“中伏”就是整整二十天，直到第六庚日8月11日起为末伏才开始终结，那么，伏日就得有难熬的四十天了。

“三伏”同农事紧密相关，“三伏”热，热了好，“该热不热，五谷不结”；“头伏萝卜，末伏芥”。要晓得白萝卜、胡（红）萝卜是一般人家冬储菜的主要品种，要抓紧伏天这个农时，否则冬天就可能没有（其起码是少了）菜吃。其他如“三伏”的农谚还有很多，如：

伏里不肯晒面皮，寒冬腊月饿肚皮。

伏里九里多攒粪，来年五谷憋破囤。

伏里草，锄了好。

伏里犁三遍，缸里有白面。

伏里深耕田，赛过水浇园。

伏里没雨，谷里没米。

伏里深耕加一寸，胜过来年上层粪。

并且“三伏”也同人们的饮食风俗相关，“三伏”中也就是把入伏那天算作节日，那天吃顿饺子，也可说是以此来消解“苦夏”。入了伏，天气愈来愈热，食欲不振那是常事儿，过“三伏”而瘦下几斤也不稀罕。郑州地区是入伏吃饺子，而徐州地区则是“彭城伏羊一碗汤，不用神医开药方”。饺子也好，新麦饼、羊肉汤也好，无非为了解馋开胃。

“头伏饺子二伏面，末伏摊饼炒鸡蛋”。热在中伏，伏天吃面可谓由来已久，《魏氏春秋》说：“伏日食汤饼，取巾拭汗，面色皎然。”这是三国时期，到南朝宗懔《荆楚岁时记》则是“六月伏日食汤饼，名为辟恶”。五月是恶月，六月亦沾恶月的边，故也应“辟”。伏天还可能吃水面、炒面，所谓炒面是用锅将面粉炒热，然后用水加糖拌着吃，此吃法，早在汉代就有，至唐宋更盛，不过这时是先炒熟麦粒，再磨面而食之。唐代医学家苏恭说炒面可解烦热、止泻，有实大肠之功效。

附带说一句，所谓“汤饼”，可能是面条一类。但又不似面条、汤饼，又名馎饦。《齐民要术·饼法》云：“馎饦，挪如大指许，二过一断，若水盆中浸，宜以手向盆旁挪使极薄，皆急火逐沸熟煮。”是不是同今日郑州烩面之做法有点相近，那就非我等所知也！

诗里的小暑

消暑

唐·白居易

何以消烦暑，端居一院中。

眼前无长物，窗下有清风。

热散同心静，凉生为室空。

此时身自得，难更与人同。

这是一首五言律诗，主旨是写一种消暑之方，也即一种炎夏养生之方，其核心在于炎炎夏日如能调理心境，暑热自会削减。

诗首联“何以消烦暑，端居一院中”，仿佛诗人要给人们开出

“消烦暑”的方子。至于你端坐在“一院中”、一室中皆关系不大。

白居易所开出的消暑方子蕴含在颔联与腹联这四句诗中：

> 眼前无长（zhàng）物，窗下有清风。
>
> 热散同心静，凉生为室空。

这四句诗，颔联、腹联二句皆自为因果，“窗下”之所以“有清风”，是因为诗人“眼前无长物”，也即自身养生之外无多余之物。夜眠不过八尺，何需广厦千间！三餐不过养生疗饥，何需美肴佳馔！衣物不过遮丑避寒，何需丝绸高档！如果尽是追求满足一己私欲之物，而且还要置于眼前自我陶醉自我欣赏一番，或者向人显摆一通。“窗下”哪里还会有“清风至”呢？

炎夏养生，重在养心。《医书》云：“善摄生者，不劳神，不苦形，神形既安，祸患何由而至也。”《素问·四气调神大论》亦云：“使志无怒，使华英成就，使气得泄，若所爱在外，此夏气之应，养长之道也。”白居易说：“热散同心静，凉生为室空。”仔细想来，患得患失而心会愠怒，争长论短而气郁结于胸，除个人之利害，世间无自己关心之物，此等人哪里会“心静”！别说是炎夏，即使是寒冬，他也是“烧燥”得不行。元朝那个马致远为这种人画了像：“蛩（蟋蟀）吟罢一觉才宁贴，鸡鸣时万事无休歇，争名利何年是彻！看密匝匝蚁排兵，乱纷纷蜂酿蜜，急攘攘蝇争血。”“热散同心静，凉生为室空”是养生之道，里面又蕴含着多少深刻的哲理啊！

白居易这一生有过奋斗，有过坎坷，有过闲适，也有过感伤，此等人生哲理“此时身自得”，这倒是句老实话，“难更与人同”，倒不见得。我等不如白居易远甚，然愿学焉！

暑中闲咏

宋·苏舜钦

嘉果浮沉酒半醺，床头书册乱纷纷。

北轩凉吹开疏竹，卧看青天行白云。

这是一首七言绝句。

树上的好果子随着风忽高忽低地摆动着，这时诗人酒已是喝得半醺，床头上那些本来摆放得整整齐齐的书册已是乱纷纷，北窗外那一丛竹子青葱葱的，凉风吹入，它们就改变了稍微丛聚的状态，难道你们这些竹子也想摆脱丛聚的状态而趁风各自散开取凉吗！一阵凉风入室，床头书册因而纷乱，北窗疏竹因而开散，诗人呢?“卧看青天行白云”，炎暑难耐，书册劳形；此时好一阵凉风吹来，书册虽因风而乱并不在意，然几杯酒刚下肚正解心中愁烦，那满树的嘉果，那稍稍丛聚的竹子也因风而“浮沉”、而“开疏”，它们也仿佛因暑热难耐而想趁风闲散一下。万物同我，我同万物，万物同我一体。“卧看青天行白云”的心境，是闲散的而不是忙碌的，是适意的而不是愁烦的，诗人同万物一样，享受着这凉吹带来的暂时的清凉与舒适。

半醉的诗人一开始是以喝酒解夏日及书牍带来的愁烦，而从“嘉果浮沉”，始至“书册纷乱”，再至“风开疏竹”，这样诗人的视线从室外至室内，再至室外，而回归室内“卧看青天行白云”，这是一个风微而至使人感到清凉适意的过程，也是诗人从一开始微觉“嘉果浮沉”到最后“卧看”，丢开书牍，尽情享受这一阵暂时清凉的过程。于此诗人从“嘉果”“书册”“疏竹”与凉风的关系中将其写活了，也将诗人的心灵活动活泼泼地呈现在了我们面前。诗人造语平淡已极，用了寥寥二十八个字，就写出了一种一阵清凉的境界，其功力看来是不浅的。

小暑与养生

小暑时节养生有四招，具体介绍如下。

第一招是平心静气以养心。

小暑时节，天气炎热，人们容易烦躁不安，爱犯困，少精神。所以，对应这一时节的特点，在养生健康方面，应该根据季节与五脏的对应关系，养护好心脏。心为五脏六腑之首，“心动则五脏六脏皆摇”，这就显得心脏之养护尤为重要。

中医认为，平心静气，可以舒缓紧张的情绪，使心情舒畅，气血和缓；既有助于心脏机能的旺盛，也同“春夏养阳”的原则符合。“心静”二字可谓夏季养生之良方。白居易曾有诗歌咏及此：“眼前无长物，窗下有清风。热散同心静，凉生为室空。”少点一已的物欲，胸怀自然坦荡，心自然也就能静得下来。心静自然凉哟！

第二招是饮食清淡，茶水多进。

小暑时节天气炎热，人的神经中枢陷入紧张状态，内分泌也不十分规律，清化能力也弱了，易使人食欲不振，所以要注意饮食清淡，富有营养为宜，可选择带有芳香气味之物，葱、姜、蒜、香菜等，水果如柑橘等以刺激人的食欲，助人体之消化吸收。

水被认为是生命之源。缺食，生命可维持数周，而缺水，人之存活仅数日。小暑时节，气温突然攀升，人体水分易于缺失，必须及时补充。除直接喝水外，喝些绿豆汤、莲子汤、酸梅汤之类，既能止渴散热，又可清热解毒、养胃止泻，不止喝水，喝饮料也可以补水，日常食用一些蔬果，如冬瓜、黄瓜、丝瓜、南瓜、苦瓜等，既补了水又有降低血压、保护血管之效，也挺好。

第三招是防暑。

中暑为夏季所常见。小暑时节之天气特点，尤易使人中暑，所以外出时一定要做好防暑工作，打上遮阳伞，戴上遮阳帽并不多余。还有一点是上面说过的多补充点水分，再一点午后太阳热辣辣，像下火似的，那时你就不要再外出了。

第四招是不要贪凉冲凉水澡，也不可多进冷食。

小暑时节天一热，人们对冷饮、冰淇淋、雪糕、冰镇饮品往往兴趣大增、食欲大长，但要记住千万不可多食!

有的人从外头一回来就去冲澡，还喜欢用凉水冲澡，甚至冲后，还大喊："痛快!"

殊不知，这些对身体健康非常不利，如果因此引发身体不适，埋下健康隐患，可就太不值得了。

十二　大暑，热气难熬，万物荣华

大暑，二十四节气中的第十二个节气，每年7月23日前后太阳到达黄经120°时开始。《月令七十二候集解》："六月中……暑，热也，就热之中分为大小，月初为小，月中为大，今则犹大也。"《通纬·孝经援神契》："小暑后15日斗指未大暑，六月中。小大者，就极热之中，分为大小。初后为小，望后为大也。"但《管子·度地》从另一角度则说："大暑至，万物荣华，利以疾薅，杀草薉（huì，荒芜、杂草）。"总而言之，大暑节气正值中伏前后，是一年中最热的时期，气温最高，"万物荣华"，农作物也生长最快，大部分地区的旱、涝、风灾也最为频繁，抢收抢种，抗旱排涝和田间管理等任务很重。《管子·度地》"利以疾薅，杀草薉"之论，还是基本符合当时农田管理的实际的。

我国古代将大暑分为三候："一候腐草为萤；二候土润溽暑；三候大雨时行。"萤火虫的种类约有两千种，分水生与陆生两类。陆生的萤火虫产卵于枯草上，大暑时，萤火虫卵化而出，所以古人认为萤火虫是腐草变成的；第二候是说天气开始闷热，土地也很潮湿；第三候是说时常有大的雷雨出现。

谁人不知，"热在三伏"。大暑一般处在三伏里的中伏阶段。这时我国大部分地区处在一年中最热的阶段，而且全国各地温差也不大，刚好与谚语"冷在三九，热在中伏"相吻合。大暑相对小暑，顾名思义，更加炎热。在《1971—2000年中国地面气候资料》中，从最近30年8月极端气温统计中可以看到，有一部分省区7月的极端气温出现在7月下旬，而绝大部分省区8月的极端气温值出现在8月上旬，刚好都出现在7月下8月上的大暑时期。这就是所谓"七下八上"，而这正是北方汛期的关键词。这一时期，我国北方地区如华北（内蒙古、河北、山东、北京、天津）、黄淮地区（山东、河南）、东北南部以及位于黄土高原的陕、甘、宁部分地区，暴雨天气相对集中，给农作物补充急需的水分，不为无益。但是若同时出现强对流天气及过量的雨天，而致形成一些地区洪涝和泥石流灾害，就真的该抗涝防汛，作出强有力的应对措施了。

大暑期间的高温是正常的气候现象。此时如果没有充足的光照，喜湿的水稻、棉花等农作物生长就会受到影响。但连续出现长时间的高温天气，对水稻等作物成长十分不利，长江中下游地区有这样的农谚："五天不雨一小旱，十天不雨一大旱，一月不雨地冒烟。"可见，高温少雨是伏旱形成的催生条件，伏旱区持续的大范围高温干旱的危害有时大于洪涝。除长江中下游地区需要防旱外，陕、甘、宁，西南地区东部，特别是四川东部、重庆等地也要防旱。

"禾到大暑日夜黄"，对我国种植双季稻的地区来说，一年中最紧张、最艰苦、顶烈日战高温的"双抢"战斗已拉开了序幕。俗话说"早稻抢日，晚稻抢时""大暑不割禾，一天少一箩"，适时收获早稻，不仅可减少后期风雨造成的危害，确保丰产丰收，而且可使双晚适时栽插，争取足够的生长期。要根据天气的变化，灵活安排，晴天多割，阴天多栽，在 7 月底以前栽完双晚，最迟也不能迟过立秋。酷热盛夏，水分蒸发特别快，尤其长江中下游地区正值伏旱期，旺盛生长的作物对水分的要求更为迫切，真是"小暑雨如银，大暑雨如金"。棉花花铃期叶面积达一生中最大值，是需水的高峰期，要求田间土壤湿度占田间持水量的 70%—80%，低于 60% 就会受旱而导致落花落铃，必须立即灌溉。要注意灌水不可在中午高温时进行，以免土壤湿度变化过于剧烈而加重蕾铃脱落。大豆开花结荚也正是需水临界期，对缺水的反应十分敏感。农谚说"大豆开花，沟里摸虾"。若出现旱象，应及时浇灌。

黄淮平原的夏玉米一般已拔节孕穗，即将抽雄，是产量形成最关键的时期，要严防"卡脖旱"的危害。

谚语里的大暑

一、反映天气与物候的

大暑大雨，百日见雨。

大暑到，暑气冒。

大暑前后，晒死老鼠。

大暑前后，衣裳湿透。

大暑热，秋后凉。

大暑热不透，大热在秋后。

大暑热得慌，四个月无霜。

大暑小暑，灌死老鼠。

大暑小暑，热煞老鼠。

大暑小暑，有米懒煮。

大暑小暑不是暑，立秋处暑正当暑。

大暑小暑六月中，酷暑烫天热煞人。

大暑展秋风，秋后热到狂。

三伏大暑热，冬必多雨雪。

小暑不见日头，大暑晒开石头。

小暑不算热，大暑正伏天。

冷在三九，热在中伏。

小暑大暑不热，小寒大寒不冷。

小暑到大暑，十有九天雹雨走。

小暑交大暑，热来无钻处。

小暑南风十八潮，大暑南风点火烧。

二、反映农事活动的

大暑不割禾，一天少一箩。

大暑天，三天不下干一砖。

大暑不浇苗，到老无好稻。

大暑不暑，五谷不起。

大暑无雨秋边旱。

大暑大落大死，无落无死。

大暑到立秋，割草沤肥正时候。

大暑到立秋，积粪到田头。

大暑后插秧，立冬谷满仓。

大暑连阴，遍地黄金。

有钱难买五月旱，六月连阴吃饱饭。

大暑前，小暑后，两暑之间种绿豆。

大暑热，田头歇，大暑凉，水满塘。

大暑深锄草。

大暑无汗，收成减半。

大暑无酷热，五谷多不结。

大暑小暑，苞谷锅里煮。

大暑小暑，遍地开锄。

大暑早，处暑迟，三秋荞麦正当时。

伏儿不肯晒面皮，寒冬腊月饿肚皮。

伏儿九儿多攒粪，来年谷儿憋破囤。

伏旱不算旱，秋旱减一半。

伏里草，锄了好。

伏里锄一锄，能加一碗面。

伏里犁三遍，缸里有白面。

伏里深耕田，赛过水浇园。

伏天没雨，谷里没米。

伏天深耕加一寸，胜过来年上层粪。

伏天踢一脚，如同秋天刨一镢。

禾到大暑日夜黄。

小暑大暑七月间，追肥授粉种菜园。

小暑小食，大暑大食。

早稻不见大暑脸。

三、反映养生的

冬吃萝卜夏吃姜，不用医生开药方。

大暑老鸭胜补药。

[附] 农事歌谣一首

大暑处在中伏里，全年温高数该期。

洪涝灾害时出现，防洪排涝任务急。

春夏作物追和耪，防治病虫抓良机。

玉米人工来授粉，棒穗上下籽粒齐。

棉花管理须狠抓，修追治虫勤锄地。

顶尖分次来打掉，最迟不宜过月底。

大搞积肥和造肥，沤制绿肥好时机。

雨季造林继续搞，成片零星都栽齐。

早熟苹果拣着摘，红荆棉槐到收期。

高温预防畜中暑，查治日晒（病）和烂蹄（病）。

水中缺氧鱼泛塘，日出之前头浮起。

矾水泼撒盐水喷，全塘鱼患得平息。

观莲节，六月二十四

观莲为节，自在历书；由气象出版社出版之《新编通用万年历》（1801—2060年）一书，1912—2060年这148年间，每年之夏历六月二十四日，必标“观莲”二字于其下。无他，皆为每年夏历的六月二十四日这一天，为中国汉民族传统的观莲节日。民间以此日为荷花生日，最晚在宋代，对此已有所著录。至明，民间即有荷花生日之称了。水乡江南，逢此日举家赏荷观莲，已是盛大的民俗节日活动。泛舟赏荷，笙歌如沸，百代流传，荷香遍染。于是观莲节就成为汉民族最富浪漫情调也最美丽的节日之一。

早在东汉就成作的《古诗十九首》就有“涉江乘芙蓉，兰泽多芳草”的唱词，而至唐，简直为芙蓉，亦即为莲花奏出了婉转美丽的联唱：李白道：“清水出芙蓉，天然去雕饰”；高蟾道：“天上碧桃和露种，日边红杏倚云栽。芙蓉生在秋江上，不向东风怨后开”；申时行道：“碧治停寒玉，红蕖映绿波。妆疑朝日丽，香逐晚风多”。的确，荷花在中国传统文化中，是一种非常独特的花卉，集花香、叶香于一身，亭亭玉立，出淤泥而不染，为历代文人骚客吟咏不衰。唐代如此，至宋代亦复如此。在苏轼笔下，是“荷背风翻白，莲腮雨褪红”；在杨万里笔下，则是“接天莲叶无穷碧，映日荷花别样红”。荷花以其独具的风姿神韵，更被赋予了内在独有的君子品质：“出淤泥而不染，濯清涟而不妖”，“莲，花之君子者也”。莲之气质，通透、洁净、澄明如水，是理想人格品质的象征。

而在中医和我国饮食文化中，荷花也占有特殊的地位，荷叶清热解暑；荷花活血化瘀；莲须清心固肾；莲子清心安神、养心补肾，莲可生、可熟、可药，被李时珍称为“灵根”。“冷比雪霜甘比蜜，一片如口沉疴痊”，这是诗人对它的赞誉。

莲花又被称作佛教的象征物，大佛小佛，大菩萨小菩萨皆坐于莲台之上，皆喻佛法之清静无染。

莲花又蕴含着人们对美好爱情、子孙繁衍的幸福愿望。莲花，既有独特的外在之美，又有大益于人的内在之美，二者和谐统一，与人们的物质生活与精神生活存在紧密的关联，从而形成了中国传统文化中美轮美奂的“荷文化”。

六月江南，荷花盛开，赏荷、采莲成为流行的民俗活动，并进一步将六月二十四日演绎成了荷花的诞辰。

何处可乘莲？何处可消夏纳凉？

北京圆明园的荷花不可不看，杭州西湖的荷花更受到唐宋诗人如白居易、苏东坡、柳永等大家的点赞，为我们留下了不少美丽的诗句；济南大明湖的荷花也不错，那可是被刘鹗写进了小说《老残游记》里去的。其他如山东济宁的微山湖、湖北的洪湖、云南昆明五华山西麓的翠湖、四川新都区城南的桂湖、广东肇庆市北的沥湖皆负盛名。听说湖南的洞庭湖、扬州的瘦西湖、河北的白洋淀、承德的避暑山庄、中国台湾台南县白河镇的荷花也挺不错。若有机会到各处瞧瞧，恐怕也是挺惬意的吧。

“六月荷花水上开”“六月荷花洒池台”，夏历六月，正是炎热酷暑时节，看来荷花并未一味清静，还有她极为热烈的一面呢。不是吗！

火把节，六月二十四

火，于人能为福亦能为祸，故从远古至今，人们往往对火这种自然物存有敬畏之心。对火人格化、神幻化，于是人们就造出了司火之神，过去的年代从通都大邑到穷乡僻壤都有火神庙，也都有祭祀火神的风俗。庙里的火神红面孔红胡须一脸凶恶的样子，并且还长着六只胳膊，分别拿着弓箭、宝剑、火葫芦等杀人放火的工具，的确挺吓人的。

这火神是谁?《山海经》上说是祝融，《墨子·非攻》（下）说成汤伐夏时，“天命融隆（降）火于夏城西北之隅”。《尚书·大传》《太公金匮》还载有祝融等七神助周灭商的传说。《淮南子·时则训》:“南至委火炎风之野，赤帝祝融之所司者万二千里。”从这些记载来看，祝融堪称火神，不过《左传·昭公十八年》却又说回禄是火神。所以后人们虽无褒贬，也不敢有所褒贬，如此祝融、回禄就又成了火灾的代称。

按五行方位南方属火，与天干之丙丁、地支之巳午相配，按斗建夏历之四、五、六三月，正当孟夏、仲夏以及季夏之时，六月二十二日之火神祭，其时正同火神“南方火德星君”的身份相符。一般火神祭仪从巳时开始，称为午敬，除了供奉鲜花、水果、素馔外，还有寿金金纸和放在桌上的大桶清水，以便善男信女将水取回后洒在屋角，据说可以防火灾。

但是，被称作“东方狂欢节”而蜚声海内外的六月二十四至二十六日节期三天不等的“火把节”，却同六月二十二日对火神的祭祀不同：少了点敬畏，多了点欢乐和对幸福的祝愿。因民族不同而节日活动不同，但点火把活动则无一例外都有。

彝族将火把节又称星回节，“星回于天而除夕”，他们是将火把节当作新年来过的，晚间，或点燃火把照天祈年、除秽求吉，或燃起篝火，举行盛大的歌舞娱乐活动，其他如摔跤、斗牛、赛马等活动也较多，同时节日期间一定还要照例扮演英雄战胜魔王（或天神）的故事传说。以纪念英雄，并以此作为节日活动的一项主要内容。

而云南鹤庆西山片白族、彝族的火把节倒有点别致，他们要“种太阳”。广场中心一大型火把在熊熊燃烧，其北一段朽木被紫草围着，那段易燃的朽木就是太阳的象征物，看！一群人正围着朽木钻木取火呢。无论谁钻木溅出火星，大家都会一拥而上帮着将火点燃起来。以后每人又都会让大火引着自己手中的小火把，并将它拿回家去点燃自家的火塘，这就是所说的“种太阳”。太阳一落山，人们又全聚在打歌场上，在白日燃烧的篝火上再次点燃起大火把，随之绕火把、火堆“打歌”，通宵达旦地对火歌颂个不休。

另一地区的纳西族和白族，则在火把节那天将红花结于大树，这真是“红花火树如炬燃”了，当晚上第一颗星出现在天空，人们都会举着小火把载歌载舞，围着“红花火树”唱颂一通。

可到了普米族那里，这一天要祭颂以身躯当火炬引火种至人间的神灵，来祈求五谷丰登、事事如意。

鹤庆县南坪乡，却要在这天晚上，夜战播种小春作物，老人和孩子们手舞火把，环田歌舞助兴，年轻人则播种于田间。劳动生产与民俗活动融而为一，别有一番风味。

即如汉民族居住地，一般的传统火神祭祀活动，也常常是请戏班子来唱几场戏，或者有其他娱乐活动伴随。娱神呢？还是娱人呢？祭神那天，往往是几千甚至是上万人聚在一起，形成所谓“庙会”，少则一天，多则两天。锣鼓声、鞭炮声，叫卖声以及动听的笙笛与婉转的歌唱完全融合到了一起，并传向远方，仿佛向远方的人们发出了热情的呼唤……

诗赋里的大暑

六月十七日大暑，殆不可过，然去伏尽秋初皆不过

宋・陆游

赫日炎威岂易摧？火云压屋正崔嵬。

嗜眠但喜蕲州簟，畏酒不禁河朔杯。

人望息肩亭午过，天方悔祸素秋来。

细思残暑能多少，夜夜常占斗柄回。

这是一首七言律词。诗首联说赫赫烈日所带来炎暑的巨威，难道就那么容易被摧毁吗？你看，像大山一样正燃烧着的云正向屋顶压过来呢。接着颔联则由一己而思及天下炎暑当头，只好休息。蕲州出产的竹席自是人们喜欢的取凉之物，诗人说他对酒有几分害怕，为什么？因为一端起杯子，就不禁引起对大宋故土河朔之地至今仍被金人蹂躏的不悦的情怀。一居一起，由一己而及

天下国家，好一副家国情怀呀！“位卑未敢忘忧国”，好一个爱国诗人啊！腹联正表现了对那些普通劳动者的关心，“人望息肩亭午过”，那些背扛肩挑的人，也该在酷热的正午歇下肩来，休息一下了，接着诗人就由对人的关心转而求起老天来，“天方悔祸素秋来”，物极必反，炎热酷暑终将为清凉的素秋代替，“天方悔祸素秋来”，在酷暑炎威之下，大自然是善解人意的，“天方悔祸素秋来”，快了，不用多久一定不再受炎热之祸了。

尾联“细思残暑能多少，夜夜常占斗柄回”，斗柄西指，天下皆秋。诗人夜夜常常推算着哪一天立秋，哪一天暑尽，那时天气会带来清凉，那些用背扛用肩挑的人可以减少一点辛劳，自己也可以摆脱这残暑的折磨了。诗人这种盼望残暑祛尽清秋至的心情，是何等的急切啊！

大暑

宋·曾几

赤日几时过？清风无处寻。

经书聊枕藉，瓜李漫浮沉。

兰若静复静，茅茨深又深。

炎蒸乃如许，那更惜分阴。

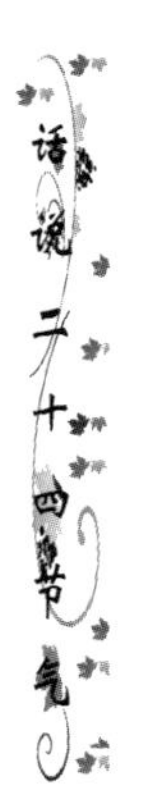

这是一首五言律诗。

开头两句一写对赤日不去而起的烦躁心情，下句写连风吹身都感到起躁。这是对大暑节，从炎日、热风两个特点进行总的描写。颔联二句写自己大暑期间的日常生活，书再也读不下去了，让它们姑且一卷卷一册册地叠着、压着，躺在那里吧，自己这些日子也只是在啃瓜吃李里浮沉。腹联写自己想到寺庙里乘凉。那里固然“静复静”，但那儿环境却也不怎么好，“茅茨深又深”。最后尾联结束全诗：“炎蒸乃如许，那更惜分阴。”每当天上有烈日暴晒，下有溽湿升腾，生活环境竟恶劣至此，哪里还会去更加爱惜一分又一分的光阴啊！

曾几这首五律，的确将大暑节气的气候特征、自己的生活及心态变化，做了形象生动的描写，仿佛使读者身临其境，如见其人，使读者与八九百年前诗人的心连在了一起，产生了共鸣，但论其思想境界，说实话，曾几要比上面那首陆游的诗差一大截了。

大暑赋　三国·魏·曹植

炎帝掌节，祝融司方；羲和按辔，南雀舞衡。映扶桑之高炽，燎九日之重光。大暑赫其遂蒸，率服革而尚黄。

蛇折鳞于灵窟，龙解角于皓苍，遂乃温风赫戏，草木垂干，山坼海沸，沙融砾烂。飞鱼跃渚，潜鼋浮岸。鸟张翼而近栖，兽交游而云散。

于时黎庶徙倚，棋布叶分。机女绝综，农夫释耘。背暑者不群而齐迹，向阴者不会而成群。

于是大人迁居宅幽，绥神育灵。云雾重构，闲房肃清。寒泉涌流，玄木奋荣。积素冰于幽馆，气飞结而为霜。奏白雪于琴瑟，朔风感而增凉。

壮皇居之瑰玮兮，步八闳而为宇。为四运之常气兮，逾太素之仪矩。

为理解方便，将这篇赋文分为五段。

第一段在于运用一系列神话故事，说明大暑的由来：炎帝掌着火的符节，祝融具体掌管四方的火。羲和是为太阳赶车的车夫，他按辔徐行，造成了夏日迟迟，南雀也趁时东西飞舞起来。炎日高照烧灼着大地，原来被羿射落的九个太阳重又以炎光烧燎着人间，大暑以蒸热的巨大威力折磨着尘世，那皇帝的衣冠也顺应时变革去了玄色换成了金黄。

第二段以蛇、龙打头，写因“温风赫戏”而引起一系列物候变化：草木到了干枯的边缘，山被太阳晒裂，海也在烈日烧灼下沸了，甚至沙砾也被烈日烧烂了，烧融化了。鱼呀、龟呀也因为烈日下水中氧气不足而被逼得“跃渚”了，“浮岸”了；鸟儿张翅也飞不高了，只得在近枝上栖下；野兽也不见成群出动而如风起云散了。

第三段写一般老百姓在炎暑下的行迹，人们因追凉不断徙倚，他们为各自找乘凉之地，而像棋子、叶子那样分落在各地，织女停下了纺织，农夫放下了犁锄。逃离炎暑的没有成群却脚步一致，向阴凉地方去的不曾彼此相约却成群结队。

第四段则写达官贵人及皇室成员的避暑生活。他们迁居于深幽的住宅，以便使心灵得“绥”，得“育”，房屋高耸入云，那么多无人住的房子清肃静寂，而居住周围的环境呢？是“寒泉涌流”“玄木奋荣”。简直是凉爽到了极点：“积素冰于幽馆，气飞结而为霜”。而这些达官贵人们皇室成员们，他们或是清歌或是自己弹琴鼓瑟，奏出了高雅的如阴春白雪那样的，只供他们自己听赏的曲调，仿佛夏日吹起北风，增加了凉爽，增加了舒适。

第五段是对皇宫建筑及调节冷热的赞美，用的是骚体，译成现代汉语，大意如下：

皇宫是这样的雄伟豪华富丽啊！
它以八个里门之广建起了屋宇。
春夏秋冬的冷热得到了调节啊！
已是超越了天地形质的规矩。

这篇赋以夸张的铺叙写出了大暑气候的特征，及其相应的物候变化，并写出了一般老百姓的避暑，接着以大肆铺叙写出了达官贵人及皇族成员的舒适的避暑生活。诗人只是将这两种避暑生活平列写出，不加任何评语，但诗人的向往爱好也是很清楚的。到第五段则是对皇家生活的赞美与歌颂了。如果拿梁鸿之《五噫歌》与之相比，其倾向性的差别就是很清楚的了：

陟彼北芒兮，噫！顾览帝京兮，噫！宫室崔嵬兮，噫！人之劬劳兮，噫！辽辽未央兮，噫！

大暑与养生

暑天吃什么可以防晒？

在主食方面，全麦食品具有较强的防晒效果，其中富含的维生素 B 可以有效提高肌肤对阳光的抵抗力和复原能力，减少色彩沉着；而且全麦属粗纤维食物，有消除体内积聚的毒素的作用，可以减少黑斑形成。

单论防晒能力，西红柿是最强的抗晒菜蔬。研究发现，西红柿富含抗氧化的番茄红素，每天摄入 16 毫克的番茄红素，可将晒伤的危险系数下降 40%。因此，如果不想被晒黑，不妨多吃西红柿，熟食比生吃效果更好。

其他如胡萝卜、芒果、木瓜、地瓜、南瓜等，大多含大量胡萝卜素及其他植物化学物质，有助于抗氧化，增强皮肤抵抗力。与此作用相似的还有富含维生素 C 的水果，建议每天吃 2—3 份水果，如猕猴桃、草莓及柑橘之类。特别提醒一下，大暑时节除防晒外，还应特别注意水分的补充，若论此，就该推西瓜为首选了。据了解，吃西瓜不仅能补充人体水分，而且西瓜汁中还含有多种氨基酸，对面部皮肤的滋润、营养、防晒、增白效果也较好。

俗话说“冬补三九，夏补三伏”，家禽肉的营养成分主要是蛋白质，其次是脂肪、微生物和矿物质等，相对于家畜肉而言，家禽肉是低脂肪高蛋白的食物，其蛋白质也属于优质蛋白。可进补之禽肉：一为童子鸡肉。童子鸡体内含有一定的生长激素，对处于生长发育期的孩子以及激素水平下降的中老年人有很好的补益作用。二为鸭。鸭肉性偏凉，有滋补五脏之阳、清虚劳之热、补血行水、滋阴养胃、利水消肿之功效。《名医别录》称其为“妙药”和滋补之上品。三为鸽肉，性平，有补肝肾、益气血、祛风解毒之功效，可气血双补，又可安神，特适合脑力劳动者及神经衰弱者进补。

如果你是高血压或糖尿病患者，那南瓜对你而言可是个好东西。南瓜富含维生素、蛋白质和多种氨基酸，而且以碳水化合物为主，脂肪含量很低，多吃有助于降低血糖和血脂。另外，南瓜还能排毒养颜，爱美的女士可不要错过哟！

大暑期间饮食还是要清淡多样化，多吃营养丰富的果蔬与富含蛋白质的食品，并适当食用姜、葱、蒜、醋。尤其是姜，它能暖胃增食欲，驱除体内寒气。谚语有“冬吃萝卜夏吃姜，不用医生开药方”。这大概是人们的一种经验之谈吧。

最后，建议你每日清晨饮用一杯新鲜凉开水，坚持数年自见益寿之功效。俗话说“人是水浇出来的”，这话不无道理，人体重量70%左右是水，传统养生方法十分推崇饮用冷开水，实验结果表明，一杯普通的水烧开后，盖上盖子冷却到室温。这种冷开水在其烧开并被冷却的过程中，氯气比一般自然水少了1/2，水的表面张力、密度、黏滞度、导电率等理化特性都发生了改变，很近似生物活性细胞中的水，因此容易透过细胞而具有奇妙的生物活性。

在起居上，首先要求睡眠充足，衣料以能吸湿降温的真丝、天然棉料及白支府绸的面料为佳。

如今生活条件好了，家家空调电风扇，谁还会拿着大扇摇个不休，实际上在大暑酷热之时，经常拿一把扇子摇一摇，对于消暑降温，预防疾病，保持身体健康倒是大有裨益的。根据研究表明，只有手指、手腕和关节肌肉的协调运动，才能把扇子摇动起来。天气热时，摇动扇子，不仅可以锻炼手臂上的肌肉，使手关节更加灵活，还能调节身体的血液循环。肩关节因受寒或缺乏锻炼易致肩周炎，而摇动扇子运动肩关节，正可以预防肩周炎呢。

摇动扇子，运动手部肌肉关节，还能让大脑的血管灵活地收缩和扩张，如果老年人常用左手摇动扇子，左手得到锻炼的同时右脑血管也得到了锻炼，使右脑控制的人体左半部分肢体与左脑控制的人体右半部分肢体得到平均，那老年人患脑血管意外病的概率岂不就降低了吗！

一把扇子拿在手中，纳凉时节缓缓摇动，又能消暑降温又能驱赶蚊虫，且又能健康养生，好处真是多多呀！

十三　立秋，开始收获的季节

立秋，二十四节气中的第十三个节气。每年 8 月 8 日前后太阳到达黄经 135°时开始。《月令七十二候集解》："七月节，立字见春（立春，立，建时也）。秋，揫也，物于此揫敛也。"秋，字原作"龝"，后作"秋"。《说文》："秋禾谷熟也。"段注云："其时万物皆老，而莫贵于禾谷，故从禾，言禾复言谷者晐（gāi）包括百谷也。"

我国数千年来以农立国，民以食为天，历代统治者对秋季五谷的收成无一例外，都异常重视。从甲骨文看，殷商时代仿佛只有"春""秋"两个季节，也就是说他们以大秋的成熟收获为中心，连冬季也包括进去了。到了周秦，更是将立秋之日同立春之日一样看待，举行盛大的迎秋（或迎春）大典，据《礼记·月令》所记立秋的前三日，太史觐见天子报告说："某日立秋，天的盛德在五行的金。"天子于是斋戒，到立秋那天，亲自率领三公、九卿、诸侯和大夫到西郊举行迎秋典礼，回来后便在朝廷上赏赐将帅和军人们，而到了宋代，报秋的方式更为别致：立秋这天，宫内要把栽在盆里的梧桐移入殿内。等到"立秋"时刻一到，太史官高声奏道："秋来了！"奏毕，梧桐应声落下一两片叶子，以寓报秋之意。

然而根据气候学以平均气温在 10—22℃为春、秋的标准，在我国除了纬度偏北和海拔较高的地区，立秋时多数地方仍未入秋，仍处在烈日暴晒的炎夏之中。就黄河中下游及黄淮地区而言，谷子穗出不久，刚低下它沉重的头，玉米棒虽挺出了它饱满的肚腹，但缨还红皮还青，玉米粒太嫩而不实，离真正成熟还差个把月呢，可别让贪吃鲜玉米、鲜毛豆的人们给迷惑了眼睛。这时节雨水不少，有时也会旱上两天，这对火里生金的谷子，泥里秀籽的玉米都大有裨益。气温白天没有降低，立秋后加上这个末伏，的确厉害，天仍旧热得难耐，可是关心大秋收成的人们都在说：“该热不热，五谷不结。”谁敢说这“秋老虎”对大秋的丰收没啥贡献呢！

我国幅员广大，地理位置南北有差异，地表以及海拔差异也不小，哪里会都在立秋这天进入秋天！即使黑龙江、新疆北部地区到 8 月中旬也才能够入秋。一般年份，华北地区 9 月上半月才是天高云淡之时。西南北部、秦淮地区到 9 月中旬方感到秋风送爽，等秋风吹至江南，那恐怕就到 10 月初了，至于岭南炎暑顿消，那也得等到 10 月后半月。至于雷州半岛、海南岛北部，一直到 11 月中秋的信息也才可能到达，而被称作“海角天涯”的三亚，到阳历新年才会感到秋天的脚步临近身边呢！

立秋了，华中地区早稻收割，晚稻移栽正忙。而在我国北方、南方的广大地区中稻要开花结实，单季晚稻正圆秆，大豆正在结荚，玉米正抽雄吐丝，棉花正结铃，红薯块儿在地下迅速膨大，它们都迫切需要水分。“立秋三场雨，秕稻变成米”“立秋雨淋淋，遍地是黄金”。立秋以后，阴阳相搏冷热相持不会太久，抓住炎阳未消气温高高的有利时，给晚稻追肥、耘田，加强管理都是当务之急，棉花保伏桃、抓秋桃也是适宜时期，“棉花立了秋，高矮一齐揪”。对长势较差的田块施一次肥，什么打顶呀、整枝呀、去老叶呀、抹赘芽呀都要及时跟上，这样才真是为棉花的正常成熟、吐絮，给了一把力呢！

另外，南方地区茶园的秋耕也该尽快进行，华北地区的大白菜也该抓紧播种。立秋时节也是农作物病虫害高发期，加强防治切不可麻痹大意。再有个把多月，整个华北平原、黄淮平原的小麦就要开播，整地呀，购置肥料呀，这些准备工作都是要预先做好的。“凡事预则立，不预则废”，不是吗！

谚语里的立秋

一、反映天气与物候的

朝立秋，冷飕飕；夜立秋，热到头。

早上立了秋，晚上凉飕飕。

中午立秋，早晨夜晚凉幽幽。

立了秋，枣核天，热在中午，凉在早晚。

秋后加一伏。秋后末伏，鸡蛋晒熟。

立秋三天，寸草结籽。

秋后的蚊子，还能飞几天。

秋后的蚂蚱，还能蹦几蹦。

立秋后，搁锄头；草不薅，自蔫头。

立秋不立秋，六月二十头。

立秋晴，一秋晴；立秋雨，一秋雨。

立秋十八天，寸草皆结顶。

立秋十天遍地黄。

立秋下雨人欢乐，处暑下雨万人愁。

立秋响雷，百日见霜。

立秋早晚凉，中午汗湿裳。

立秋之日凉风至。

六月底，七月头，十有八载节立秋。

秋前北风马上雨，秋后北风无滴水。

秋前北风秋后雨，秋后北风干河底。

秋前秋后一场雨，白露前后一场风。

二、反映农事活动的

雷打秋，冬丰收。

立秋晴一日，农夫不用力。

立秋三场雨，秕稻变成米。

立秋雨淋淋，遍地是黄金。

棉花立了秋，高矮一齐揪（整枝、打顶、去老叶、抹赘芽）。

立秋棉要好，整枝不可少。

立秋雷轰轰，抢割（早稻）莫放松。

立秋荞麦白露花，寒露荞麦收到家。

立秋无雨是空秋，万物历来一半收。

立秋无雨一半收，处暑有雨也难留。

立秋有雨样样收，立秋无雨人人忧。

立秋有雨一秋吊，吊不起来就要涝。

立秋种芝麻，老死不开花。

秋前雨滚脚，秋后有谷割。

头伏芝麻二伏豆，晚粟种到立秋后。

有钱难买秋后热。

三、反映养生的

立了秋，把扇丢。

秋后三场雨，夏衣高搁起，

秋后少游水，白露身不露。

立秋洗肚子，不长痱子拉肚子。

秋不食辛辣，不食肺。

秋天宜收不宜散。

七月七

七月七相传为牛郎织女双星相会之日，又叫“双星节”“情人节”。而在民间，妇女多有乞智乞巧活动，又谓“巧节”“乞巧节”。活动多在夜晚，又称“七夕”；活动参加者多为少女少妇，又叫“少女节”。

这个节日其源甚早，且是一步一步发展过来的。《诗·小雅·大东》篇就有“跂（qí，歧）彼织女……睆（wǎn，明貌）彼牵牛”的记载，但只是说织女和牵牛是天河东西相近的两颗星宿，彼此没有什么关系。《岁时广记》卷二六引《淮南子》（今本无）文中有“乌鹊填河成桥而渡牛女”的记载，这就表明牛郎织女的故事在两汉时期已基本成形，且流播于诗的歌咏之中：

迢迢牵牛星，皎皎河汉女。

纤纤擢素手，札札弄机杼。

终日不成章，泣涕零如雨。

河汉清且浅，相去复几许。

盈盈一水间，脉脉不得语。

而到了六朝梁人殷芸的《小说》，这个故事就已经完全定型了：

“天河之东有织女，天帝之女也，年年机杼劳役，织成云锦天衣。天帝怜其独处，许嫁河西牵牛郎，婚后遂废织纴。天帝怒，责令归河东，许一年一度相会。”

到了《尔雅翼》，将“鹊首无故毕髡”的情节同“乌鹊填河成桥而渡织女”的故事结合起来，牛郎织女的神话传说就变得更加完整，更加美丽，更加富于浪漫主义的色彩了。

“涉秋七日，鹊首无故皆髡（kūn）。”髡，古人刑法之一，剃掉头发，使变成秃头，相传是日河鼓（星名，即牵牛）与织女会于汉（天河，即银河）东，役乌鹊为梁（桥）以渡，故毛皆脱去。

从崔寔的《四民月令》与葛洪的《西京杂记》等典籍的记载中看，七夕已经成了一个非常重要的节日，人们在这天晒经书、晒衣裳，还要向双星祈愿和穿针乞巧的。

其实从本质看，牛郎织女的传说不过是对农耕时代男耕女织及其理想婚姻生活要求的一种神幻式的反映，从另一方面看，七夕乞巧之俗也不过是妇女群众在农耕生产与农耕生活中各种技能的一次集中展示。仅此而已！

卜巧就是用占卜的方法问问织女自己将来是巧是拙。在中原地区，每当“七夕”来临，姑娘们便兴冲冲地组织起来。七人一班，为“七夕”乞巧做准备。在物质上，她们每人拿一定数量的面和钱，以供七夕乞巧用，有的共同办一项小型的盈利事业，积攒一些钱，如编草辫、做草帽、捡麦穗等。麦罢，场光地净，农活少了，姑娘们就拾麦穗，一天拾上一二升，拾个四五天，斗儿八升麦子就到了她们手里，这叫“攒七月七”。她们把这些麦子拿出一部分卖掉，换回钱来买纸箔、买香，再割点肉。

“七夕”那天，姑娘们还会向附近的瓜果园要些瓜果。吃过早饭，姑娘们就高高兴兴地集合在一起，提了小筐，到附近的瓜地里、果园里要瓜果。主人见了，深知其意，便愉快地将上好的瓜果摘给她们。

下午，她们又忙着包饺子，准备晚上的饭。一般每人一碗饺子，这一碗饺子中，有一个饺子里面包了一根针。傍晚，她们把七碗饺子放在一个地方，把瓜果陈列于庭院，再置些菜和甜酒，以供奉织女，然后烧上香和箔，缕缕青烟缓缓上升。这时，姑娘们就很虔诚地跪在地上，口中念念有词：“织女，今天七月七呢，请给我们送巧来。”说毕跪下磕头。

夜幕降临，房子里已变得黑洞洞的，放饺子的房里不点灯。姑娘们用一块厚布将眼睛蒙上，一个接一个地去摸饺子碗，每人摸一碗。摸出后把布取下来，祈祷一番，就开始吃饺子，各自从饺子的一头下嘴，咬住针尖一头的，就是得到了织女的眼睛，以后必是位巧姑娘；咬住针鼻一头的，没有吃到巧，将来是个拙姑娘。于是大家调笑一番。然后对月纴针，一次纴上针，刺准瓜花者谓之巧；若谁能连刺七次均巧者，便以为是织女下凡，该人变成织女化身，于是大家向她祝贺。

中原地区到“七夕”时，七位姑娘选择一个较好的房顶，睡在上面观星。待夜深人静，她们悄悄从房顶上下来，提一个罐子一起到井旁，围着井正转三圈，倒转三圈，一边转，一边祷告乞巧之类的话，然后从井里打出一小罐水来，匆匆回房顶上去。此时，不能遇见其他人，她们往往分成两班，提水的一班走在后面，不提水的一班在前面探路，见了人就暗示后面提水的藏起来，待人过去再出来。

有些顽皮的小伙子往往故意与她们过不去，冷不防地出现在她们面前。越是这样，姑娘们好像越兴奋，她们把水倒进一个事先准备好的盆子里，围盆而坐，取下衣服上的绣花针，拔一根头发，对月穿针，穿上以后，再作标记，其实也是为了使针漂起；有的将头发绾两个圈，有的系几个结，然后泡在水里。泡毕，她们就睡在房顶上。第二天早晨醒来，看谁的针漂着就是巧，如果沉下去就是拙。

“乞巧”活动也各式各样，千姿百态。豫南某些地区是七位姑娘做七张糖烙饼、七碗饺子、七碗面条汤。饺子馅由七样蔬菜组成。另外，还在饺子里包上用面做的剪子、尺子、针、线等。晚上把供品置于僻静的地方。焚上香，点着纸箔，七位姑娘一起跪在月下祈祷：“生活茶饭，多数七遍，七位姑娘给你送饭。”此话反复多次以后，便开始对月穿针。姑娘们一手拿针，一手持线，喊一声“一——二——”便开始穿。谁先把线穿入针鼻内，谁就算得到了织女的教诲，将来就是巧姑娘。

“七夕”，弯弯的月儿像钩，照得遍野亮堂堂的。这时，姑娘们聚在一起，陈瓜果于院中，点燃香箔向织女乞巧。她们首先给牛郎织女送饭，求牛郎织女教她们纺纱、织布、做针线活儿。

她们送饭时唱道：

年年有个七月七，天上牛郎会织女。

牛郎哥哥，织女姐姐，快快来相会。

俺给你送饭，教给俺做活。

俺给你送汤，教俺扎鞋帮。

俺给你送菜，教俺学剪裁。

俺给你送水，教俺纳鞋底。

俺给你送醋，教俺学织布。

俺给你送瓜，教俺纺棉花。

俺给你送油，教俺学梳头。

据说姑娘们的歌声传到天空，织女听见了，便会把各种技艺传授给她们呢。

上面是《中原文化大典》对“七月七”，中原姑娘们四种乞巧方式的记述。情节进程记述完整，语言也形象朴素，读来也觉得活泼生动。

七月七那天晚上，家家户户的长者们会教儿孙辈辨认天河，辨认天河中的牛郎、织女星座，还会讲述牛郎织女的爱情故事。

少女们则去举行属于她们的乞巧活动。乞巧时固然有以咬住针尖针鼻定巧拙的，但也有以所包饺子的样子、味道定巧拙的。还有的饺子里包的不是针，而是铜钱，以吃住铜钱为有福。在安阳、濮阳一带，七月七这天晚上，女子们也喜在一起“对月穿针”，而刺瓜花则是要闭上眼睛的，这同《中原文化大典》所记又有所不同。而南阳镇平一带的乞巧风俗则更为别致，是将一包绣花针撒到院子里，女子们分别在月下摸寻，摸到者为巧。豫西等地也是以谁丢入水中的针能浮出水面为巧，可这些地方少女少妇们的乞巧却要在七月七日的大白天举行。这可真有点异乎寻常！在洛阳新安县一带，她们要将麦芽、谷芽或豆芽浮于水面，迎日观看其形状以定巧拙。凡为“巧者”，认为她一定能找到个如意郎君、生活幸福。

千里中原还有些七月七的风俗，同“乞巧”并无多大关联。如豫东，逢七月七，许多少女少妇趁着夜色，喜欢三五成群地躲在葡萄架或瓜架下面，“偷看”牛郎织女“相会”之情，“偷听”牛郎织女说悄悄话。

七月的中原地区雨水较多，七夕白天常常是阴雨天气。开封人传说这是牛郎织女相会时，织女的泪水。用这一天的水洗发，能使头发又黑又亮；洗器皿也能去污清洁。于是这一天许多妇女争先到河边洗头发，也有的掂着家里所用的油罐器皿之类要到河里涮洗一番。

七月七唱戏要唱《天河配》，唱一唱牛郎会织女。这是河南民间的“应节戏”。

七月七的乞巧之俗当今于河南乡下仍可看到，但不过是年轻人趁此时节嬉戏逗乐，仅此而已。

对于流传了两千年的七夕“乞巧”之俗，有诗人（杨朴）突发奇想，他想要牛郎劝劝织女不要再给人间那么多“巧”了。为什么？他说：

未会牵牛意若何，须邀织女弄金梭。
年年乞与人间巧，不道人间巧正多。

难道在几千年私有制社会里，我们听到的见到的那些巧取豪夺、奸诈虚伪的事儿还少吗！消灭私有制，使巧取豪夺、奸诈虚伪的乱象恶象尽数消失，实现真正的天下为公、完美和谐，人类中先进的人们哟，你们可是任重道远啊！

立秋习俗种种

皇家迎秋，前已略及，此以文献实之。

在周代，立秋前三天，太史觐见天子报告说："某日立秋，天的盛德在五行的金。"天子于是斋戒。到立秋那天，天子乘兵车，驾带黑色鬃毛的白马，插白旗，穿白色的衣服，佩戴白色的玉，亲率三公、九卿、诸侯和大夫到西郊举行迎秋典礼，回来后还要在朝廷上赏赐将帅和军人们（见《礼记·月令》）。汉代仍承此俗。《后汉书·祭祀志》："立秋之日，迎秋于西郊，祭白帝蓐收，车旗服饰皆白，歌《西皓》，舞八佾《育命》之舞，并有天子入围射牲，以荐宗庙之礼，名曰'貙刘'。"杀兽以祭，表示秋来扬武之意。到了唐代，每逢立秋日，也祭祀五帝。《新唐书·礼乐志》："立秋立冬祀五帝于四郊。"而至宋，迎秋之礼则有点别样了。

百姓迎秋

每逢立秋之日，各地农村均有戴楸叶之俗。楸叶，楸树之叶。楸树，其干端直，高者可达九丈，叶三枚轮生，三角状卵形。叶嫩时为红色，叶老后仅叶柄呈红色，据说立秋戴楸叶，可保一秋平安。据唐代陈藏器《本草拾遗》：长安城里立秋，楸叶有售，以供人剪花插戴。宋《临安岁时记》：宋代"立秋之日，男女都戴楸叶，以应时序"。北宋孟元老《东京梦华录》卷八：

“立秋日，满街卖楸叶，妇女儿童辈，皆剪成花样戴之。”据南宋周密《武林旧事》卷三：立秋日，都人戴楸叶之俗，也有以秋水吞食赤小豆七粒之俗。吴自牧《梦粱录》卷四记载：“都城内外，侵晨满城叫卖楸叶，妇人女子及儿童辈予买之，剪如花样，插于鬓边，以应时序。”可见南北宋戴楸叶之俗相同，而后明承宋俗。尤可注意的是，戴楸叶之俗历经唐、宋、元、明、清各朝，一直流至近今。

抗战以前，郑州地区仍多见立秋日戴楸叶者。一叶落而知天下秋。山东胶东及鲁西南地区妇女儿童则采集楸叶或桐叶，剪成各种花样，或插于鬓角，或插于胸前。现在农村，立秋前后，有戴楸叶者，有将楸枝叶编成帽子戴于头上者，既可日下乘凉，又可消暑，不失为御“秋老虎”之一法。

皇家迎秋之典，民家迎秋之俗，虽有祈丰收平安之意，然我们看到的却是“以顺时序”。说白了，就是以这种方式表示顺应大自然四时之变，中国上下五千年的传统文化中，“天人合一”的思想在这里又得到突出体现。

秋社：祭祀土地神

古代秋天祭祀土地神称秋社，一般在立秋后第五个戊日举行，始于汉代。时五谷收获已了，以秋社予社稷诸神以报谢。宋时有食糕、饮酒、妇女归宁之俗。后世，秋社渐次式微，其活动内容多与中元节（七月十五）合并。唐韩偓诗《不见》：“此身愿作君家燕，秋社归时也不归。”据宋孟元老《东京梦华录》：八月秋社，各以社糕、社酒相互赠送。各寺庙、宫院以“社饭”来招待客人。这是把猪羊肉、腰子、妳房、肚肺、鸭饼、反宴之类，统统切成小片，加上些调味料，然后铺在饭上即成。

妇女们这天要返娘家，到晚上才归，同时带了外公、姨、舅等所送的新葫芦儿、枣儿等，这是“宜良外甥”的习俗。

教书先生们收集了学生交的金钱来作集会，雇请许多人手帮忙，另外有白席人、歌唱演艺人等，这个“秋社会”完毕时，参加的人还带回一些花篮、果实、食物、社糕。

吴自牧《梦粱录·八月》：“秋社日，朝廷及州县差官祭灶稷于坛，盖春祈而秋报也。”清顾禄《清嘉录七月·斋田头》：“中元，农家祀田神，各具粉团、鸡黍、瓜蔬之属，于田间十字路口再拜而祝，谓之斋田头。”按韩昌黎诗：“其间田头乐社神，又云‘愿为同社人，鸡豚宴春秋’……则是今之七月十五之祀，犹古之秋社耳。”在一些地方仍有“做社”“敬社神”“煮社粥”的说法。郑州荥阳就有以“秋社”这种风俗，为村庄名的。

贴秋膘

在立秋这天，以悬秤称人，将体重与立夏时对比来检验肥瘦，体重减轻叫“苦夏”。因为人到夏天，本来就没有什么胃口，饮食清淡简单，两三个月下来，体重大都要减少一点。那时人们对健康的评判，往往只以胖瘦为标准，瘦了当然需要“补”。等秋风一起，胃口大开，就要吃点好的，增加一点营养，补偿夏天的损失，方法就是“贴秋膘”。在立秋这天，各种各样的肉、炖肉、烤肉、红烧肉等，“以肉贴补”。

“贴秋膘”之俗流行于北京、河北一带民间。这一天，普通老百姓家吃炖肉，讲究一点的人家吃白切肉、红焖肉以及肉馅饺子、炖鸡、炖鸭、红烧鱼等。

啃瓜吃桃，皆吃秋也

北方人立秋这天买个大西瓜回家，全家围着啃，就是“啃秋”了。而农人的啃秋则豪放得多。他们在瓜棚里，在树荫下，三五成群，席地而坐，抱着红瓤西瓜啃，抱着绿瓤香瓜啃，抱着白生生的山芋啃，抱着金黄黄的玉米棒子啃。啃秋抒发的，实际是一种丰收的喜悦。

南方浙江杭州一带有立秋这天吃秋桃之俗。每到立秋日，人人都要吃秋桃，每人一个。桃子吃毕，留藏桃核。等到除夕，不为人知地将桃核丢进火炉烧成灰烬。人们认为如此即可免除一年瘟疫。谁来免除一年瘟疫？若有瘟疫流行，真能免除吗？其实讲究卫生、注意锻炼、加强预防自可免除时疫。吃秋桃云云，不过是一种空洞的美好的祈求与希冀而已。

摸秋

在立秋一说立秋之夜，民间有“摸秋”之俗，这天夜里婚后未生育的妇女，在小姑或其他女伴的陪同下，到田野瓜架、豆棚下，暗中摸索摘取瓜豆，故名“摸秋”。俗谓摸南瓜，易生男孩；摸扁豆，易生女孩；摸到白扁豆更吉利，除生子孩外，还是白头到老的好兆头。按照传统风俗，是夜瓜豆任人家摘，田园主人不得责怪。姑嫂们归来再迟，家长也不许责难。这种风俗或见于商洛竹林一带，或见于皖苏淮河流域。而黄河中下游及黄淮地区则不闻之。这个风俗同浙江杭州立秋吃桃相似，只是祈求与希冀不同而已。

“摸秋”之俗若寻其源，乃源于元末，淮河流域农民起义的行军转移行动。

传说元末，淮河流域出现了一支农民起义军。参加起义的将士们都是农民出身，他们饱受元军兵燹之苦，对兵扰民之事深恶痛绝。这支队伍纪律严明，所到之处，秋毫不犯。一天，这支起义军转移到淮河岸边，深夜不便打扰百姓，便旷野露天宿营。少数士兵饥饿难忍，在路边田间摘了一些瓜果、蔬菜充饥。此事被起义军首领知晓，按军法当斩。天明准备将他们按军法处置时，村民得知这支队伍不拿百姓一针一线的军规后，纷纷端来饭食请队伍食用，并向主帅求情，设法开脱士兵的过错，村里一位老人随口说道："按照祖传规矩，八月摸秋不为偷。"村民也一齐附和起来。那几个士兵也因此获免了死罪。那天晚上正好是立秋，从此民间就留下了"摸秋"的风俗。

秋之歌

先看南朝周弘让诗《立秋诗》：

立秋诗

南朝·陈·周弘让

兹辰戒流火，商飙早已惊。

云天改夏色，木叶动秋声。

这首诗用动态手法写出了夏至秋景物的变换。

第一句"兹辰戒流火"用了《诗·豳风·七尺》之典。诗云"七月流火"。火：大火（星），每年阴历六月的黄昏出现于正南，方向是正面位置最高，到七月便偏而下行。这就是所谓"流"，戒，通届，至也，到也。句谓这时正到了七月节立秋的节令。

“商飙”就是“秋风”。原来古人以五音（宫、商、角、徵、羽）配四时，秋则属商。“商，伤也”。秋风飒飒，凉风习习，必将给绿缛争茂的丰草，葱茏可悦的佳木带来伤害，“草将拂之而色变，木遭之而叶脱，而见摧败零落如此，人禀七情，岂能无动于心。”“商，伤心。”人亦为秋至而伤其心神也。“商飙早已惊”，人不但身感秋风之“惊”，夏秋之变，恐人心也有几分凉，即几分凄凉之意了吧。但是，“云天改夏色，木叶动秋声”，又是不可抗拒的自然法则。草木有它的春夏秋冬，夏达极盛时则向枯黄转化，甚至枯死；而人何尝没有自己的春夏秋冬，人的青春少壮之时又有几何，向衰老甚至死亡的转化，难道不是必然的吗？阴极而生阳，阳极而生阴，阴阳相搏而此消彼长，此乃万物之必然。更何况草木枯黄正是收获之时，父母衰老正是儿女成人之期。大自然与人类总是要向前发展的。明乎此，“木叶动秋声”，无边落木萧萧下，又何须放在心头而不去呢！乐观旷达看待这一切，才是我们看待自然看待人生应取之态度哟！

再看宋人刘翰的《立秋》诗：

乳鸦啼散玉屏空，一枕新凉一扇风。
睡起秋声无觅处，满阶梧叶月明中。

这首诗比起周弘让那首《立秋诗》来，堂庑小了不少。诗人是通过自己的所感、所闻、所见写出立秋这个七月节以表现时令节气的变化。

乳鸦的聒噪使诗人睡得不踏实。聒噪声止，室外空无声响，而室内也只有“玉屏”同床上的自己相对。诗人醒了，突地感到枕边有一丝新凉，那是入夏这几个月来所没感觉到的，而这时诗人感到仿佛有一扇风向自己吹来。这儿用词很准确，“凉”却又“新”，紧扣了立秋的题意。人们不是说“白天立了秋，晚上凉飕飕”吗！凉自风起，风吹草木岂能无声，于是诗人睡意全无，竟然从床上爬起来了，去寻这给他带来“一枕新凉”的扇风究竟从何处而来。但是其结果却是“睡起秋声无觅处”。但答案总是会有的，“满阶梧叶月明中”，这岂不就是答案吗！

两千多年前就有人说“以小明大，见一叶落，而知岁之将暮”，到两千多年前的唐，又有人说“时不与兮岁不留，一叶落兮天下秋”。更何况“满阶梧叶”呢？立秋了，秋天真的来了呀！但月儿却无情地空照着这满阶梧叶，诗人的孤独、寂寞，对岁月空去的无奈统统表现出来了。“满阶梧叶月明中”可以说是咏秋的名句，意境是美的，但总有那么一点凄凉之味。诗人久居临安，到头来仍以布衣终身，也许在《立秋》这首小诗里，表现“时不我与”之慨，给读者点年已老大一事无成的迟暮之感，该是很正常的吧。

而在元人方回笔下，《立秋》带给人们的却是另一番景象。

暑赦如闻降德音，一凉欢喜万人心。
虽然未便梧桐落，终是相将蟋蟀吟。
初夜银河正牛女，诘朝红日尾觜参。
朝廷欲觅玄真子，蟹舍渔蓑烟雨深。

这首诗诗人写出了听到交七月节立秋时的喜悦，然而夏秋交替哪会那么迅速，“诘朝红日尾觜参，”秋后加一伏，“秋老虎”

厉害着呢，可毕竟有希望在。

首联写在溽暑的折磨中听到“立秋”的“德音”，就像遇到皇恩大赦一样，些微的凉意竟使得千千万万人人心大悦。颈联承上写立秋那天的景物：桐叶还没有趁立秋这天落下，也就是天还热，气温还高着呢，可一到晚上，蟋蟀们却相随着七月节的到来唱起歌来了。“虽然……”同“终是……”相呼应，岂不就是告诉人们炎夏必将过去，凉秋终会到来，希望就在前面。从章法上看，腹联“初夜银河正牛女，诘朝红日尾觜参”下转，仍写夏秋交替时情景，不过别致的是上面颔联写的是地上物候之变，而这里腹联却从天象气候变化的角度，写夏与秋的交替，立秋一入夜，隔着银河的牛郎织女仍在隔岸相望；而到第二天一大早东升的红日仍然发出它强大的炎势蒸人之力，“秋后加一伏”，“秋老虎”还是要猖狂一阵的。上联“银河中牛女”中，“中”为动词，“居中”，意为银河在中间隔开了牛女，而下联的“红日尾觜参”诗人实在是费了一番心思的：尾，原是二十八宿之一，是东方七宿所第六宿，由天蝎座的九颗星组成，古人把东方七宿联结起来，想象成龙的形状，尾宿（和箕宿）都是龙尾，而觜宿，二十八之宿之一，是西方七宿的第六宿。古人将西方七宿联络起来，想象成虎的形状，觜宿是虎头、虎须。参作为二十八宿之一，则是西方七宿的最末宿，在想象中的由西方七宿联结而成的虎形中，参宿则是其前肢，“尾”是东方七宿龙之尾，又将其比喻成炎夏之尾。而觜、参是西方七宿第六宿与最末宿的虎头、虎须及前肢，诗人则将它们比喻成没有下稍的短命的“秋老虎”，诗人在这里告诉人们，“秋老虎”不过是炎夏溽暑的回光返照，还能猖狂几天！但“秋老虎”猖獗之日虽短，人们毕竟不好受。“诘朝红日尾觜参”，诗人对夏秋过渡期间的炎热是无奈的，一般人心里也是无奈的。

而到诗的尾联则是另一种景象，“朝廷欲觅玄真子，蟹舍渔蓑烟雨深”。上联中的玄真子，就是隐居江湖、旷达不羁、兴趣高远，活动于中唐初自号烟波钓徒，又号玄真子的张志和，朝廷想要寻觅其气高远如张志和那样的隐士，那也只有待秋天时去抓螃蟹者的庐舍之中，到水边披蓑钓者与渔者之中，到深深的秋之烟雨中去寻觅了。这岂不是借此以突出了秋之娴雅，秋之为文人墨客所心系吗！同首联相呼应，一闻“立秋”，如蒙大赦，“一凉欢喜万人心”，因为秋终是人们希望、向往的所在！

立秋与养生

俗话说“一夏无病三分虚”。为什么虚？因溽暑难耐，胃口大减，再加上饭食清淡简单。瘦了当然需要补，更何况一些地区特别对小儿立夏称称体重，立秋再称称，一见体重减轻，爹妈心疼，一定要给小儿女贴膘，日久天长成了风俗呢！然而即使大人这样放开肚皮胡吃海喝，大鱼大肉地去补去贴也不科学，对那些高血压、高脂血症、痛风、脂肪肝等患者更是灾难性的，还不如少食这些肥腴鲜浓之物，多补充些蔬菜、水果，吃些豆腐、豆芽之类豆制品为佳。

刚立罢秋，正是应秋反果成熟，大量上市之时，而这时正是“秋老虎”肆虐，应时的西瓜正是祛烦热减心燥之物，且西瓜酸性，也正符秋之饮食少辛多酸的原则。一些地区有买西瓜回家一家人围坐而啃；也有在瓜棚里树荫下，三五成群，席地而坐，抱着西瓜、香瓜大啃而特啃的。据说这也是当地风俗之一，叫“立秋啃瓜”，简称“啃秋”。不过这种啃法在交秋还是有几分科学道理的。其他增酸水果如苹果、葡萄，另如藕、蜂蜜也是应时之品。

根据自己身体的实际情况选择合适的食品，是一个大原则，对一般身体健康的人，正常的饮食，营养就足够了，根本没有必要吃更多的营养品。餐桌上的盘子里多些豆腐、豆芽、菠菜、芹菜、胡萝卜、小白菜、莴笋等新鲜菜蔬，同样可以补充营养，而且还可以减肥呢！

在起居上，早卧早起于立秋最为适宜，早卧以顺应阳气之收敛，早起为使肺气得以舒展，但也不可收敛太过。所谓立秋，不过刚进入秋天，暑热尚有余威，即使有凉风时至，天气变化也尚未进入常态。在同一个地区，“一天有四季，十里不同天”的状况极有可能出现，因之宜露而不捂，穿得多了反而不好，那样会影响机体对气候转冷的适应能力，易于受凉而患上感冒。

再者也要保持有规律的作息，逐渐消除“秋乏”，所谓“秋乏”，是指炎夏渐离，凉秋悄然而至，人体自我感觉疲惫困倦的一种生理现象。对此不宜大惊小怪，其实它是人体在立秋后的一种自我休整，对炎夏人体过度消耗进行自我补偿，为适应金秋气候而机体本身进行自我修整，进而使机体内外环境得以平衡，应该说这是人体自身保护性的自然反应。对大自然的变化，主动自我调节以逐渐适应它，所谓的“秋乏”现象自会消除，对正常生活也不会造成什么影响。我们此时应当采取的措施有三：一是补充炎夏消耗的能量，适时摄取营养；二是适当运动以顺应气候的变化；三是保持规律的作息。晚上十点以前就去睡，中午适当午休一会儿。如此，所谓“秋乏”不逐渐消除，那就真是咄咄怪事了。

秋季养生，轻松慢跑好处多：一能增强呼吸功能，使肺活量增强，提高人体通气换气能力。二能改善脑的血液供应和脑细胞的氧供应，减轻脑动脉硬化，使大脑能正常工作。三能有效地刺激代谢，延缓身体机能老化的速度。四能增加能量的消耗，减少由于不运动引起的肌肉萎缩与肥胖症；并可使体内的毒素等多余物质随汗水及尿液排出体外，从而有助于减肥健美。五持之以恒的慢跑还会增加心脏收缩时的血液输出量，降低安静心跳率、降低血压，增加血液中高密度脂蛋白胆固醇含量，提升身体的作业能力。六轻松的慢跑还可以减轻心理负担，保持良好的身心状态。七轻松的慢跑还可以使人体产生一种低频率振动，可使血管平滑肌得到锻炼，从而增加血管的张力，能通过振动将血管壁上的沉积物排出，同时又能防止血脂在血管壁上堆积，这对防治动脉硬化和心脑血管疾病有重要意义。

朋友们，同志们，让我们趁着气候宜人的金秋大好时光，走出家门，参加到慢跑的队伍中去吧！

十四　处暑，暑热终于停止了脚步

处暑，二十四节气中的第十四个节气。每年 8 月23 日前后太阳到达黄经 150°时开始。《月令七十二候集解》：“七月中，处，止也，暑气至此而止矣。”“处暑”一语，源于《国语·楚语上》：“夫边境者，国之尾也。譬之如牛马，处暑之既至，虻、䗋（wéi，牛虻之小者）既多，而不能掉其尾。”其大意是说，边境是国家的尾巴，好像牛马一样，处暑到来，牛虻滋生已经很多，可是不能摆动它的尾巴。尾大不掉的成语，此可能是语源之一，其意为下属势力大不听指挥。这里说牛虻滋生既多，牛马也奈何它不得。从二十四节气看，在我国春秋时代的楚国即今鄂湘为中心的地区，牛虻滋生是处暑时节值得重视的物候现象。而在当时或稍晚的战国、秦汉，长江流域以北，以黄河流域为中心的广大地区，则“天地始肃”，气温逐渐下降；“禾乃登”，大秋就要成熟，收割的大忙季节就要来临了。

处暑是温度下降的一个转折点。气温变化显著，简直一天一个样儿，暑气逼人的酷热已成了过去。“一场秋雨一场凉”“立秋三场雨，麻布扇子高搁起”“立秋处暑天气凉”“处暑热不来”，这些农家谚语都对处暑节气候的变化做了直接描述。但总的说来，白天热，早晚凉，昼夜温差，降水少，空气湿度低，倒是处暑时节气候的明显特点。

金秋收割将至，适量雨水成为必要。而昼热夜凉的气候特点，对农作物体内干物质的制造和积累倒是有利的，也加快了庄稼成熟的速度。所以农家有“处暑禾田连夜变”之说。北方如山东、河北正遇早秋丰收，要求精收细打，颗粒不丢，收割的，打场的，为保墒还得边收边耕，晚秋也需加强管理。处暑到来，正是大忙时节，另外红薯需要追肥啦，黄烟需要培土啦，棉花需要整枝啦，恨不得一人顶几个人用，哪有一点消停的空儿。长江流域如湖南、湖北等省区，可真是“处暑有落雨，中稻粒粒米”，中稻已进入了收割期，而正处幼穗分化阶段的单季晚稻，则需要充沛的雨水，若遇干旱恐怕还得勤加灌溉呢。否则穗小，空壳率高，可就影响产量了。“处暑雨如金”，这话说得不差，处暑以后，除华南和西南地区外，我国大部分地区雨季即将结束，降雨逐渐减少。特别是华北、东北和西北地区应该尽快采取措施蓄水、保墒，以防秋种期间出现干旱而延误冬季农作物，如小麦的播种期，“人活一百，稚谷早麦”，农时是一刻也误不得的。

谚语里的处暑

一、反映天气与物候的

一场秋雨（风）一场寒（西北、东北）。

大暑小暑不是暑，立秋处暑正当暑（南方）。

处暑天还热，好似秋老虎。

处暑白露节，夜凉白天热。

处暑东北风，大路作河通。

处暑落了雨，一秋雨水多。

处暑不下雨，干到白露底。

处暑难得十日阴，白露难得十日晴。

处暑天不暑，炎热在中午。

处暑下雨十八遭（朝）。

处暑一声雷，秋里大雨来。

处暑有雨十八江，处暑无雨干断江。

处暑晴，干死河边铁马根。

二、反映农事活动的

处暑不抽穗，白露不低头，过了寒露喂老牛。

处暑不出头，拔了喂老牛。

处暑不出头，是谷喂了牛。

处暑不锄田，来年手不闭。

处暑不带耙，误了来年夏。

处暑不觉热，水果别想结。

处暑不种田，种田是枉然。

处暑去翻秧，红薯猛里长。

处暑处暑，处处要水。

处暑高粱遍地红。

处暑高粱白露谷。

处暑高粱遍拿镰。

处暑谷子黄，大风要提防。

处暑好晴天，家家摘新棉。

处暑花（棉花），不归家。

处暑见红枣，秋分打尽了。

处暑见新花（棉花）。

处暑蕾有效，秋分花成桃。

处暑里的雨，谷仓里的米。

处暑萝卜，白露菜。

处暑满地黄，家家修廪仓。

处暑若还天下雨，纵然结子难保米。

处暑三日稻有孕，寒露到来稻入囤。

处暑三日割黄谷。

处暑十日忙割谷。

处暑收黍，白露收谷。

处暑田豆白露荞，下种勿迟收成好。

处暑下雨烂谷箩。

处暑移白菜，猛锄蹲苗晒。

处暑有下雨，中稻粒粒米。

处暑雨，粒粒都是米。

处暑栽，白露上，再晚跟不上。

处暑栽，白露追，秋分放大水。

处暑栽白菜，有利没有害。

处暑种荞，白露看苗。

谷到处暑黄，家家场中打稻忙。

七月十五

七月十五，即七月半，道教称为“中元节”，佛教称“盂兰盆会”；河南民间在这一天要上坟烧纸祭奠死者，并且还要行超度亡魂野鬼之事，俗称“鬼节”。

中元节和盂兰盆会都在七月十五，但其内涵却有所不同。将七月十五称为中元，这是道教之说，同时它还将正月十五称为上元，将十月十五称为后元（下元）呢。据《道经》，七月十五日是“地官考校之元日，天人集聚之良辰”。道教的首领和徒子们都要在这一天集合讲诵老子的《道德经》，一般信道之人也于这一天到道观朝拜，并进献贡品和财物。而盂兰盆（ullambana）则是梵语的音译，其意为身受极苦，如处于倒悬。自佛教传入我国后，《盂兰盆经》中以修孝顺励佛弟子的意旨，则合乎中国追先悼远的习俗信仰。据《盂兰盆经》记载：“有目莲僧者，法力宏大，其母堕入饿鬼道中，食物入口，即化为烈火，饥苦太甚。目莲无法解救母厄，于是求教于佛，为说盂兰盆经，教于七月十五日作盂兰盆以救其母。”后世传为一切孝顺子孙都应作盂兰盆会，诵经施食，俗称放焰口，成为佛教徒追荐祖先的常例。这个仁孝的故事，告诉佛教弟子，即使父母逝去，还得尽孝于先人。中国儒家历来重“修孝顺”“敬孝”的规范，已成为一种礼俗。百善孝为先的教育，“二十四孝”的故事历代传承，从穷乡僻壤到通都大邑无不被其教化，可谓深入人心。这简直成了每一个家庭的治家之宝。而祭祀先人的习俗，则只是旧时礼俗对于祖先尽孝道的表现而已。七月半时祭祖、点荷灯等习俗行事，融合了儒家、佛教、道教的意旨，“慎终追远”是谓“孝”，普度沉沦是谓“仁”。“孝”与“仁”，这岂不是构成中国传统文化价值观念的两大元素吗！

说句实在话，中国逢七月十五祭祀祖先放荷灯或路灯，本与佛教无关。因为早在先秦，此俗就已盛行。而到唐宋此风大盛时，仿佛才有所谓盂兰盆会的影子。“七月十五日，道教谓之中元节，各有斋醮等会，僧寺则以此日作盂兰盆斋，而人家亦以此日祀先。”这是见于《乾淳岁时记》的记载。“故都残暑，不过七月中旬，俗以望日具素馔享先……今人以是祀祖，通行南北。”这是陆放翁《老学庵笔记》的记载。这就怪不得唐令狐楚有《中元日赠张尊师》诗有句云：“偶来人世值中元，不献玄都永日闲。寂寞焚香在仙观，知师遥礼玉京山。”李商隐也有“绛节飘摇宫国来，中元朝拜上清回”的诗句了。

20 世纪 50 年代以前，民间每逢七月十五，白天家家要祭先祠，上祖坟，爇香烧纸，设供飨祖。而在前一天家家都要做好准备，“麦饭纸钱忙料理，家家明日作中元”。“七月十五日……家市卖冥衣，亦有卖转明菜花、油饼、酸馅、沙馅、乳糕、丰糕之类。卖麻谷窠儿者，以此祭祖宗，寓报秋成之意。”（宋吴自牧

《梦粱录》卷四）而有钱人家可就不同了，他们在这一天还要持斋诵经，请道士给掌坛打醮，那可就热闹了。到了晚上，他们还要放路灯，这样到了晚上，村里村外的大路小道儿可就用珍珠似的灯火给串起来了。如果这些有钱人家住在河边，他们会沿河点灯，烧纸焚香，超度那些天不留地不收的孤魂野鬼。还有的将灯做成荷花样，点燃后置于水中，让它们顺流而下，“灯牵荷带迎秋入，供设兰盆抵暮过。鬼物吟风亲酒食，鱼龙倚月狎笙歌”（程先贞《中元夜过北海子观放水灯》）。这无疑是一幅亮丽的风俗画了。

在豫南新县等地，这天给孤魂野鬼和过往的神灵泼冷饭来祭祀。

而新县的北邻光山一带却又与此有些异样。他们对鬼节之祭讲究“新半月”和“老半月”。七月初二、初三为新半月，七月初六至十四为“老半月”。新半月专祭新亡故之人，老半月则祭先祖。这样七月十五又有了新名“月半节”。新县人还有个规矩，就是认为从七月初五到十五都可行祭，不过要趁早，讲究的是赶早不赶晚。

南阳地区的桐柏县，人们在七月十五这天烧纸一定得在晚上进行，同时他们还讲究七月十五午饭前若不是烧纸祭祖的人，都不能来家串门。为什么不能？或许有什么忌讳在里面吧！

在七月十五所谓“鬼节”这天，豫北的林州市豫西的三门峡市也有一些与祭祀先人无大关系的风俗。在林州市，“鬼节”那天还要点花山、对鞭。人们在七月初就动起来了，他们在山坡上用乱石、秸秆、柴草围堆。至七月十五夜点燃起来。届时，满山火光如山花竞放。这就是所谓“点花山”。你也点，我也点，大家比赛，看谁的柴堆大、火势猛、火焰高，谁就算优胜。一些年轻人手持用青麻、布条拧制成的鞭子甩打，以见其优。同时还互相挑战点将。点火山、对鞭，获胜者便兆示在当年运气好，秋季也一定丰收。

三门峡市滨湖滨区高庙、交口乡一带，七月十五这天则兴蒸包子吃，而馅则必须是由新摘的番瓜（南瓜）切成的碎条，拌以油、盐、葱、姜等调料而成的馅。

河南民间还有在七月十五这天接闺女回娘家的风俗。新县与湖北麻城、红安接壤的地方，不但要接闺女回娘家，并且在就餐时还破例让坐上席。

也许是这几年宣传孝道的影响，也许是各地各姓续家谱、祭祖先之风的波及，七月十五祭祖上坟之风正盛得很呢。一入七月，市街上的小摊摆满了祭祖所用之物：黄表、金箔自不必说，有金箔叠成金元宝又粘贴成金山、聚宝盆，有色彩光鲜样式精美票面不小的冥币，甚至还有专为鬼们印制的美元呢。十四、十五两天，这小摊前面总是有不断头的交易，生意尤其火爆。这岂不也是此时街上一道靓丽的风景线吗……

中元节俗补

中元节——民俗类的非物质文化遗产

2010 年 5 月，文化部公布了第三批国家级非物质文化遗产名录推荐项目名单，香港特别行政区申报的“中元节（潮人盂兰胜会）”，最终入选，并且列入民俗项目类别非物质文化遗产。

传说中元节在梁武帝时就存在，至宋朝盛行。清乾隆广东

《普宁县志》："俗谓祖考魂归，咸具神衣，酒馔以荐，虽贫无敢缺。"祭品中，楮衣是不可缺的。因七月暑尽，须更衣防寒，同于人间"七月流火，九月授衣"。20世纪20—40年代，中元节远比"七夕""清明"热闹。人们传承着以家为单位的祭祖习俗，祭先、荐时食的古老习俗至民国时期仍然是乡村中元节的主要内容。抗战胜利后，各寺庙还增加新祷佛力普度"抗战阵亡将士"英灵。20世纪50年代，中元节依然热闹。但后被认为是宣扬封建迷信，逐渐边缘化，随着改革开放的脚步，传统节日一一逐步回归。

中元节的祭礼内涵，一是阐扬怀念祖先的孝道，二是发扬推己及人、乐善好施的善举。这两方面均是从慈悲、仁爱的角度出发，具有健康、向上、激励人学善向善的作用。但是，我们在点赞中元节的同时，也应该跳脱迷信色彩，客观认识现实生活中的人情世故。

开渔节

对沿海渔民来说，处暑以后是渔业收获的时节。每年处暑期间，浙江省沿海都要举行一年一度的隆重的开渔节，决定在东海休渔结束的那一天，举行盛大的开渔仪式。欢送渔民开船出海。2006年第九届中国开渔节，9月6日在浙江省象山县举行。这时海域水温依然偏高，鱼群还是会停留在海域周围，鱼虾贝类发育成熟。因此，从这时候开始，人们往往可以享受到种类繁多的海鲜。

放焰口

焰口原是佛教用语，形容饿鬼渴望饮食，口吐火焰。和尚向饿鬼施食叫放焰口。我国民间从梁代开始，中元节举办设斋、供僧、布田、放焰口等活动。这一天，人们事先在街口村前搭起法师座和施舍台，法师座前供着地藏王菩萨，下面供着一盘盘面制桃子、大米，施孤台上立着三块灵牌和招魂幡。过了中午，人们纷纷把鸡、鸭、鹅及各式发糕、果品等摆到施台上。主持人分别在每件祭品上插一把蓝、红、绿的三角纸旗，上书“盂兰盛会”“甘露门开”等字样。仪式在庄严肃穆的庙堂音乐中开始。紧接着法师敲响引钟，反复三次，人们将这种仪式称作“放焰口”。到了晚上掌灯的时候，人们还要在自家门口烧香祭拜，把香插在地上，愈多愈好，象征着风调雨顺、五谷丰登。

中元节上坟祭祖，不忘先人，对阐发中国慎终追远的传统孝道文化，可以说大有裨益。至于放河灯、放焰口以及中元普度这些活动，其举行往往是在战乱停息的丰收年月，有能力举行者不是寺庙就是有钱的富户，至于一般人家只是看热闹而已。有人说这是推己及人的美德，不如说是推己而及孤魂野鬼的“好意”。其目的不过是为自己富中求富、福中求富而已。至于平日里能否救贫恤孤、乐善好施或者爱钱如命为富不仁，那就不知道了。

上面说死鬼，“上坟烧纸一捏灰，不知亡人知不知”；下面说活人处暑吃鸭，大有益于防秋燥。

处暑时节，由热转凉交替时期，且雨量减少，燥气生成，皮肤、口鼻会有干燥之感，此时饮食应遵从润肺健脾的原则。经夏，热气聚于体内，调养脾胃，有利于体内湿热排去，同时序之变保持平衡。鸭味甘性凉，处暑吃鸭之俗在民间由此形成。因此处暑当日，北京人就会到饭店里买回烤鸭等，大嚼一顿。

诗歌里的处暑

同样是写处暑节气遇雨，然人不同，其怀抱亦自不同，且看北宋末登进士第，南宋初以陈和议辱国大忤秦桧之意的王之道笔下，处暑雨是何种境况：

秋日喜雨题周材老壁

大旱弥千里，群心迫望霓。

檐声闻夜霤，山气见朝隮。

处暑余三日，高原满一犁。

我来何所喜？焦槁免无泥。

这是一首五言律诗，从诗里我们了解了因一场甘霖给诗人带来的喜悦之情，而且也认识了诗人念念不忘天下苍生的博大胸怀。

诗首联上句写干旱的时间之长，田“大旱”，面积之大，“弥千里”；下句“群心迫望霓”，写南宋国土上千千万万人民盼雨的心情。迫，迫切，“望霓”一语，出自《孟子·梁惠王章句下》，原文是，“民望之，若大旱之望云霓也”。原文只是比喻写民之所望的一种迫切心情，是虚笔；诗人在这里借此语却实实在在写千千万万人民忧心如焚，迫切望雨的心情。“望霓”，即“望云霓”。云，乌云；霓，虹。霓，在这里则是雨的代称。颔联上句写昨夜闻雨水顺着房檐哗哗流下的声响，下句写今朝见西边山头水汽经旭日一照出现了彩虹。隮，虹也。这两句从昨夜写到今朝，从声响写到所见，流淌着诗人为夜降甘霖而喜不自禁的感情。“檐声闻夜雷，山气见朝隮”，诗句清新，意境亦是清新的。腹联上句点明雨是处暑雨，下句写雨解除了旱情，即使高高的田里也有足足的一犁墒呢，“处暑雨，粒粒都是米”。因之，尾联同首联呼应，抒发久旱逢甘霜，盼时雨而降泽及天下苍生的喜悦之情。“我来何所喜，焦槁免无泥。”我来到这里最高兴的事是什么呢？是久旱的禾苗喜逢甘霖，就可以迅速摆脱焦槁，重又枝叶茂盛，就可以在泥里秀籽了，获得一个好收成。诗人的心是同千千万万农民的心相通的。

中国几千年来以农立国，民以食为天，粮食生产关系到国计民生，读这一首小诗，我们是在同古人对话，诗人忧国忧民的情怀，实在令人感佩。

现在，让我们接着读一读元人仇远诗《处暑后风雨》，那我们又会有什么样的感触呢？

处暑后风雨

疾风驱急雨，残暑扫除空。

因识炎凉态，都来顷刻中。

纸窗嫌有隙，纨扇笑无功。

儿读秋声赋，令人忆醉翁。

这也是一首五言律诗。

开头两句写处暑后风雨扫除残暑的强大威力，颔联从人们的感受写这场处暑后风雨的威力：“因识炎凉态，都来顷刻中。”人们一个个在顷刻之间感受并认识到了炎暑与秋凉这种态势的转换。正因为炎暑与秋凉情态的转换，人们的生活方式随之也发生了变化："纸窗嫌有隙，纨扇笑无功"：天凉了，纸窗上小小的孔隙也讨人嫌。凉气袭人谁受得了，至于纨扇呢？当然被扔到了一边。它曾因能摇动，给人带来清凉，而在炎暑中被拿在手中，而且时刻不离。可是今非昔比，时过境迁，纨扇当初之功已化作乌有，且处在了被抛弃被嘲笑的地位。

"因识炎凉态，都来顷刻中。纸窗嫌有隙，纨扇笑无功"，这四句虽然是在写寒暑的自然变换，所引起人们为适应这种转换而在心态上、在生活方式上所产生的一些变化，但也很容易使我们联想起社会上世态炎凉人情的变化。汉班婕妤曾有诗《怨歌行》云：

新裂齐纨素，鲜洁如霜雪。
裁为合欢扇，团团似明月。
出入君怀袖，动摇微风发。
常恐秋节至，凉飙夺炎热。
弃捐箧笥中，恩情中道绝。

这岂不是怨妇借纨扇自比，以抒其因炎凉来自顷刻，而自己则如纨扇一样被抛弃的怨恨吗！自古至今，这种怨恨多矣！今后还会有，而且更多也说不定。

"儿读《秋声赋》，令人忆醉翁。"醉翁，即宋代欧阳修，他的《秋声赋》是他《醉翁亭记》之后的又一名篇，它骈散结合，铺陈渲染，词采讲究，是宋代文赋的典范，这篇文章以大半篇幅渲染秋天的肃杀萧条以烘托其主旨：人事忧劳对于人的伤害，更甚于秋气对草木的摧残。我们刚才着重分析了诗的中间四句暗喻的社会意义。人世间的世态炎凉对人的伤害，岂不远超过为人抛弃嘲笑秋天的纨扇吗！诗作者仇远曾在元大德年间任溧阳儒学教授，不久罢归，遂在忧郁中游历山川以终。他闻儿读《秋声赋》，想起了欧阳修在此文赋中的感喟，欲借他人之感喟，浇自己胸中的块垒，恐怕也是再自然不过的吧。

处暑与养生

处暑时节秋燥严重，而秋燥伤肺，此即斯时呼吸系统疾病多发的直接原因。肺又与胃、肾密切相关，因此肺燥与肺胃津亏同时出现，就不足为怪了。肺胃津亏就会使人出现口鼻干燥、干咳甚至痰带血丝、便秘、乏力、消瘦等典型症状，而酸、甜、苦、辣、咸五味之中，苦味属燥，而苦燥对津液元气伤害尤大，所谓“肺病禁苦”是有道理的。因此处暑养生宜少吃苦瓜、羊肉等苦燥之物，如果已见肺胃津亏的症状，冲泡麦冬、桔梗、甘草做茶饮，自会见功效，或者吃些养阴生津的，如秋梨、红萝卜、香蕉、百合、银耳之类，也都是可以的。

有俗话说“一夏无病三分虚”，即使立了秋，但暑热未减，而炎热天气影响食欲，体能消耗又不见减少，处暑时节用些补品实在不算大过。但补也不可急，以循序渐进为佳。吃些能滋养的，易于消化吸收的。平常蔬菜如西红柿、平菇、胡萝卜、冬瓜、南瓜、藕、百合、白扁豆、荸荠、荠菜等就不错，应时的柑橘、香蕉、梨、红枣、柿子这些水果，核桃、花生这些干果，也是挺不错的选择。

另外，蜂蜜也具润肺养肺的功效，对防秋燥也大为有益。处暑节已过，一场秋雨一场凉，而西瓜虽甜，那它可是大寒之物，还是少吃或不吃为妙，再说应时的苹果、葡萄、梨这些滋阴水果多着呢，就不要老咬住西瓜不放了。

在起居方面，“秋冻”好处多，但也因人、因时而有差别：如果是体质差或慢性病患者，就不要搞什么“秋冻”了，冻出毛病来对自家身体就大为不利。如果是一早一晚同中午那段温差大，适时增减衣物，当是聪明之举。尤其晚上睡觉，那更是挨不得冻，一定要盖好被子，否则感染风寒，可就有病痛之苦了。处暑时节要保证良好的睡眠质量，所谓质，就是要睡得熟；所谓量，就是保证八小时的睡眠时间。至于老年人则是另一种情况，他们阴阳气血俱亏，会出现昼不寝、夜不眠的现象，古人云：“少寐乃老人之大患。”《古今嘉言》还说，老年人定“遇有睡意则就枕”。这些都是符合养生学原则的。因之宜在晚上提早入睡，并且在中午坚持午休，即使睡不着，闭上眼睛养养精神也是对身体有好处的。

至于户外活动以散步为佳。它虽运动量不大，却能使全身的肌肉、骨骼都运动起来，以加强心肌的收缩力，使血管平滑肌放松，预防心血管疾病。另外，散步对促进消化腺分泌和胃肠蠕动，改善食欲，以及增大肺的通气量，提高肺泡张开率，锻炼呼吸系统都大有裨益。

大家都到户外散步去吧！

但散步有五件事也应予以注意：一是衣着要舒适、宽松。处暑时节天气转凉，过于单薄受寒不好，过厚就行动不便。二是事前要舒展一下筋骨，做好准备活动。三是心情要放松，心态要平常，该放下的，放下就好。四是且莫慌张，从从容容最好。五是散步，其特征就在一个“散”字上，从容闲散，一分钟走个六七十步最好；但是可别因此累着了，年老体弱的人可要注意了。

另外打打太极拳也挺好。到了晚上，有人主张盘腿而坐，腰直头正，调匀呼吸，不急不缓，让自己处于自然放松状态，说这叫“静养”，同日间之动结合起来，昼动夜静也不失为一养生之道。但是要记住一句话：无论怎么好的养生之法，贵在坚持。

十五　白露，露是今夜白

白露，二十四节气中的第十五个节气。每年 9 月 8 日前后，太阳到达黄经 165°时开始，进入白露节气。《逸周书·时训》：“白露之日鸿雁来……秋分之日，雷始收声。”《月令七十二候集解》也说：“八月节……阴气渐重，露凝而白也。”天气渐转凉，会在清晨时分发现地面和叶子上有许多露珠。这是因为夜晚水汽凝结在上面，所以得名，古人以四时配五行，秋属金，金色白，故以白形容秋露。白露实际上是表征天气已经转凉。

这时节，我国大部分地区天高气爽，云淡风轻，气温转凉。夏季风同冬季风此时短兵相接纠缠不清，但终是天气转凉，被冬季风所取代，一到晚上，气温降低，水汽在地面或近地面的物体上凝结为水珠，农谚说“过了白露节，一夜凉一夜”。太阳直射从北纬 23°26′回归线南移已接近赤道，北半球日照时间短了，日照强度减了。再加上夜间晴朗少云，地面辐射散热加快，降温已成必然趋势，怎能不“一夜凉一夜”，甚至不要多久，还会一夜冷一夜呢。

黄河中下游地区，正是经过了春种、夏管的辛劳到了收获的季节。谷子在秋风中轻轻地摆动着它那沉重的脑袋，等待着收割，棵棵玉米红缨已老，穗实已饱，一个个粗大的棒子向人们挺了出来。春华秋实。黄黄的柿子、红红的苹果挂满了枝头，还有那石榴，软籽的优质石榴，正咧开了嘴，露出它那红嫩嫩水津津的牙齿向你笑呢。可在我国东北地区，田野里无边的大豆、高粱已经收割。大江南北的棉花也已吐絮，人们正全面分批收采。而在黄淮、江淮以及再靠南一点的地区，单季稻已扬花灌浆，双季双晚稻即将抽穗，也该抓住白露节这气温尚高的日子浅水勤灌，待稻谷灌浆已了，排水落干，也要为其早熟加一把劲儿。如遇低温阴雨，就得加一份忙，那就是防止稻瘟及菌核这些病害。至于那些产茶地区，正在采制秋茶，对那叶蝉的危害，也是非防止不可的。……

“春种一粒粟，秋收万颗子。”亿万农民从春到夏，从夏到秋，顶风雨，冒寒暑，一滴汗水恨不得摔成八瓣，为了啥？为的不就是大地的丰收吗！俗话说手中有粮，心中不慌。如此，种庄稼的心中不慌，做工的心中不慌，扛枪的心中不慌，13 亿中国人面对全世界将自豪地说：“我们心中不慌！”

谚语里的白露

一、反映天气与物候的

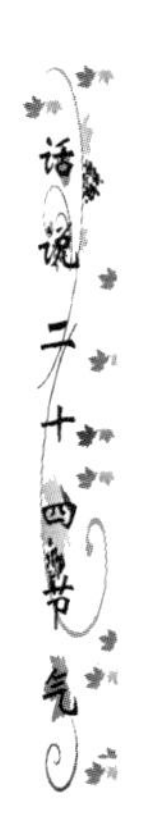

八月雁门开，雁儿脚下带霜来。

白露刮北风，越刮越干旱。

白露雷，不空回。

白露晴，寒露阴；白露阴，寒露晴。

白露秋风夜，一夜冷一夜。

白露水，寒露风。

白露无雨，百日无霜。

白露无雨好年冬。

白露在仲秋，早晚凉悠悠。

过了白露，太阳打截路。

一场秋风一场凉，一场白露一场霜。

草上露水凝，天气一定晴。

傍晚露水，来日毒太阳。干雾露阴，湿雾露晴。

喝了白露水，蚊子闭了嘴。

二、反映农事活动的

白露满地红黄白，棉花地里人如海。杈子耳子继续去，上午修棉下午摘。

早秋作物普遍收，割运打轧莫懈怠。

底肥施足快耕耙，秸秆还田土里埋。

高山河套瘠薄地，此刻即可种小麦。

白菜萝卜追（肥）和浇，冬瓜南瓜摘回来。

苹果梨儿大批卸，出售车拉又船载。

红枣成熟适时收，深细加工再外卖。

秸秆青贮营养高，马牛猪羊“上等菜”。

禽畜防疫普打针，牲畜配种好怀胎。

饵优水足养好鱼，土壮藕蒲长得乖。

种麦种到老，还是麦子早种好。

别说白露种麦早，要是河套就正好。

抢墒地薄白露播，比着秋分收得多。白露麦，顶茬粪。白露种高山，寒露种河边，坝里霜降点。

白露播得早，就怕虫子咬。

麦种拌农药，不怕虫子咬。

麦种温水饱，不长黑包包。

选好种，晒得干，来年多打没黑疸。

抢秋抢秋，不抢就丢。

谷怕连夜雨，麦怕晌午风。

头白露割谷，过白露打枣。

白露割谷子，霜降摘柿子。

白露谷，寒露豆，花生收在秋分后。

谷子上囤，核桃挨棍。

谷子老了吃米，高粱老了吃糠。

生砍高粱熟割谷。

谷子未熟透，小米粒子瘦。

玉米苍皮还未熟，晚刨几天有好处。

白露田间和稀泥，红薯一天长一皮。

白露种葱，白露种蒜。萝卜白菜葱，多用大粪攻。

八月八，冬瓜南瓜摘回家。

白露节，棉花地里不得歇。

前紧，中松，后不管，棉花一定大减产。

白露的花，温低霜早就白搭。

秋后棉花锄三遍，絮厚绒白粒饱满。

麦怕三月寒，棉怕八月连阴天。

麦喜胎里富，底墒底肥是基础。

秸秆还田，壮地松土又治碱。

麦怕胎里旱，墒差就得灌。种麦底墒足，根多苗子粗。

水地争墒不争时，旱地争时不争墒。

犁深耙透多上粪，打的麦子撑破囤。

麦子收在犁上，谷子收在锄上。

耕得深，耙得烂，一碗汗水一碗面。

耕地深一寸，顶上一层粪。

麦凭耕得深，秋靠锄得勤。

早耕能歇地，长麦有力气。

犁地不到路，必定荒三步。

地里谷茬拾干净，来年少生钻心虫。

耕得深，耙得匀，地里长出金和银。

种麦不要怕，全靠一盘耙。

坷垃打不碎，麦子要受罪。

白露打枣，秋分卸梨。

八月连阴种麦好，只怕淋烂柿和枣。

白露打核桃，霜降摘柿子。

白露到，摘花椒。

白露到秋分，家畜配种带打针。

白露节到，牛驴上套。

三、反映养生护体的

白露白露，四肢不露。

白露白茫茫，寒露添衣裳。

白露白茫茫，无被不上床。

白露身不露，寒露脚不露。

白露民俗二题

祭祀大禹

每逢白露节气，举行盛大隆重的祭祀禹王的活动，江苏民间有此俗，浙江绍兴亦有此俗，祭祀禹王又称为拜祭“水路菩萨”。相传禹王是治水英雄大禹，与尧舜并称古圣王，民间称他为“水路菩萨”或“河神”，每年正月初八、清明、七月初七和白露时节，都要举行祭禹王的香会，其中尤以清明、白露两祭的规模为最大，每次历时一周。同时人们会来赶庙会，打锣鼓、跳舞蹈。《史记·夏本纪》：“帝禹东巡狩，至于会稽而崩。”绍兴不但有禹陵，而且有禹祠（禹庙），陆游这位宋代伟大的爱国主义诗人，就有诗《禹祠》如实地记录了清明时节春祭大禹的欢乐盛况：

禹祠行乐盛年年，绣毂（gǔ，车）争先罨（yǎn）画（彩色绘画）船。

十里烟波明月夜，万人歌吹早莺天。

花如上苑（皇家园林）常成市，酒似新丰不值钱。

老子未须愁白发，黄公垆下且闲眠。

这可是一幅绝妙的清明祭大禹的风俗画啊！

喝白露茶

民间有“春茶苦，夏茶涩，要喝茶，秋白露”的说法。白露时节的茶树经过夏季的酷热，此时正是它生长的最佳时期。白露茶既不像春茶那样鲜嫩、不经泡，也不像夏茶那样干涩味苦，而是有一种独特甘醇清香味，尤受老茶客喜爱。旧时南京人都十分青睐“白露茶”，因而每到此时，有些老茶客就会聚在一起，细品香茗，体验传统之美。

诗词里的白露

白露作为一种物候现象，是由于气温降到一定程度，由水汽凝结成露珠附着在植物的枝叶及其他物体上的自然现象。而这种自然现象的出现，往往在黄河中下游地区阴历仲秋上旬，交八月节的时分，也即在阳历的 9 月 8 日前后，我们的先人，对白露这种物候现象在 2000 多年前的春秋时代，就有所认知了。

那时的诗歌总集《诗经·秦风·蒹葭》里就有“白露未晞”“白露未已”的诗句，而至汉代，《古诗十九首》（其七）更将阴历七八月之交，尤其对白露八月节的天象、物候给予了生动的描写，并抒发了诗人个性化而又独特的思想感情：

明月皎夜光，促织鸣东壁。
玉衡指孟冬，众星何历历！
白露沾野草，时节忽复易。
秋蝉鸣树间，玄鸟逝安适？
昔我同门友，高举振六翮。
不念携手好，弃我如遗迹。
南箕北有斗，牵牛不负轭。
良无盘石固，虚名复何益！

这是一首失意之士怨恨朋友不相援引的诗。

前八句描写了阴历七八月间白露节前后几种典型的物候现象：“促织（蟋蟀）鸣东壁”，正是《诗·豳风·七月》“八月在宇”之义，而“白露沾野草”“秋蝉鸣树间”“玄鸟（燕子）逝安适”，正是同白露前后的物候相一致。至于“玉衡指孟冬”，金克木先生认为：“斗纲”既在不同的时间以北斗三个不同的星为指针，自然也可以反过来从不同星所指的方位去看夜间的时刻。这是古代读书人的常识。“玉衡指孟冬”是说“半夜该指秋（申酉、西）的星已指到冬（亥、北）了”，即“已过了夜半的两三个时辰之后”，他并认为，据诗意看，“若是仲秋，就刚在夜半与天明之间”。金先生的看法是正确的。那也就是说诗的抒情主人公因怨恨得志朋友的不相援引，悲愤难抑，忧心悄悄，难以成眠，就这样在仲秋白露前后一个夜里，独自在月下徘徊、徘徊……

这些描写里句句都暗喻着诗人那种悲愤难消的抑郁不平之气。面对“时节忽变”，天气渐凉，草虫也寻暖处，小燕子也不知飞向何处去寻找安乐去了，秋蝉也仿佛在树间发出自己末日来临的悲鸣，而只有“野草”现在是沾上了冰凉的白露，无声地等待最后的枯死。这个秋夜，到处是一片令人悲愁的肃杀之气。

而诗的下面八句则直抒胸臆，发泄其愁恨牢骚来了。对自己的同门友，“振六翮”而“高举”，飞黄腾达，发了大财，当了大官，可是他们这时却对我“不念携手好，弃我如遗迹”。对我无丝毫援引之意。这是什么“携手同门友”呀，哪里还存在什么友谊如磐石的诺言！“南箕北有斗，牵牛不负轭”，就是天上的星星也不是虚有虚名吗？箕星簸不得糠，斗星挹不得酒浆，牵年也负不得轭拉不得车、耕不得田。天上尚且不少事徒有虚名，人间更多徒有虚名岂不正常！“虚名复何益”，而这些虚名又能排得什么用场呢……

这首诗以悲秋起兴，从“时节”的变易而致慨于世态炎凉。世态炎凉，本不足怪，雪里送炭稀少，锦上添花多家，恐怕这种炎凉的世态古来就有，于今更甚，恐怕还要在这个世界上继续存在下去吧，黑格尔老人说：“存在是合理的。”大概炎凉世态也有它不可改易的理由吧。

不同的世事，不同的人物，对同样的八月节白露也该有不同的感受，发抒其不同的感情吧。且看自汉《古诗十九首》产生的时代，过五六个世纪之后的唐，诗人杜甫在白露之夜如何奈得此夜此月吧……

月夜忆舍弟

唐·杜甫

戍鼓断人行，边秋一雁声。

露从今夜白，月是故乡明。

有弟皆分散，无家问死生。

寄书长不达，况乃未休兵。

诗写于唐肃宗乾元二年，即759年。据诗句说“露从今夜白”，如果当日是交白露节，那日子就该是759年9月8日前后，而据《中华两千年历书：1—2060年》，那天就该是阴历己亥年八月十三日或其后十四日了。

这时是安史之乱（755年）发生后第四个年头，仍是战乱不休。就在这年9月，史思明从范阳引兵南下，攻陷汴州，西进洛阳，河南、山东皆处于战乱之中。当时，杜甫的几个弟弟正分散在这一带，由于战事阻隔，音信不通，引起他强烈的忧虑和思念，而杜甫自己呢？他“无钱居帝里”，难以留在长安，而中原故乡，“怅望但烽火，戎车满关东”（《遣兴三首》其二），归程阻隔，无可奈何，才携家来到秦州（今甘肃天水），在那里过着“不爨井晨冻，无衣夜床寒。囊空恐羞涩，留得一钱看”（《空囊》）的生活，就在如此困窘之中，就在远离长安、远离中原故乡的临近中秋之夜，诗人写下了《月夜忆舍弟》这么一首五律。

全诗句句扣住一个“忆”字。前四句即情生景，写“忆”时之境，后四句写所“忆”之由，直抒诗人思亲怀乡、忧时伤乱之情。是景语亦是情语，情景合而为一是其底蕴。

这是一个边城临近八月十五的夜晚，戍楼上的更鼓声声传来，正值宵禁时分，路上行人已是断绝，夜显得太寂静了。突的一声孤雁的哀鸣从高空传来，北雁正在南飞啊！而自己呢？却有家归不得被滞留在这边陲异乡，这怎能不让人黯然神伤呢？古人曾以“雁行”，比喻兄弟，而自己不正是离开雁行的那只哀鸣的孤雁吗？孤雁思群，自己对弟弟的忆念之情，是如此深啊！

“露从”二句，写诗人月下凝思。寒露侵衣，前写具体时日，恰逢白露，后写冷月当空，思亲念远。夜深了，露白、月明、更鼓、孤雁，这一切组合起来，其境太清，其地太荒，其声太悲，作为远离家乡的游子杜甫，其内心之悲凉可知。今夜之月，是临近八月十五的圆月。圆月，月圆，岂不象征着兄弟家人的合家团圆吗？但如今月将圆而人不圆。因为战乱，自己与家人兄弟天各一方，且更为他们的安全忧心如焚。而这月曾因与兄弟家人的团圆欢欣而愈见其明亮，这是对往事的回忆，将自己的喜悦之情移到了月亮身上，使得它更加明亮了。诗人将自己爱故乡爱兄弟之情完全融合成了一体，“月是故乡明”，这是诗人感情的真实！艺术语言就该以艺术标准去量度，至于有人说“月是故乡明”是什么错觉云云，那就有点太无谓了。

诗人对弟弟之所以“忆”得如此深切，在后四句的直抒胸臆中，道出了原因。兄弟违离，天各一方；家乡没有亲人，实已无家，以及亲人之间的生死未卜，怎不令人心碎？杜甫兄弟手足情深，在行迹漂泊之中，他写下了忆弟诗多首，有“骨肉恩书重，漂泊难相遇，犹有泪成河，经天复东注”（《得舍弟消息·风吹紫荆树》）的牵挂，有“近有平阴信，摇怜舍弟存”［《得舍弟消息二首（其一）》］的宽慰，还有“风尘暗不开，汝去几时来。兄弟分离苦，形容老病催”（《送舍弟颖赴齐州三首》）的切盼，而这首《月夜忆舍弟》在抒发怀乡思亲感情的同时，也表达了对战乱的愤懑之情。兄弟缘何分散，无家可归，音书不达？战火频、“未休兵”是其根本原因。杜甫心系天下，因之在这里所写，家恨、国难也就很自然地融而为一了。由此，我们可以认识唐代安史之乱给千千万万人民所造成灾难的深重，可以准确地把握那个时代脉搏的率动，杜甫的伟大，被称为“诗圣”“诗史”，其根本缘由不正在这里吗！

“时运交移，质文代变。”晚唐、五代至于宋，人们的审美趣味和艺术主题同盛唐相比，已发生了巨大的变化。“走进更为细腻的官能感受和情感色彩的捕捉追求。”正如李泽厚先生所说的那样：这时的“时代精神，不在马上，而在闺房；不在世间，而在心境”。因之，在纤细柔媚的花间体同北宋词里所呈现的，则无例外的全是些人的心境和意绪。那么下面请看宋真宗在位时曾任同中书门下平章事兼枢密使的晏殊，他的笔下就写了这么一首《蝶恋花》：

槛菊愁烟兰泣露，罗幕轻寒，燕子双飞去。
明月不谙离恨苦，斜光到晓穿朱户。

昨夜西风凋碧树，独上高楼，望尽天涯路。
欲寄彩笺兼尺素，山长水阔知何处？

这是一首写闺中秋思的词，这类题材为唐宋词中所常见，但这首《蝶恋花》，只是写出闺中人秋日怀人的气氛气象，而没有堆金垛玉，铺排锦绣，而是写得深婉含蓄，风流蕴藉，是北宋婉约派词的代表作品。

这位闺中少妇心情不好，一大清早在她眼里，栏杆里菊花就被愁烟笼罩，幽兰上浮漾的露珠儿也成了哭泣的泪水，那两只成双作对的燕子好像也感到“罗幕轻寒”似的一块儿飞走了。月亮一点也不懂得这位少妇同其丈夫离愁别恨的痛苦，仍是要“斜光到晓穿朱户”，弄得她彻夜未眠，简直可恶！这是上半阕的大意，一上手由外而内，由远而近地写来，“菊愁”“兰泣”移情入景，含蓄深沉，耐人咀嚼。“轻寒”，人有所感，而燕子就双双离去。暗写人独寝，明写燕双离，一个独寝寂寞，一个成双作对。对比衬托，则人不如鸟；燕子无情，明月也无情。怨鸟恨月写出这位少妇离愁别绪之深情，无可奈何，情何以堪哟！不过这一切，词人都不肯由“我”说出来。这位“赋性刚峻”的当朝宰相作起小歌词来，真是“词语殊婉妙”啊！

上阕写的是闺中少妇一夜相思，愁绪无限，转入下阕，则仍是继写“离恨苦”，时地在转换。时间是从昨夜而破晓，而清晨，主人公由室外而室内，而登楼。“昨夜西风凋碧树，独上高楼；望尽天涯路。”这三句其逻辑顺序当是，先“独上高楼”，而却能毫无遮挡“望尽天涯路”，何以至此，“昨夜西风凋碧树”啊！将逻辑顺序的第三句提到第一句的位置，可见词人之所“侧重”，欲使“西风凋碧树”给人以强烈的印象——这西风好厉害，一夜之间木叶尽脱，尽显“天涯地角有穷时，只有相思无尽处”。又有“无穷无尽是离愁，天涯地角寻思遍”，前者出自晏殊《木兰花》的结句，后者出自《踏莎行》的结句，皆与“独上高楼”二句同义，抒写出闺中人的相思深情，这位闺中少妇对于爱情是太执着太认真了。独上高楼，望而不见，绿叶凋落，离情仍然无法排遣，又回到室内，又是题诗赠远，又是寄书信，不如此重复，怎见其情义之愈加深重与寄情达意的殷切?“欲寄彩笺兼尺素，山重水阔知何处”，言有尽而意无穷，此两句作结，大妙!

“昨夜西风凋碧树，独上高楼，望尽天涯路”，乃宋词名句。王国维《人间词话》（二六）云：“古今之成大事业、大学问者，必经过三种之境界：昨夜西风凋碧树，独上高楼望尽天涯路。此第一境界也。”这是以这一境界比喻成大事业、大学问，首先一条就是要立志高远，习近平同志在其系列讲话中，要求共产党员及其干部，首先要认真学习马克思主义理论，这是我们做好一切工作的看家本领。要通过坚持不懈地学习，学会运用马克思主义立场、观点、方法观察和解决问题。要坚定理想信念，带领人民走对路，学习马克思主义理论，就要有“望尽天涯路”那样志存高远的追求，耐得住“昨夜西风凋碧树”的清冷和“独上高楼”的寂寞，静下心来通读苦读。看来将以比拟对马克思主义学习的第一境界也是非常恰当的。其实学习马克思主义如此，学习其他专业知识如此，甚至做好事业、做好学问也无不如此。“昨夜西风凋碧树，独上高楼，望尽天涯路”是哲理，也是活生生的无所不在的人生现实。

白露与养生

“二八月，没头儿歇。凉荫儿凉，太阳地儿热。”这说明二月、八月正是阴阳消长转变之时，不过八月毕竟不同于二月。二月由暖渐热成为趋势，而八月则是由凉转寒成为必然。“过了白露节，一夜冷一夜”，这句俗话就道出了秋天白露节后气温变化而致人们感受亦随之变化的特点。也真是这样，“白露节”过后，雨水渐少，天气干燥，昼热夜凉，寒热多变，身体一旦不适，便易伤风感冒，旧病也易复发，故有“多事之秋”之说。应对大自然的变化，对人的生理活动而言就是“适者去，违者凶”。“夏长”“秋收”，此由自然界的阴阳消长变化所致，而人体内之阴阳之气也该跟着由“长”到“收”。因之，保养内收之阴气，“养收”就成为秋季养生保健的一个重要原则。

中国传统医学认为，秋内应于肺，肺主气司呼吸，在志为忧。悲哀忧虑最易伤肺。肺气虚时，机体对外界刺激的抵抗、耐受力下降，而易生悲忧情绪的变化。“春秋代序，阴阳惨舒，物色之动，心亦摇焉。”一般人对季节更换、景物改易，可能不会像诗人那样敏感，见月缺花残，黯然泪下，但天气阴冷总使人郁闷，晴朗总让人舒畅，景物的变化总会引起人们心情的波动。这倒是真的。因此一般说来，秋季人的情绪，不太稳定，易烦躁、悲愁伤感。尤其目睹草枯叶落、花木凋零，心中难免产生凄凉之感。宋代养生家就说过："秋时凄风惨雨，老人多动伤感，若颜色不乐，便须多方劝说，使役其心神，则忘其秋思。"秋季养生，尤其仲秋白露以后，季节变化越来越明显，培养乐观情绪，静思收获的喜悦，保持心神稳定，收神敛气，为阳气潜藏做好准备，倒是第一要务。

在起居上，处暑已过，炎暑收敛；白露又至，日增起寒，阳气也由春夏之疏泄到收敛闭藏，要对睡眠时间作出合理安排，宜"早卧早起，与鸡俱兴"。早卧，以顺应阴精之收藏，以养"收"气；早起，以顺应阳气之舒长，使肺气得以舒展。根据研究证明，早起可减收或缩短小血栓形成机会，对于预防脑血栓发病有一定意义，因为这类病在秋季发病率较高。

"过了白露节，夜寒白儿里热。"这是黄河中下游不少地区的一句谚语，道出了日夜温差大的白露以后的时令特点。"白露勿露身，早晚要叮咛。""白露白露，四肢不露。"这又是黄河中下游地区的两句俗话，这时节，短衣短裙，该换上长衣长裤了，床上的凉席也该撤去了，厚被子当然用不上，薄被子也是该派上用场。早晨晚上与中午温差加大，衣物穿着谨防伤风感冒，造成上呼吸道感染、肺部感染就大为不妙了。可另外，也不该添上太多衣服，也就是说，衣着的增减一要适时，二要适宜，"春捂秋冻"，如今"秋冻"正当时，这个原则也是丢不得的。

在饮食上，应贯彻"少辛多酸"原则，尽量减少食葱、姜、蒜、韭、椒等辛辣之物，多食一些酸味的瓜果与蔬菜，以防燥护阴，滋阴润肺。比如南瓜就是非常应时、改善秋燥症候之物，它含有丰富的维生素 E 和胡萝卜素。胡萝卜素可以在体内转化为维生素 A。维生素 A、E 有增强机体免疫力之功效，对改善秋燥症状有明显疗效，早晚煮粥将南瓜碎切预先投入锅内加热，做成南瓜粥，也是不错的养生之道，尤其晨起喝粥以益胃生津，对胃病老年患者也可说是大有裨益的。

秋季，气温由热变凉，多吃温食，少食寒凉之物算是适应了时令的变化。温食有保护、颐养肺气胃气之功，寒、凉之食反而无益有害。古医书上说："秋冬间，暖里腹。"又说："夏至以后，秋分之前，外则暑阳渐积，内则微阴初生，最当调停脾胃，勿进肥浓。"如果过食寒凉之品或生冷，不洁瓜果，就会导致湿热内蕴，毒滞肠中，引起腹泻、痢疾等。俗话说"秋果坏肚"，老人呀、小孩呀、体弱的人呀，以少吃为佳，可别因"为嘴伤身"，那可就划不来了。

在活动上，时至白露，大地丰收，正是所谓金秋，给参加各种体育活动以健康身心提供了方便，除适宜地用用脑，劳动一下筋骨外，体育活动固不可少，出外旅游也是一个不错的选择。有一条原则就是依据自己的工作实际及身体状况，各取所宜，切不可跟风。

但无论参与或进行什么样的活动，都要注意气候变化，以采取相应的举措。饮食起居与穿着打扮，既要适合活动的要求；又要适合气候变化的要求，否则天有不测风云，老天这家伙突然一变脸，穷于应对不好，无法应对那就更不好了。

十六　秋分，秋之半也

秋分，二十四节气中的第十六个节气。每年9月23日前后，太阳到达黄经180°，也即每年太阳直射23°26′北回归线的夏至后，逐渐南移，当太阳行至秋分点之日开始，《月令七十二候集解》当同春分一样，这样解释：“八月中，分者半也。此当九十日之半，故谓之分。”《春秋繁露·阴阳出入上下篇》：“秋分者，阴阳相半也。故昼夜均而寒暑平。”此日同春分一样，阳光几乎直射赤道，昼夜几乎等长。但秋分后阳光直射位置渐向南移，北半球将渐昼短夜长，由于得到太阳辐射的时间逐渐减少，而地面散失的热量越来越多，气温降低的速度也就越来越快。天文学则认为北半球秋天是从秋分才开始的。这时节，长江流域及其以北的广大地区，均先后真正进入秋季，日平均气温都降到了22℃以下。

《周礼·春官·典瑞》：“以朝日。”汉郑玄《注》：“天子常春分朝日，秋分夕月。”朝日，指祭祀太阳，夕月，指祭祀月亮。《国语·周语上》亦说：“古者先王既有天下，又崇立于上帝，明神而敬事之，于是乎有朝日夕月，以教民事君。”这里大意是说：古代，先王取得了天下之后，又尊崇上天和日月，恭敬地祭祀它们，于是有了春分祭日、秋分祭月的礼仪，用这个来教育人民侍奉君主。由此看来，中华民族中秋拜月之俗，其历史可算是同中春祭日一样悠久了。

凉风习习，碧空万里。风和日丽，丹桂飘香，蟹也正肥，花也正黄，这秋分时节，可算是气候宜人，景色宜人。但对广大农家来说，却是如画秋色少人赏，一个心思忙三秋。三秋者，秋收、秋耕、秋种也。棉花吐絮，烟叶变黄，正是收获的黄金时机。在广大的华北平原，“白露早，寒露迟，秋分种麦最当时”，小麦已进入了紧张的播种中，而长江流域及南部广大地区，晚稻田里尽是忙着收割的人们，这厢收割刚完，那厢土地就得趁晴耕翻，油菜也该准备下种了。那里有半晌闲的空儿。三秋大忙，贵在一个“早”字。及时抢收，这样，早霜冻、连阴雨就危害不了庄稼；适时早播，冬前的热量资源可资利用充分，培育壮苗安全过冬，岂不是为来年丰产夯实了基础吗！可在华南广大地区，双季晚稻却正在扬花，这可是晚稻能否高产的关键时期！如果遇上了早来的阴雨所形成的“秋分寒”，是对双季晚稻的开花结实造成了重要威胁，为保障高产丰收，认真做好防御准备，是十分必须的。

谚语里的秋分

一、反映天气与物候的

早上凉，晌午热，要下雨，得半月。

秋分天晴必久旱。

秋分有雨，寒露有冷。

秋分冷雨来春旱。

秋分有雨天不干。

秋分北风多寒冷。

热至秋分，冷至春分。

秋分前后偏北风，主霜早。

秋分出雾，三九前有雪。

秋分雨多雷电闪，今冬雪雨不会多。

秋分夜冷天气旱。

秋分后，青蛙叫，秋末还有大雨到。

秋分梨儿甜。

秋分西北风，今冬多雨雪。

二、反映农事活动的

秋分不露头，割了喂老牛。

秋分不割，雨打风磨。

秋分不起葱，霜降必定空。

秋分谷子割不得，寒露谷子养不得。

秋分见麦苗，寒露麦针倒。

秋分早，霜降迟，寒露种麦正当时。

秋分麦粒圆溜溜，寒露麦粒一道沟。

秋分日晴，万物不生。

秋分牲口忙，运、耕、耙、耢、耩。

秋分人忙，割打晒藏。

秋分天气白云多，处处欢歌好晚禾。

秋分无生田，处处动刀镰。

秋分已来临，种麦要抓紧。

秋分有雨来年丰。

秋分种高山，寒露种平川，迎霜种的夹河滩。

秋分种麦，前十天不早，后十天不迟。

淤土秋分前，前十天不早，沙土秋分后十天不晚。

淤种秋分，沙种寒露。

白露早，寒露迟，秋分种麦最当时。

中秋节

八月十五，是民间传统的中秋佳节，其实也是瓜果节，是秋收之后中原农家的狂欢节。

“中秋”一词，始见于《周礼·春官宗伯第三·籥章》：“中春，昼击土鼓，吹《豳》诗以逆暑；中秋，夜迎寒亦如之。”《长安玩月诗序》也说：“秋云于时，后夏先冬；八月于秋，季始孟终；十五于夜，又云月中。稽于天道，则寒暑均，取于月数，则蟾魄圆，故曰中秋。”根据我国古代历法，农历八月十五，是一年秋季八月的中间，所以称为“中秋”。一年有四季，每季又依次分孟、仲、季三部分。三秋中第二月称为“仲秋”。中秋之夜，明月当空，清辉洒满大地，但就其实际说，月亮本身是不会发光的。在运行中，它只有面向太阳半球时才能被照亮。若背着太阳的半球便是暗黑的了。这样就使月亮在绕地球的公转中，由于太阳、地球、月亮相对位置的变化，而跟着也出现了月亮形状圆缺的变化，这叫作“月相变化”。农历每月初一，月亮位于太阳和月亮之间，从地球上看月亮，只能是月亮背着太阳的一面，那就什么也不会看到了。这时的月相叫“朔”。初二、初三傍晚月亮出现在西方，其状如钩，那叫“新月”。到了初八、初九看到半个明月，那叫“上弦月”。十五、十六，月亮运行到同月朔相反的位置，被阳光照亮的半球恰好面向地球，所以人们看到了一轮明月，这就叫“满月”或“望”。时逢中秋之夜，碧海蓝天、皓月当空，银白色的清辉普照万里，我们的先辈们那时还缺乏对宇宙如今日的科学了解，于是嫦娥奔月一类的神话就产生了，而对月的阴晴圆缺，人们的悲欢离合之情也由此油然而生了。尤其是那些客居异乡的人，他们“举头望明月，低头思故乡”，更希望借明月寄一腔思念家乡思念亲人的深情啊！所以中秋节又有了一个名称，叫作“团圆节”。

中秋节，在中原民间其互送月饼、点心、美酒、瓜果，以表达美好的心意。中秋，走亲戚，也求的是亲人团聚。出嫁的闺女要在中秋节前二三日回娘家送月饼，距离远些的，也要在十五或十六送一次节日佳肴，也即自家节日吃的都留一些送给父母。即使是身居在外，也要在中秋节特意赶回老家给父母送月饼。如不能回去，也得事先写信，或寄钱回去，不然就会被人指责为“不孝”。即使同父母已经分居，八月十五晚上也要带着月饼到父母那里一起“愿月”。至于白天的食品可以送给父母，也可以将父母请到自己家里一起食用。几块月饼、一点吃食能值几何？但需要的不是这些东西，而是蕴含在这些东西中的道理。做父母的在这个节日里需要享受天伦之乐，以显示自己在儿女们心中的位置。这一习俗本身就对一些人的道德行为起了规范作用。即使再不孝的儿女，也要在这个节日里向父母有所表示。八月十五过后，老人聚到一块儿会炫耀自家儿女的孝心，儿女聚在一起也会谈及自己在节日里给父母送了些什么。他们是以自己省吃俭用而去孝敬父母为荣的。对尊老敬老的社会风气的形成而言，八月十五家家团圆这一风俗无异对它起了促进作用。

八月十五“祭月”，同“祭日”“祭天”“祭地”等一样也是对异己的自然力量的一种崇拜。祭月活动要由年长家庭主妇主持。祭月时，先要在自家庭院里摆上供桌，上面放置苹果、柿子、石榴，枣、梨等“五色供果”，豫西人则少不了供上煮熟了的毛豆角。月饼当然必须置于所有供品之正中。周口一带还把印有月宫、桂树、嫦娥、玉兔等木刻画的所谓“月宫码”摆在所有供品之前。一会儿月亮渐渐升起来了。事先净了手的家中年长的老太太，会带领着她的女儿、媳妇、孙女们面对天上的明月在供桌前跪倒在地，等将燃着的香插进桌上的香炉，主持祭拜月亮的老太太同她的女儿、媳妇、孙女则是一脸虔诚，其他家庭成员也仿佛是屏住了呼吸，好像他们一大家子把一辈子的希望都寄托于那当空的一轮明月上了。这时家家户户香烟缕缕，升到高空，融成了一片。这时整个村子也一下子香气氤氲，仿佛一切的一切都笼罩在这拜月的庄严肃穆之中了。

八月十五月明圆，
月奶奶呀尝尝鲜。
你坐堂上我们拜，
月饼瓜果全尝遍……

在老太太同她的女儿、媳妇及孙女们虔诚的跪拜祷告声中，“月亮知道我的心”，那碧空中的月奶奶恐怕一定也会将风调雨顺、五谷丰登等幸福带给家家户户的。不是吗！祷告之后，随即焚烧“月宫码”，俗称“圆月”。祭月活动至此就宣告结束了。

接着是全家老幼团团围坐在一起，将祭月的月饼你一块我一块分着吃了，以此来表示“团圆”。这时明月高挂，清风拂面，秋虫唧唧，天高气爽，田野里、场院里，到处堆放着新收的玉米谷子，散发着谷豆新熟的芳香，人们饮酒、品茶，咀嚼着节日食品的美味。孩子们围坐在老人们身旁，瞪大眼睛聆听着对“嫦娥奔月”“吴刚伐桂”与“玉兔捣药”这些古老神话传说的讲述，惊讶着元朝末年在月饼馅里传递情报，共约“八月十五杀鞑子”一起起义的故事。孩子们还从老人那里听到了，可以根据八月十五当天的阴晴月晕推知来年的天气，“八月十五云遮月，防备来年元宵雪打灯”，就是一例。

在豫南桐柏等地，八月十五晚上，圆月之后年轻妇女多相互结伴悄悄到瓜地摘冬瓜，送回至家中床上，说这是“娘娘送子”，以祈祝来年添生贵子。俗话管这叫“摸瓜送子”。

八月十五前后，民间盛行走亲戚，“八月十五月儿圆，娘瞧闺女大竹篮”。杞县南部和民权一带人讲究要在节前，叫作“追节”。而在泌阳，八月十五走亲戚多是给刚出嫁的女儿送枣糕，届时，舅姑姨姐都要去，连续三年。婆家呢，也一定要热情招待。生子育女后，还要送“子女耍糕”呢。荥阳人则更舍得，给出嫁女儿送的节饼有大致七八斤一个的。民间有称八月十五为“闺女节”的，看来此言不虚也。

八月十五作为节日，两汉时雏形已具，至魏晋时就有中秋赏月之举，到唐宋就大为盛行了起来。韩愈在八月十五夜写的赏月诗赞道：“一年明月今宵多。”韦庄也有诗曰：“八月中秋月正圆，送君吟上木兰船。”另一位诗人更抒怀道：“独上江楼思悄然，月光如水水如天。同来玩月人何在？风景依稀似去年。”可见，一年一度中秋节，明月最圆、秋色宜人，玩月、赏月成了人们的共同心愿。到了宋太宗赵光义在位期间始将八月十五定为中秋节，至今已 1000 余年仍盛行不衰。“但愿人长久，千里共婵娟。”其中寄托了人们多少美好的祝愿啊。

关于嫦娥奔月的神话与传说

“羿请不死之药于西王母，羿妻姮娥（即嫦娥）窃之奔月，托身于月，是为蟾蜍，而为月精。”（《初学记》卷一引《淮南子》）

“旧言月中有桂、有蟾蜍、故异书言，月桂高五百丈，下有一人，常斫之，树创随合。人姓吴，名刚，西河人，学仙有过，谪令伐树。”（《酉阳杂俎·天咫》）

这是两则关于嫦娥奔月著名的神话传说，而到了民间，“蟾蜍”不仅由癞蛤蟆变成了“玉兔”，成了嫦娥的宠物，嫦娥也变成了美女的代称，而伐桂的吴刚也成了嫦娥的邻里。美丽的月宫世界就是这样构成的。不过这些神话经过世代民间传说，愈加丰富而更具鉴赏价值了。

尧时，天上有十个太阳，且猛兽、毒蛇甚多，羿射落了九个太阳，杀死了危害人民生命的毒蛇猛兽，羿真是一个受人尊敬与爱戴的大英雄！而后，羿又娶美丽的嫦娥做了妻子，羿平日除传艺与狩猎，终日同嫦娥在一起，人们都羡慕这对郎才女貌的恩爱夫妻。

不少有志之士慕名而来向羿学习射箭的技艺，而有一个心术不正的家伙叫逄（páng）蒙的也混了进来。一天，羿到昆仑山访友求道，巧遇由此经过的西王母，便向西王母求得两颗长生不老的仙丹。据说服了一颗仙丹的人可以长生不老，服下两颗仙丹的人就能即刻升天成仙。羿舍不得撇下妻子，只好暂时把两颗仙丹交给嫦娥珍藏起来。

嫦娥将仙丹藏进梳妆台的百宝匣时，被小人逄蒙偷窥到了，他想偷吃仙丹成仙。三天后羿率众徒外出打猎，心怀鬼胎的逄蒙假装生病留了下来。待羿走后不久，逄蒙手持宝剑闯入内宅后院，威逼嫦娥交出仙丹。她打开百宝匣，拿出两颗仙丹一口气吞了下去。嫦娥吞下仙丹后，感觉身体轻飘飘能够飞了，于是飞出窗口，向天空飞去。由于嫦娥牵挂丈夫羿，便飞落到离人间最近的月亮上。

太阳落山后，羿又累又饿回到家里，没有看见爱妻嫦娥，便询问侍女是怎么回事，侍女们哭着向他讲述了白天发生的事。羿又惊又怒，抽剑去杀恶徒，不料逄蒙早已逃亡。羿气得捶胸顿足，悲痛欲绝，仰望着夜空呼喊着爱妻的名字。朦胧中，他惊奇地发现，当天晚上的月亮格外明亮。恰好这天是阴历八月十五，而且月亮里有个晃动的身影，酷似嫦娥，他飞一般地朝月亮追去。可是他追三步，月亮退三步，无论怎么着也追不上月亮。

羿思念嫦娥心切，便派人到嫦娥喜爱的后花园里摆上香案，放上她平时最爱吃的蜜食鲜果，遥祭月宫里的嫦娥。老百姓们听说嫦娥奔月成仙的消息后，每年到阴历八月十五，纷纷在月下摆设香案祭拜嫦娥，为漂亮、善良的嫦娥祈求平安吉祥。

在这个传说里，羿像一个旧时以开武馆发家的人，住房阔绰，内宅、后院、后花园一应俱全，而侍女丫环也不止一人。这可能同编撰这种传说的人所处的时代及当时的价值观念有关吧。

另外还有一个叫后羿的，他同尧时射得九日落神话里的羿并不是同一个人。后羿，上古夷族的首领，善射。相传夏太康沉湎于游乐，后羿推翻其统治，自立为君，号有穷氏，后来为其臣寒浞所杀（参见《书·五子之歌》《左传·襄四年》《离骚》《史记·吴世家》）。因为古代天子与列国诸侯皆可称“后”，这个羿曾“自立为君”，且“号有穷氏”，故史书称其为“后羿”，以与神话中嫦娥丈夫的羿区别开来。

诗里的秋分

且看梁沈约的诗《秋夜》：

月落宵向分，紫烟郁氛氲。
曈曈萤入雾，离离雁出云。
巴童暗理瑟，汉女夜缝裙。
新知乐如是，久要讵相闻？

从诗的首句看，诗该是秋分那天写昨夜情景。分者，半也。宵既是一半，白天当是另一半。昼夜等长，岂非秋分而何！“紫烟郁氛氲”这是天刚亮初日照穿雨云呈现的奇景，也可以说是早晨的火烧云吧，但这时天还未大亮，夜色尚未退尽，有点昏昏儿的，而这时地面又升起一层薄雾，萤火虫笼罩在曈曈昏暗的薄雾中，已是看不清楚了。雁行正在飞离天上的云，但还有排在雁行后面的几只被云生生地分割在云彩眼里。这前四句写了从秋夜之宵分，即从半夜写到东方火烧云出现，日落、紫烟、萤火、大雁，都是秋分时节的特有景物，诗人的笔是流动的，景物也不是静的，而是动的。它像一个又一个连接的镜头，写出景物与时间同步的变化。

诗后四句写了昨夜人的活动，暗用了司马相如以琴瑟向卓文君吐露爱情而终于成为“新知”，结为伉俪的典故。诗人将典故泛化了，司马相如被泛化成“巴童”，卓文君被泛化成“汉女”，但琴瑟为媒而结两好成为“新知”却没有变。巴童理瑟暗中传情，夜缝裙之汉女终于被巴童的琴瑟之声挑动了春心。而后两句就写出这对有情人终于走到了一起，他们是“如是”的快乐和惬意哟！而到诗的末尾结句，诗人却问了一句：“久要讵相闻?”要，通“徼”，求也，取也；讵，反问词。将这句诗译成现代汉语该是：巴童、汉女哟，你们之间的相闻相知难道是经过长久艰难曲折的追求才如愿以偿的吗？这一问的确问得妙，不但暗合当年司马相如与卓文君结为连理的事实，而且点出了真正的爱情是宝贵的，是不那么易于得到的，“生命诚可贵，爱情价更高”。如果比生命价更高的爱情，可以唾手而得，岂不是太掉价儿了吗！

再看清黄景仁《道中秋分》这首七律：

> 万态深秋去不穷，客程常背伯劳东。
> 残星水冷鱼龙夜，独雁天高阊阖风。
> 瘦马羸童行得得，高原古木听空空。
> 欲知道路看人意，五度清霜压断蓬。

这是一首写秋分时节夜行道中且抒其悲愁境况的诗。

首联写前路漫漫，“万态深秋”景色纷纷向后退去，并写出不得不踏上东西奔走的“客程”之由。“伯劳东（飞）”喻亲友分离。自己本心不愿离亲别友，为了生计，而又不得不离别，不得不东奔西走，此之所谓“背”，违心之意也，颔联则对景物作动态之描绘，写“客程”表达其具体感受。深秋之夜，残星在天，寒水在地，涉水而渡，其感如何？凄冷悲凉，不言而喻，更何况西风飒飒中传来高空“独雁”的哀鸣！诗人的孤独、寂寞、悲凉、抑郁之情，简直是加倍地予以表达。接下去腹联诗人则从自己的听觉，“瘦马羸童”突出自己的穷困潦倒；“行得得”，马蹄声、脚步声写出了自己清冷、寂寞之感，而下句加上“高原古木听空空”，“行得得”与“听空空”，相互映衬，这死一样的冷清寂寥，就这样给表现出来了，尾联“欲知道路看人意，五度清霜压断蓬”，更从这道路也看出世道人心来，故意用“五度”的严霜、酷霜摧残已被折断了的蓬蒿，诗人在这里以断蓬自比，他恨“清霜”之严之酷，更恨这不平的人生道路，诗人另有《杂感》一首，将这一思绪表现得更直接更清醒。

仙佛茫茫两未成，只知独夜不平鸣。
风蓬飘尽悲歌气，泥絮沾来薄幸名。
十有九人堪白眼，百无一用是书生。
莫因诗卷愁成谶，春鸟秋虫自作声。

黄景仁生活的年代，正当清代所谓的“乾隆盛世”，但他却放言无忌地倾泻“盛世”积在心头的怨愤，他敏锐地感觉到世事殆将有变的征兆，写出个人对社会变迁的“忧患”，其复苏与觉醒的个性意识是十分强烈的，这大概是黄景仁诗的价值所在吧。

下面请欣赏清新让人增爽的诗《八月十五夜玩月》，作者是唐人僧栖白。

寻常三五夜，不是不婵娟！
乃至中秋满，还胜别夜圆。
清光凝有露，皓魄爽无烟。

自古人皆望，年来又一年。

仿佛宋代苏东坡由这首诗受了点启发，他的诗《中秋月》则写道：

暮云收尽溢清寒，银汉无声转玉盘。
此生此夜不长好，明月明年何处看？

秋分与养生

交秋分节后，已入季秋，天气会越来越凉，花草树木虽然茂密依旧，但衰景已至，不时有落叶飘下，除菊花外，大部分花期已过，不少花枝上戴着干枯的花瓣，即使有几朵待放，也抵御不得季秋的肃杀之气，在前“白露与养生”那段文字里曾谈及精神调养，培养乐观情绪，而如今则是秋已深矣，“多事之秋”，秋之多事，可能会来得更多，无论个人身体上旅途中遇到什么疾病、坎坷，皆要少安毋躁，直面相对，时时保持心平气和，乐观情绪。人这一辈子，不如意事常八九，可与语人无二三，看透了这些，随缘过活，还有什么过不去的，你发个什么愁，愁个什么秋呀！

早睡早起精神好，那么早起来，趁太阳刚露头出去活动活动，年轻人、中年人及刚刚60来岁的人可采取的最简单易行的活动，就是慢跑，据说慢跑历来是任何药物都无法替代的健身运动。坚持轻松的慢跑，能增强呼吸系统的功能，使肺活量增加，提高人体通气换气的能力。秋分时空气清新，慢跑时吸入的氧气可比静坐时多出8—12倍，长期练慢跑，最大吸氧量不仅高于同龄的不锻炼者，而且还可高于从事一般锻炼者。

秋分时节，碧空如洗，天高气爽且风和日丽，于一年四季中算是外出旅游和进行户外活动的最佳时节。它不如夏日酷热难耐，也不似冬天寒风凛冽。从运动健身而言，去爬爬山，倒是对锻炼全身关节与饥肉，尤其对腰部及下肢肌肉群有极大效益，爬山中吸收的氧气要比静息时多8—20倍，对心脏及其他内脏器官都有好处：一是能使肺通气量、肺活量增加；二是能增强血液循环，对脑血流量的增加尤其突出；三是有降低血脂和减肥之功。

再说秋分时节，山上植被青色未退，灰尘被植被吸收，空气也纯净得多，论空气山上优于山下。再说秋分时山上空气中的负离子含量更高，且气压也比山下为低，自山下至山上气温也处在递减状态，这些岂不也可以大大提高人体对环境变化的适应能力?

当然登山要选晴好的日子，气温不要太低，也不要有云有雾，有云雾遮望眼，那你就白白身在最高层了。风大了也不宜，风速最好小于3米/秒。登山前给身体补充些水分，登山过程中从山下至山半腰至山顶，气温自有变化，适应它而不可随意任性，若因此而感冒上身，恐怕就有点得不偿失了。

至于饮食上，秋分前后正是大田里谷子、玉米、高粱等秋粮成熟收割时节，菜园里也正是茄子、豆角、西红柿等鲜菜采摘的旺季，我看勿贪肥腴鲜浓之物，盘子里多些适时菜蔬，碗里多些粗细搭配，也足以养生。据养生家说常吃红薯可使人“长寿少疾”。秋分时节，地里的红薯块茎也长得又粗又壮，这时多吃些鲜红薯，对身体也大有裨益。挑食红薯以新鲜、干净、表皮光洁，没有黑褐色斑者为佳。红薯里的氧化酶常会使食用者产生烧心、吐酸水、肚胀等不适症状。这都不是大问题，只要在蒸煮时加长蒸煮时间，就可避免此类症状发生了。另外，红薯炒嫩玉米粒加上油、盐、水、淀粉、鸡精及适量胡椒粉，口感、营养也都是不错的。

秋分时节，适应秋粮秋蔬成熟收割的旺季，饮食上粗茶淡饭，精神上保持乐观，早睡早起，加强锻炼，也不啻一养生之良方。

十七　寒露，天要冷了

寒露，二十四节气中的第十七个节气。每年 10 月8 日前后太阳到达黄经 195°时开始。《月令七十二候集解》：“九月节，露气寒冷，将凝结也。”同秋分比气温进一步降低，“露气寒冷，将要凝结为霜”“寒露寒露，遍地冷露”，天气将要转冷了。如果说白露是天气由炎热转为凉爽的过渡，而寒露则是天气由凉爽转为寒冷的过渡。可南岭及以北广大地区均已进入秋季，而东北和西北地区则已进入或即将进入冬季。这时节，雷暴也已消失，要欣赏雷声，恐怕你得到云南、四川和贵州的一些地方去了。

仰望高天，时时会有排成“一”字或“人”字的雁行向南飞去，俯瞰大地也时时能看到盛开的菊花。“擢秀三秋晚，开芳十步中，分黄俱笑日，含翠共摇风。”在冷风中摇着枝叶的菊花，向人们散发着幽香，虽然这香是冷冷的。可这时昼暖夜凉，晴空万里，却正是农田里秋收、灌溉、播种的时机。

华北平原上、黄淮平原上，到处耧铃响，播种机在驰骋。秋分、寒露之交正是冬小麦播种的黄金时期，华北地区农谚说小麦播种时是白露早，寒露迟，秋分种麦最当时，而黄河中下游及黄淮平原的人们却说“秋分早，霜降迟，寒露种麦最当时”，南北纬度有差，气温有别，自不值得奇怪。这时节棉桃开口吐絮，地里一片白唰唰，趁天气晴好摘棉花，这正是姑娘、媳妇们不错的营生。而江淮平原及大江以南，单季晚稻也即将成熟准备收割，可双季晚稻却正是灌浆时节，注意间歇及时灌溉以保持田间湿润也马虎不得。寒露前后，长江流域油菜播种最当时，甘蓝型、白菜型两个品种播种宜分先后才是好安排，而整个华南稻区，防止“寒露风”的危害也是该放在心上的。寒露时节，华北平原有大面积的红薯种植，其地下块茎的膨大已停止。清早时的气温在10℃以下，或者逐渐走低，趁天晴也应抓紧采收了。千万别让红薯受了冻。红薯受冻变硬心儿，吃起来不好吃不说，连做饲料工业利用的价值也会大大降低，再说受了冻的红薯，贮藏不得，明年也做不得种子，这对农民岂不是损失太大了吗?

“种庄稼不用学，人家咋着咱咋着”。好像种庄稼是个粗活，其实并非如此，看来种庄稼也需要科学，更需要人们时时处处去留心。

谚语里的寒露

一、反映天气与物候的

过了寒露节，黄土硬似铁。

寒露北风小雪霜。

寒露风，霜降雨。

寒露降了霜，一冬暖洋洋。

寒露百草枯，霜降见麦茬。

寒露三日无青豆。

寒露柿红皮，摘下去赶集。

寒露霜降，日落就暗。

喝了寒露水，蚊子挺了腿。

二、反映农事活动的

豆子寒露动镰钩，骑着霜降收芋头。

豆子寒露动镰钩，红薯待到霜降收。

寒露不刨葱，必定心里空。

寒露不摘烟，霜打甭怨天。

秋分早，霜降迟，寒露种麦最当时。

白露早，寒露迟，秋分种麦最当时。

寒露到霜降，种麦日夜忙。

寒露时节人人忙，种麦、摘花、打豆场。

寒露收谷忙，细打又细扬。

寒露收豆，花生收在秋分后。

寒露收山楂，霜降刨地瓜。

霜降麦归土。

寒露下葡萄，霜降打核桃。

寒露畜不闲，昼夜加班，抓紧种小麦，再晚大减产。

小麦点寒露口，点一碗，收三斗。

寒露不出头，晚稻喂老牛。

寒露蚕豆霜降麦，种了小麦种大麦。

寒露到，割晚稻；霜降到，割糯稻。

寒露到立冬，翻地冻死虫。

寒露前头种油菜，霜降前头种萝卜。

寒露油菜霜降麦。

棉怕八月连阴雨，稻怕寒露一朝霜，

粮食冒尖棉堆山，寒露不忘把地翻。

人怕老来穷，禾怕寒露风。

时到寒露天，捕成鱼，采藕芡。

三、反映养生的

白露身不露，寒露脚不露。

吃了寒露饭，少见单衣汉。

寒从足生。

重阳节

重阳节，民间直接管它叫“九月九”。《易经》：“以阳爻为九”。看来，我国古代是把九定为阳数的。农历九月九，日月并阳，两阳相重，两九相叠，所以就名谓“重阳”，又名“重九”了。东汉末曹丕在《九月与钟繇书》中说：“岁往月来，忽复九月九日。九为阳数，而日月并应，俗嘉其名，以为宜与长久，故以享宴高会。”

重阳节时，正是金秋送爽、丹桂飘香，风霜高洁之际，宜登高望远、赏菊赋诗。我国早在战国时代此节就已初具，到汉

时，渐渐形成。《西京杂记》说，汉高祖刘邦爱妃戚夫人被吕后残害致死后，其侍女贾佩兰被逐出宫，嫁给平民为妻。一次她谈起每年九月九日，在皇宫中佩茱萸、食蓬饵、饮菊花酒以求长寿的事情。南朝吴均《续齐谐记》则记载："汝南桓景，随费长房游学累年。长房谓之曰：'九月九日汝家中当有灾，宜急去，令家人各作绛囊，盛茱萸以系臂，登高饮菊花酒，此祸可除。'景如言，举家登山。夕还，见鸡犬牛羊一时暴死，长房闻之，曰：'此可代也。'今世人登高饮酒，妇人带茱萸囊，盖始于此。"按《易》理，九为阳数至极，双九便为老阳，阳极必变。九九乃由盈转亏，由盛转衰的不吉之数，可以说这九月九日说是毒月毒日。佩茱萸，是因为茱萸味香浓郁，可驱虫去瘟，治风寒、消积食；饮菊花酒，是因为菊花可消火驱毒。因此在古代河南民间多从《续齐谐记》中的"桓景避难"说，以九月九日出游登高、赏菊、插茱萸、饮菊花酒等以避大的灾厄。还因为河南是重阳节的故乡，河南民间对重阳节有着特殊的感情，这就不足为怪了。

河南民间除登高、赏菊外，还有吃重阳糕的习俗。节日时家家户户以"磨粟粉和糯米拌蜜蒸糕，铺以枣泥，标以彩旗"，称为"重阳糕"。有些地方做法比较简单，把白面一烫，加进枣泥或糖之类的馅一炸就成了。重阳糕也是重阳节的传统食品，其间经过多次变革：汉朝吃蓬饵，唐朝食麻葛糕和米锦糕，宋朝时吃菊糕，清朝则吃花糕。蓬饵是用蓬草和米面制作成的重阳花糕。蓬草属菊科植物，茎和叶均可提取芳香油。《玉烛宝典》说："九日食蓬饵，饮菊花酒者，其时黍秫并收，因以黏米嘉味，触美尝新，遂成积习。"可见蓬饵除以蓬草为原料外，主要是用黏黍米制作，用蓬草只不过是取其香味罢了。重阳吃蓬饵，主要是汉朝风俗，唐以后就不见此风了。唐代重阳有关茱萸酒、菊花糕，到宋朝时，菊糕不仅是重阳节的食品，而且成了节日的礼品。《东京梦华录》载："（都人重九）前一二日，各以粉面蒸糕遗送，上插剪裁小旗，掺饤果实，如石榴子、栗黄、银杏、松子肉之类。"明清时的食品统统为花糕，俗以九日蒸花糕，用面为糕，大如盆，铺枣两三层。举家共同食之。花糕有油糖果炉做成者，有面掺果蒸成者，有江米黄米捣成者，皆剪五色旗以为标志。或者供家中，或者馈赠亲友。或者以酸枣捣糕，火炙脆枣，糖拌果子。有女之家，伴美酒送给自己的父母。重阳节要接出嫁的女儿回娘家过节，一块吃重阳糕。特讲究的人家把花糕做成像宝塔样的九层，并在上面精心做两只小羊，以象征九月九重阳节。重阳过节，有太阳崇拜意味。而羊通祥，两只可爱的小羊，则寄托了人们吉祥如意的美好祝愿。

九月九，庄稼已大部收割登场，晚秋作物也丰收在望，有些地方因此称重阳花糕为"丰糕"。这就同提醒农家注意秋收季节各种农事的安排，紧密地联系起来了。民间还有一种说法，吃重阳糕与重阳节登高之俗有关。"糕""高"同音相通。在无山可登的平原地区，吃重阳糕也就算是登高了。

中原地区重阳节吃什么也呈现多样性。比如光山一带则喜欢在这一天吃汤圆来改善生活，至于那些富裕人家和文人学士，他们要赏菊、喝菊花酒，甚至还要吟诗联句了。而在豫东，那些栽石榴的人家，他们大多可要在这天摘石榴为食呢。

一年之中每逢节日，走亲戚、访朋友那是常有的事。在豫西三门峡一带，新婚女子的父母要在这天携礼到女儿家看望其公婆，以追续和巩固两亲家的情谊。当然重阳节期间，娘家主动接闺女的，闺女主动瞧娘的所在多有。

而方城等地重阳节的风俗，真的有点怪怪的，那就是这天忌讳吹哨子。因为这天据说是老君的生日，老君的小名就叫“吹儿”。不吹哨子，正是表示对老君的尊重。尤其那些以老君为祖师爷的行业，就对此更讲究、谨慎一些了。

20 世纪 50 年代后，重阳节渐不为人所重视，而到 80 年代以后，重阳节仿佛有了复苏的势头。豫西南的内乡县年年办菊花节，古都开封年年办的菊花会更是声名远播。花会期间，公园里，街道旁，一切公共场所，无处不是菊花。古城里到处是如织的游人，到处是如海的菊花，这个数千年的古城简直笼罩在菊花芳香之中了。而重阳节的起源地汝南、上蔡，至今仍保留着登高、插茱萸、插艾的习俗，2005 年 12 月 4 日，中国文联和中国民间文学艺术家协会授予了上蔡县“中国重阳文化之乡”的荣誉称号。在民间，尤其是城镇，在重阳节期间旅游的、赏菊的、登山的退休的干部、职工居多，重阳节期间安排的游乐活动更是排满了日程。人们又称九月九为“老人节”，此言盖不虚也。

关于桓景重阳除魔的民间传说

关于桓景与重阳节的事，已见于上文中所引南朝吴均《续齐谐记》的文字，但叙述简单，神话色彩不浓。民间历代口口相传中，故事丰富了，神话意味也浓了不少。

传说东汉时期，汝河有一个瘟魔。只要他一出现，家家就有人病倒，天天有人丧命，当地的老百姓受尽了瘟魔的蹂躏。一场瘟疫夺走了桓景的父亲和母亲。桓景也因瘟疫差点丧了命。在乡亲们的热心照料下，他幸运地活了下来。病愈之后，他决心出去访仙学艺，发誓一定要为民除掉瘟魔，于是辞别了父老乡亲。

桓景四处访师寻道，访遍了东西南北的名山高士，终于打听到东方有一座古老的山，山上有一位法力无边的仙长。桓景不顾艰险和路途的遥远，在仙鹤指引下，终于找到了那座高山，找到了那个有着神奇法力的仙长。仙长为他的精神所感动，终于收留了桓景，并且教给他降妖除魔的剑术，还赠给他一把降妖宝剑。桓景废寝忘食勤学苦练，终于练就了一身非凡的武功。

有一天仙长把桓景叫到跟前说："明天是九月初九，瘟魔又要出来作恶，你武艺已经学成，应该回家为民除害了。"仙长送给他一包茱萸叶，一盅菊花酒，并且密授辟邪用法，让他骑着仙鹤飞回家乡。

桓景一眨眼便飞回了家乡。九月初九的早晨，桓景按照仙长的叮嘱，把乡亲们领到了附近的一座山上，发给每个人一片茱萸叶，并且每人喝了一小口菊花酒，做好了降魔的准备。午时三刻，随着几声怪叫，瘟魔冲出汝河，刚扑到山下，突然闻到阵阵茱萸奇香和菊花酒气，便戛然止步，脸色突变。这时桓景手持降妖宝剑骑着仙鹤追下山去，几个回合就把瘟魔刺死了，仙鹤看到桓景战胜了瘟魔，便辞别桓景飞了回去。从此民间阴历九月初九登高避瘟疫的风俗年复一年地流传下去。

诗词里的寒露

月夜梧桐叶上见寒露

唐·戴察

萧疏桐叶上，月白露初团。

滴沥青光满，荧煌素彩寒。

风摇愁玉坠，枝动惜珠干。

气冷疑秋晚，声微觉夜阑。

凝空流欲遍，润物净宜看。

莫厌窥临倦，将晞聚更难。

一开始写梧叶上寒露月下初团。“萧疏”点明时已深秋。“月白”写露现之境，紧接着说在露珠颗颗之中看见月的投影，此即所谓“清光满”，随后是“荧煌素彩寒”，写出了露珠的晶莹之光，写出了露珠在月亮投射下呈现素雅美丽的色彩，最后一个“寒”写出了月下寒露给诗人的感觉。中间对寒露的描写由静转动，风摇梧桐枝叶，似“玉”一样的露珠是要坠落的，是要干掉的，而一个“愁”字，一个“惜”字就写出诗人对露珠之深爱之情。而跟着的一句写诗人仿佛感到露在凝结，甚至他还在夜深之时仿佛听到了露凝之声。这真是细腻观察且体物入微了。深秋之夜无处不有潮湿的水汽，无处不有凝成的露珠，静观深思这些“流欲遍”的露珠不也在似甘雨滋润着万物吗！这就是因爱这深秋月下之露而写诗的缘由。“莫厌窥临倦，将晞聚更难。”回应全诗就真是意在言外，余味不尽了。

再看杜甫诗《秋兴八首》其一：

玉露凋伤枫树林，巫山巫峡气萧森。
江间波浪兼天涌，塞上风云接地阴。
丛菊两开他日泪，孤舟一系故园心。
寒衣处处催刀尺，白帝城高急暮砧。

《秋兴八首》是杜甫大历元年（766年）暮秋流落夔州时写的一组七言律诗，值秋风萧瑟之际，处荒僻困踬之境，触景生情，感兴无穷，叹身世之飘零，悲故国之丧乱，既怀乡而恋阕，复慨惜而伤今，遂形成此雄浑高华、沉着痛快之连章杰构，允为诗坛冠冕，千秋绝唱。

第一首乃秋兴之发端，有如乐章之序曲。因写夔州，故曰"巫山巫峡"。只此数字，就显得秋气满纸，其势足以笼罩全篇，而又有开拓之余地，是极好的开场白。

颔联从所处环境展开，写巫山巫峡极度萧森之状。江间，指巫峡，塞上，指夔州群山，包括巫山。波浪在下，却兼天而涌；风云在上，却接地而阴。是说从地到天，从天到地，都是秋色一片。秋景如此壮阔，正好衬托诗人无限悲壮情怀。《诗人玉屑》引《金针诗格》，谓颔联亦"撼联"。言其"雄瞻遒劲，能捭阖天地，动摇星辰"。此联正具有这种撼天动地、激荡人心的艺术魅力。

腹联触景伤怀，思往事而垂泪，望来日而怆神，"丛菊"有句两层意思：一是说买舟东下，已两见菊绽；二是说每当秋日，泪眼常开，诗人说，他人赏花，心旷神怡，而我见花开，却情伤泪下。是朵朵花开，都为斑斑泪痕矣。“一系”犹言系着，“孤舟”句也有两层意思。一谓身系孤舟，还家无望；二言孤舟漂泊，所系者唯有此乡心一片。故园，非指长安，而是指巩洛一带，《闻官军收河南河北》尾联“即从巴峡穿巫峡，便下襄阳向洛阳”可证。

如果说前面的波浪、风云、丛菊、孤舟都是眼之所见，那么尾联暮砧之声就是耳之所闻了。白帝城在夔州东，相距甚近，故砧杵之声可闻。孤城薄暮，满眼凄凉，那堪更听到这令人愁肠欲断的砧杵之声？秋深霜寒，家家赶制寒衣，所以“处处催刀尺”。剪裁先须平整绢帛，所以天晚砧声就“急”。“催”和“急”是因果关系，旨在说明时值暮秋，家家制新衣，客子顿生无衣之感，更添羁旅之愁。清人黄景仁《都门秋思》诗“全家都在风声里，九月衣裳未剪裁”的名句，显系受杜句影响。

此诗通篇写秋，多为景语，却能寓情于景，使读者于字里行间领会诗人无穷的感兴，感情基调是凄楚的，却能壮丽语出之，使愈臻化境。

同样写暮秋，刘禹锡《秋词二首》却一反古人悲秋之习，促人向上而无任何凄楚之思。

一

自古逢秋悲寂寥，我言秋日胜春朝。

晴空一鹤排云上，便引诗情到碧霄。

二

山明水净夜未霜，数树深红出浅黄。

试上高楼清入骨，岂知春色嗾人狂。

前人评这两首诗：“翻案，却无宋人恶气味，兴会豪宕。”（清何焯批语）

近人瞿蜕园先生在其《刘禹锡集证注》里，也评说道：“此诗首云‘自古逢秋悲寂寥，我言秋日胜春朝。’一洗词人悲秋之滥调，具见禹锡之抱负。”试上高楼清入骨，岂知春色嗾人狂。“语意较杜牧之‘霜叶红于二月花’尤超妙。”

寒露与养生

寒露的到来，气候由热转寒，万物随寒气之增长逐渐衰落，这是冷与热交替的季节。在自然界中，阴阳之气开始转换，阳气渐退，阴气渐生。我们的生理活动要适应自然界的变化，以确保体内的生理（阴阳）平衡。

古人以五行配四季，秋属金，秋又称金秋，又以配五脏，肺也属金。肺气与金秋之气相应，“金秋之时，肺气当令”。此时与金秋之气相应，“金秋之时，燥气当令”。此时燥邪之气易侵犯人体而耗肺之阴精，如果调养不当，人体会出现咽干、鼻燥、皮肤干燥等一系列秋燥症状。所以暮秋饮食调养应以滋阴润燥（肺）为宜。古人云：“秋之燥，宜食麻以润燥。”所谓“麻”，就是芝麻。芝麻有健脾胃、利小便、和五脏、助消化、化积滞、降血压、顺气和中、平喘止咳、抗衰老之效，因之寒露前后，北方地区市场上就多与芝麻有关的小食品，为确保体内生理平衡，滋阴润燥，水果也成了寒露时节之当令宜食之物。而这当令水果则应以梨当先。梨，有养阴补液、润肺止咳、养血生肌、清热降燥之功。据医者说，如冠心病、高血压、肝炎、肝硬化等患者出现头晕目眩、心悸耳鸣、经常吃梨还会大大有利于康复呢。其他如葡萄、香蕉、桃搭配食之亦无不可。素常饭食，为滋阴润肺计，少食辛辣之品，如辣椒、生姜、葱、蒜之类；多食甘淡滋润之物，蔬菜如胡萝卜、冬瓜、藕、银耳等，其他如豆制品、菌类亦可。至于主食，平常的粳米、糯米也就可以了。

至于衣着，俗话说“白露身不露，寒露脚不露”。这是提醒人们，白露节气一过，衣饰下能赤膊露体了，寒露节气一过，应注意足部保暖。“寒自足下生”而致身体不适，那可就失算了，“一场秋雨一场凉”，随着天气转凉身上添衣自是正理。但又不宜太多、太快，可不要忘记“春捂秋冻”，秋适度受点冷有利于皮肤、鼻黏膜耐寒力的提高，可过冬它不就安然无恙了吗？寒露时节一早一晚，气温变化大也要注意衣服的增减，另外秋季拉肚子多发，可甭让你肚子受了凉哟！

在日常起居上，还是要早睡早起，保证睡眠为好。深秋时节感冒是要防止的，但也要适时打开门窗，以保持室内空气新鲜为上策。

秋高气爽，遍地金黄，比起春光是另一番风味。到公园、湖滨及郊野散散步，打几路太极拳或慢跑，都是不错的活动。另外，寒露正是阴阳转换之时，保持机体各项机能的平衡应当作为运动健身的重点，比起跑步来，倒行则是一项非常好的锻炼机体平衡的运动，且又是一种反序运动，它可以使一些我们平时很少活动的关节和肌肉得到充分的运动，例如腰脊肌、股四头肌以及踝膝关节旁边的肌肉、韧带等。如此这般，肢体、脊柱的运动功能就能得到调整，血液循环更顺畅，机体平衡能力也更强，而且倒行还可很好地防治腰酸腿疼、抽筋、肌肉萎缩、关节炎等疾病，倒行虽好，但一要坚持，二要注意安全。选好地点，结伴而倒行，彼此有个照应，对保障安全更好。

十八　霜降，白露为霜的时节

霜降，二十四节气中的第十八个节气，每年10月23日前后太阳运行到达黄经210°时开始，《礼·月令》季秋之月："是月也，霜始降，则百工休。"《孝经援神契》："（寒露）后十五日，斗指戌，为霜降。"（《古微书》二十七）《月令七十二候集解》："九月中，气肃而凝，露结为霜矣。"此时，我国黄河流域已出现白霜，千里沃野，一片银色冰晶熠熠闪光。草枯了，木叶黄了，纷纷下落。古籍将霜降分为三候：一候豺乃祭兽，豺这类动物开始捕获猎物过冬；二候草木黄落；三候蛰虫咸伏，冬眠的动物皆藏于地下洞中不动不食进入冬眠状态。这一物候现象所反映的正是我国黄河中下游的气候特征，若放眼全国，青藏高原一些地方即使在所谓炎炎烈日的夏季也有霜雪，那里的年霜日都在200天以上，是我国霜日最多的地方。西藏东部、青海南部、祁连山区、川西高原、滇西北、天山、阿尔泰地区、北疆西部山区、东北及内蒙古东部等地年霜日都超过了100天。淮河、汉水以南、青藏高原东坡以东的广大地区年霜日均在50天以下，而北纬25°以南和四川盆地年霜日却只有10天左右，福州以南及两广以南平均年霜日还不到一天，如果你到西双版纳、海南和台湾南部及南海诸岛，那儿只有在梦中见霜雪了。

诗人说："世间无此摧摇落，松竹何人肯便看？"松竹虽好，但无霜的摧残，花草树木岂能枝枯叶凋！人们又常说："霜降杀百草。"但又有人说这种看法不科学，霜冻虽然形影不离，但危害庄稼的是"冻"，而不是霜。有人还为此做了一个试验：把植物的两片叶子放在同样低温的箱子里，其中一片叶子盖满了霜，另一片叶子没有盖霜。结果无霜的叶子受害极重，而盖霜的叶子只有轻微的霜害痕迹。这说明霜不但危害不了庄稼，相反，水汽凝结时，还可以放出大量热，1克0℃的水蒸气凝结成水，放出的汽化热会使重霜变轻霜，轻霜变露水，会使植物免除冻害。其实冻是原因，霜是结果，是冻的物候表现。哪里有无冻的霜！可惜的是几万几十万平方千米的庄稼不是种在箱子里，由他去作这种试验。这种试验的目的何在？是在给霜平反吗！我真看不出这种平反对中国的农业生产有什么积极意义！春前有雨花开时，秋后无霜叶落迟。我看霜来得晚一点，叶子也落得迟一点，还是给大地多增加几时绿色的好。

"霜降见霖，米谷满仓"的农谚反映出了广大农民对这个节气的重视。霜降，北方大部分地区已在秋收扫尾，即使耐寒的葱，也不能再长了，因为"霜降不起葱，越长越要空"。在南方，却是"三秋"大忙季节。单季杂交稻、晚稻才在收割，种早茬麦，栽早茬油菜、摘棉花，拔除棉秸、耕翻整地，"满地秸秆拔个尽，来年少生虫和病"。收获以后的庄稼地，要及时把秸秆、根茬收回来，因为那里潜藏着许多越冬虫卵和病菌。华北地区大白菜即将收获，要加强后期管理。霜降时节，我国大部分地区进入了干季，护林防火挺重要，那可是来不得半点马虎的呀。

谚语里的霜降

一、反映天气与物候的

霜降杀百草。

春前有雨花开早，秋后无霜叶落迟。

九月霜降无霜打，十月霜降霜打霜。

霜降变了天。

霜降不见霜，还要暖一暖。

霜降不见霜，来春天气凉。

霜降露凝霜，树叶飘地层，蛰虫归屋去，准备过一冬。

霜降没下霜，大雪满山岗。

霜降南风连夜雨，霜降北风好天公。

霜降晴，风雪少。

霜降晴，晴到年（除夕）。

霜降无雨，清明断车。

霜降有风，两寒有霜。

霜降雨，风雪多。

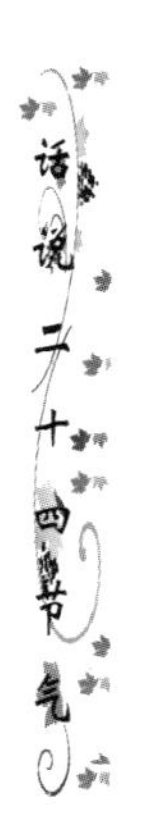

二、反映农事活动的

霜降见霜，米烂成仓；未得见霜，粜米人像霸王。

霜降不割禾，一天少一箩。

霜打两片荚，到老都不发。

霜降不刨葱，到时半截空。

霜降不晒菜，无吃不见怪。

霜降采柿子，立冬打软枣。

霜降抽勿齐，晚稻牵牛犁。

霜降当日霜，庄稼尽遭殃。

霜降见霜，谷米满仓。

霜降快打场，抓紧入库房。

霜降气候渐渐冷，牲畜感冒易发生。

霜降霜降，移花进房。

寒露腌白菜。

霜降一过百草枯，薯类收藏莫迟误。

霜降早，小雪迟，立冬种麦正当时。

霜降摘柿子，小雪砍白菜。

霜降至立冬，种麦莫放松。

霜降种麦，不消间得。

十月一

一年之中，清明、七月十五、十月一是中原地区三大祭祖扫墓的日子。十月一比起清明、七月十五来又可谓别具特色。传说十月一这天，“阴曹地府”要为小鬼们“放风”，而且时临寒冬，鬼魂们可以出来领取家人送来的衣物。所以民间称十月一为“十月朝”“放鬼节”或“送寒衣节”。又传说清明时鬼魂们要收归天界，到十月一才能放回，所以就有了“早清明，晚十月一”之说。十月一这天（或晚两天）祭祖上坟，给故去的亲人们烧纸钱，送“寒衣”，后人对先人这种悼念之情的表现方式，说到底不过是为了增进族群之间的血亲意识而已。

若说十月一日的缘起，其乃为上古新年的遗俗。

秦以农历十月为岁首，十月朝正值新年。而周则以农历十一月（所谓建子之月）为岁首，而农历十月乃一年的最后一个月。《月令粹编》引《道经》说："道家以十月一日为民岁腊，三万六千神煞，其日可谢罪，祈求延年益寿。"《礼纪·月令》篇关于十月腊岁，这样说："是月也，大饮烝，天子乃祈来年于天宗。大割，祠于公社及门闾，腊先祖五祀，劳农以休息之。"郑玄《注》曰："党正（地方官）属民饮酒，正齿位是也"，"此《周礼》的谓腊祭也。天宗，谓日月星辰也。大割，大杀群牲，割之也。腊，谓以田猎所得禽兽祭也"。孔颖达《疏》中曰："腊先祖五祀者，腊，猎也，谓猎取禽兽，以祭先祖五祀也。此等之祭，总谓之蜡，若细别言之，天宗、公社、门闾谓之蜡，其祭则皮弁、素服、葛带、榛杖、其腊先五祖五祀，谓之息民之祭，其服则黄衣、黄冠。"

十月一流传至今见于风俗的就是祭祖上坟的活动。到这时候，家家户户都要去给故去的亲人烧纸，"送寒衣"。"送寒衣"风俗，起于周朝。《诗·豳风·七月》云："七月流火，九月授衣：'一之日觱发，二之日粟烈，无衣无褐，何以卒岁！'"孔颖达《疏》曰："七月之中，有西流者是火之星也，知是将寒之渐至。九月之中云可以相授以冬衣矣。九月之中若不授冬衣，一之日有觱发之寒风，二之日有粟烈之寒气。此二日者大寒之时，人之贵者无衣，贱者无褐，何以终其岁乎！"事死如事生，"送寒衣"之俗就流传至今了。这种寒衣的祭品，原来用彩纸剪裁成的衣冠致祭，后来就改用纸包袱并书死者姓名代替了。其他祭祀活动同过年、清明、七月十五上坟烧纸差不多，并无多大不同。只是“送寒衣”算是十月一的一点特殊吧。十月一祭祖时，一些大家族都要在祠堂里举行祭祀，其间还要重申族规、公布族产账白，奖励遵守族规的人，惩处违反族规的人。然后举行会餐，叫作“吃祭祖”。

在豫西陕县一带，十月一晚饭后，人们端上托盘，或提个竹篮，放上用五色纸折叠成的“衣服”和“冥钱”（“冥钱”旧时专门用于祭扫，上盖铜钱字样的纸张或印刷的冥钞，现在只是在黄表纸上写上面值字样的字就行了，有时连字样也不写），盛一碗饺子来到自家大门外或大路边致祭。到时先用草木灰撒五个圈，以代表祖先五代，一边另撒一个，代表那些无儿无女的“孤魂野鬼”。灰圈要向坟墓方向然后口念“请祖先等添加寒衣”之类的祭语，并同时烧掉放在圈内的五色纸和冥钱，把饺子连汤泼撒到纸灰上。

有些地方“送寒衣”要送到墓地，把纸烧到坟头上。如果家里的某人死在了外边或者下落不明或者祭祖者身在异地，不能到坟前送“寒衣”，就要到十字路口“遥祭”，祭时要在十字路口用草木灰围一个大圈，把“寒衣”烧在大圈里，其意是“寒衣”不被其他野魂抢去。围好大圈，烧寒衣，同时还要向着被祭者所在的方向作揖、磕头，嘴里念念有词。其内容无非请被祭者收受钱币添加寒衣之类。许多地方要在门口或路边放置灯盏，说这是为鬼魂照明，俗话叫作“放路灯”，而郑州人则管这叫“放散灯”。

“送寒衣节”与孟姜女的故事

十月一又被称为“送寒衣节”。原来阴历十月这天（或晚两天）祭祖上坟，给死去的亲人烧纸钱，并送“寒衣”，即把冥衣焚化给亲人。有人说给逝去亲人送寒衣之俗，是从孟姜女开始的。

江南流传《唱春调》道：

正月里来是新春，家家户户点红灯。
别家丈夫团圆聚，孟姜女丈夫修长城。

而在1000多年前唐代敦煌曲子词《捣练子》里就将故文的梗概叙述得更具体了：

“孟姜女，杞梁妻。一去烟（燕）山更不归。造得寒衣无人送，不免自家送征衣。”

但一个“孟姜”，一个“杞梁”，倒是真有其人，而其事却是这样的：

孟姜，本为春秋时姜姓长女的通称。姜姓建齐，故齐人的长女泛称孟姜，姑且让这位孟姜做了齐国将领杞梁的妻子。但在同莒国的作战中杞梁却战死了。齐侯从晋国回国，在国都临淄郊外遇到杞梁的妻子，派人向他吊唁。她辞谢说：“杞梁有罪，岂敢劳动国君派人吊唁？如果能够免罪，还有先人的破屋子在那里，孟姜不能接受在郊外的吊唁。”齐侯于是到她家里为杞梁之死向她表示了吊唁。这事见于《左传·襄公二十三年》。

但是到了东汉刘向的《列女传》里却成了这样：齐杞梁殖战死，其妻哭于临淄城下，十日而城崩。而过了六七百年以后的唐代，在当时所编的《琢玉集》及《同贤记》中对孟姜女故事的记述基本定型。《同贤记》说，燕人杞良“避始皇筑长城之役，逃入孟超后园，孟超女仲姿（孟姜女）浴于池中，仰见之，请为其妻……夫妻礼毕，良回作所，主典怒其逃走，打杀之，筑城内。仲姿既知，往向城哭。死人白骨交横，不能辨认，乃刺指血滴白骨，沥至良骸，血经流入，便收归葬之”。而《琢玉集》与《同贤记》略同，只是多了“仲姿哭长城下，城即崩倒”的情节交代。

而到今人笔下则在历次加工的基础上，叙述则更生动更感人了：

孟姜女沿路乞讨，不远数千里，走了好几个月，才到长城脚下。可是眼前除了新修的长城，就是荒草中堆积的累累白骨，哪有半个人影？此情此景，令孟姜女心灰意冷。她明白，自己的丈夫十有八九已经死了。于是瘫坐在地，对着长城大哭起来。她的哭声感天动地，竟把长城震塌了一大段。塌下来的城墙中，赫然看到成堆的白骨。孟姜女认定，丈夫的尸骨肯定就在这些白骨之中，便把给丈夫做的那套棉衣摆在地上，想焚烧了祭奠亡夫。正待点火忽又想起地下那么多的冤魂，若要抢丈夫的棉衣怎么办？于是她抓了一把灰土，在棉衣周围撒了一个圆圈，以警告那些孤魂野鬼：这是俺丈夫的领地，你们不要来抢。

圈好领地后，孟姜女烧着棉衣，边哭边祷告：“夫君呀，你死得好惨！天冷了，你把这身儿棉衣裳换上吧！”她的泪已经流干了，眼里流出的是血。这血滴至别的白骨上一滑而过，落到离她最近、最完整的一具白骨上，却像是不愿走了，径直渗入骨中，孟姜女心想，这肯定是俺夫君的遗骨，于是就将尸骨与棉衣灰烬一起掩埋，之后便伏在坟头上痛哭不已，泪尽而逝。

孟姜女万里寻夫哭崩山城的故事，可以说是家喻户晓，它与

《牛郎织女》《白蛇传》和《梁山伯与祝英台》并列为我国的四大民间传说。就孟姜女的故事而言，是经过从公元前550年齐国杞梁妻哭夫的史实开始，经过1000多年无数人对史实的改编、加工、补充，自唐、宋流传下来至于今天的，孟姜女的故事可以说历经千余年，历经千千万万无名作者之口而创造出来的。孟姜女的名字就有杞梁妻、孟仲姿等好几个，杞梁的名字就杞良、范杞梁、范希郎等八九个之多；孟姜女的生地有长清、安肃等七八个；死地有益都、潼关、山海关、鸭绿江等7个；至于她的死法有哭死、力竭而死、城墙压死、跳海、触石诸说，甚至还有将其死神化，说孟姜女寿至九十九，最后腾云而去的。至于孟姜女哭倒的长城有多长，几丈长、二三里、三千余丈、八百里等各有说辞；孟姜女哭倒的长城在哪里，有杞城、莒城、潼关、山海关、绥中、长安等不同说法，恐怕这就是民间口头文学创作的特征吧。

至于说十月一给逝者送寒衣的风俗是否源于孟姜女，我们姑且如此认为亦甚无妨。然而孔老夫子说：“慎终追远，民德归厚矣!”《礼记》亦云：“［秋］，霜露既降，君子履之，必有凄怆之心，非其寒之谓也。春，雨露既濡，君子履之，必有怵惕之心，如将见之。”秋天踩上霜露，就会想到已过世的亲人；春日踩上雨露，新的一年来了，就仿佛要见到已经过世的亲人，事死如事生，清明寒节上坟烧纸，寒冬将至烧送寒衣，也是中国传统道德及风俗的应有之义。

记得山海关外孟姜女庙后有一块大石头，据说是当年孟姜女的望夫石，上有一联道：

秦皇安在哉？万里长城筑怨；
姜女未亡也，千秋片石铭贞。

上联在于点赞几千年中国人民对暴虐政治的怨愤与反抗，下联在于歌颂孟姜女对爱情的忠贞不渝，孟姜女庙联更有意思：

海水朝，朝朝朝，朝朝朝落；
浮云长，长长长，长长长消。

海水朝，朝朝朝落；浮云长，长长长消。日日如此，月月如此，年年如此，甚至百年、千年、万年，千秋万代无不如此，也就是说中国人民对暴虐政治的怨愤与反抗永不会变，以孟姜女为代表的中国女性对爱情的忠贞也永不会变！明乎此，十月一给逝者烧冥衣的风俗与孟姜女送寒衣有无关系，又何足论起呢……

“烧纸钱”的民间传说

“纸钱”，人们文一点的管它叫“冥钞”或“冥币”，古人则叫它“楮（chǔ）钱”。宋人赵灌园《就日录》：“康节先生（邵雍）春秋祭祀，约古今礼行之，亦焚楮钱。”高翥诗《清明》：“纸灰飞作白蝴蝶，泪血染成红杜鹃。”至元代袁桷《清容居士集》十《送虞伯生降香还蜀省墓》诗之二：“从竹雨留银烛泪，落花风扬楮钱灰。”看来祭祀烧纸钱之俗古来就有，邵雍“春秋祭祀，约古今礼”，尚“亦焚楮线”，这就说明“烧纸钱”之俗唐代或其前就有，恐怕距今有一两千年了吧。

如果要打破砂锅问到底，到底是哪朝哪代谁起了这个“烧纸钱”的头儿，在民间传说里，倒实实在在是有答案的。

话说东汉年间，作为中国四大发明之一的纸被发明了出来，发明人就是蔡伦。

蔡伦的大哥叫蔡莫，大嫂叫慧娘，这个慧娘可不是简单的女人。她见蔡伦造纸有利可图，就鼓动丈夫蔡莫去向弟弟学习。蔡莫是个急性子，功夫还没学到家，就张罗着开了家造纸店，结果造出来的纸质量低劣，乏人问津，夫妻俩对着一屋子的废纸发愁。眼见就得关门大吉了。慧娘灵机一动，想出了一个鬼点子。

在一个深夜里，惊天动地的鬼哭声从蔡家大院传出。邻居们吓得不轻，赶紧跑过来探问究竟，这才知道慧娘暴病身亡。只见当屋一口棺材，蔡莫一边哭诉，一边烧纸。烧着，烧着，棺材里忽然传出了响声，慧娘在里面叫道：“开门，快开门！我回来了！”众人呆若木鸡，好半天才回过神儿来，上前打开了棺盖。只见一个女人跳出棺来，此人就是慧娘。

只见那慧娘摇头晃脑地高声唱道：“阳间钱路通四海，纸在阴间是钱财。不是丈夫把钱烧，谁肯放我回家来！”她告诉众人，她死后到了阴间，阎王发配她推磨。她拿丈夫的纸钱买通了众小鬼，小鬼们都争着替她推磨——有钱能使鬼推磨啊！她又拿钱贿赂阎王，最后阎王就放她回来了。

蔡莫也装出一副莫名其妙的样子，说：“我没给你送钱啊！”慧娘指着燃烧的纸堆说：“那就是钱！在阴间，全靠这些东西换吃换喝。”蔡莫一听，马上又抱了两捆纸来烧，说是烧给阴间的爹娘，好让他们少受点苦。

夫妻俩合演的这一出双簧戏，可让邻居们上了大当！众人见纸钱有让人死而复生的妙用，纷纷掏钱买纸去烧。一传十，十传百，不出几天，蔡莫家囤积的纸张就卖光了。由于慧娘“还阳”那天是十月初一，后来人们便都这一天上坟烧纸，以祭奠死者。

这个传说中的阎王与鬼魅世界，很有些讽世意味。其实任何神话鬼话怪故事以及传说，说到底都是现实生活的一种反映方式。“钱能通神”“有钱能使鬼推磨”，如今岂不都活在摸得着看得见的现实中吗！要彻底消灭这种现象，当然是可能的，但是，那可是任务重大，要走很长很长的路哟！

诗词里的霜降

且看一首写深秋降霜的最早的诗。《诗经·秦风·蒹葭》：

蒹葭苍苍，　　河边芦苇青苍苍，
白露为霜。　　秋深露水结成霜。
所谓伊人，　　意中人儿在何处？
在水一方。　　就在河水那一方。
溯洄从之，　　逆着流水去找她，
道阻且长。　　道路险阻又太长。
溯游从之，　　顺着流水去找她，
宛在水中央。　仿佛在那水中央。

蒹葭凄凄，　　河边芦苇密又繁，
白露未晞。　　清晨露水未曾干。
所谓伊人，　　意中人儿在何处？
在水之湄。　　就在河岸那一边。
溯洄从之，　　逆着流水去找她，

逆阻且跻。　　道路险阻攀登难。
溯游从之，　　顺着流水去找她，
宛在水中坻。　仿佛就在水中滩。

蒹葭采采，　　河边芦苇密稠稠，
白露未已。　　清晨露水未全收。
所谓伊人，　　意中人儿在何处？
在水之涘。　　就在水边那一头。
溯洄从之，　　逆着流水去找她，
道阻且右。　　道路险阻怕难求。
溯游从之，　　顺着流水去找她，
宛在水中沚。　仿佛就在水中洲。

（程俊英译）

在诗歌中，作一般的叙事、抒情或抽象的议论是不难的，但要通过写景而表现言外之意、弦外之音，却是不容易的。作为我国第一部诗歌总集和古代诗歌典范的《诗经》，却有相当数量写景的名句、名章、名篇。

《蒹葭》是《诗经·秦风》中的一首。这是一首被古今人誉为情真意真、风神摇曳的绝唱，是思心徘徊、百读不厌的杰作。

这是一首情诗，是叙写他（或她）在大河边追寻恋人，但未得会面。具体地说，是“言秋之水方盛之时，所谓伊人者，乃在水之一方，上下求之而不可得，然不知其何所止也”（朱熹《诗集传》）。

蒹葭苍苍，白露为霜。所谓伊人，在水一方。

溯洄从之，道阻且长。溯游从之，宛在水中央。

全诗共三章，每章各八句：上四句写景，下四句叙事抒情。二、三两章是首章的反复，只在协前韵处换了几个字。首章的“苍苍”，二章换成“凄凄”，三章换成“采采”；首章的“为霜”，二章换成“未晞”，三章换成“未已”；首章的“一方”，二章换成“之湄”，三章换成“之涘”；首章的“长”，二章换成“跻”，三章换成“右”；首章的“央”，二章换成“坻”，三章换成“沚”。总之，全章采取迭章的形式，所以一唱三叹，反复咏歌，以表达诗人内心婉曲深挚的、难以表达的思想感情。在一个秋天的早上，诗人站在大河的一边，展眼望过去，烟波浩渺，河旁芦苇丛生，叶上繁霜点点，不觉感到一阵寒意，对此茫茫，不禁思绪万千。我心中日夜想念的“伊人”在哪儿呢？大约在大河对岸的水边吧！“伊人”，就是“彼人”，就是“那个人儿”。“所谓者”，是指我心中所思念着的，她是诗人深深藏在心里，不让第二人知的“意中人”。“在水一方”，也是心中设想，未能确定之词，大概在那一边，但也许不在那里。那个白天，梦里都渴望和她见面的人，怎能由于她居住的不确定而放弃追求呢？于是诗人逆流而行，又顺流而行，一上一下去寻找她了。

逆流、顺流可以是舟行，也可以是陆行，但这里似乎是陆行为合适些。因为“道阻且长”“且跻”“且右”“阻”是险阻难行，“跻”是河边陆路坡陀不平，有时要升高攀登，“右”是迂回曲折，一句话，逆流而上的道路是险阻、曲折而漫长的。诗人可能曾经走了相当远的一段路程，找不到伊人所在，又返道回来了。于是又顺流而下，路也比较好走，走了一段路，仿佛望见在河水一边（央，此处与方同义）隐约有她的住处，伊人可能就在那儿。“‘在水之湄’一句已了。重加‘溯洄’、‘溯游’两番摹拟，所以写其深企愿见之状，于是‘在’字上加一‘宛’字，遂觉点睛欲飞，入神之笔。”（姚际恒《诗经通论》）诗人对伊人的深深思慕、渴望能见一面的内心活动是如何表现出来的呢？始则曰“在水一方”，设想了一个不能确定的处所；经过两次逆流、顺流的努力上下求索之后，伊人所在的不确定性有所减少，仿佛已能望见她的所在了，这可以聊慰所忆，但“宛在”不等于“实在”，她仍是可望而不可即的啊！这样把对她的“深企愿见之状”通过“溯洄”“溯游”的两番行动，形象、生动、曲折地描摹出来了。

《毛诗大序》说：“诗者，志之所之也，在心为志，发言为诗，情动于中而形于言，言之不足，故嗟叹之，嗟叹之不是，故咏歌之，咏歌之不足，不知手之舞之，足之蹈之也。”一章嗟叹、咏歌之不足，故叠为三章，这种反复歌唱本身，就说明诗人情感的深长，从首章到三章，不但感到言不足，非长言之，反复咏叹不可，而且白露从凝结为霜，到融化为水面渐干，也表现了时间的推移，诗人上下求索，徘徊瞻望之不已，在感情上仍是逐渐加深的意味。

此诗为《诗经》中写景佳篇之一，已如上述。这里还可补充几句，开头“蒹葭苍苍，白露为霜”二句点明了节候是在深秋，时间是在清晨。“所谓伊人，在水一方”，也写出了地点，伊人在河水的彼方，诗人是站立在河水的此方，可能在河的曲处。这四句不但布置了广阔的自然环境，令诗人有纵目骋怀的广阔余地，而且蒹葭白露，也点缀了寥落凄清的秋容，隐喻诗人此时情怀的凄寂。寥寥数语，达到了写景、抒情融合无间的艺术境界。后来《楚辞·九歌》中《湘夫人》言："帝子降兮北渚，目眇眇兮愁予。袅袅兮秋风，洞庭波兮木叶下。"与此句同为千古传诵的名句，而意境亦复相似。大河浩瀚，秋风袅娜，情波千叠，与水波相荡澜，写景言情至此，可说是细入微芒，无复遗憾了。

我国古代文论，认为烟水迷离之致，为诗词境界之上乘。这首诗确有些"烟火迷离之致"，诗中的"伊人""在水一方""宛在水中央"，的确是不确定的。而诗人独立苍茫，向着大河怅望徘徊的情景，也确呈现出了迷茫朦胧的意境。但是诗人对"伊人"的深企愿见之情是肯定的，他对隔河对望到"溯洄""溯游"的两次寻求，到寻求不得而形诸吟咏，这种执着的思想行动也是值得肯定的。从不确定中追求确定，由求之不得后面仍不放弃追求，这种思想也是值得肯定的。迷离的意境并不反映游移不定的思想。《诗经》中写景言情之作，大都自鸣天籁，一片化机，饶言外之意。"情以愈曲而愈深，词以益隐而益显。"（《诗经原始》）这样来体会烟水迷离之作，是既可意会，也可言喻的。

下面还是让我们从《诗经·秦风·蒹葭》的"烟火迷离之境"中走出来，到20世纪中国伟人（也是世界伟人）毛泽东的词《沁园春·长沙》里去体味另一种前无古人，后无来者，仅属于他毛泽东一个人的独特境界吧。

沁园春·长沙

毛泽东

长沙　一九二五年

独立寒秋，湘江北去，橘子洲头。看万山红遍，层林尽染；漫江碧透，百舸争流。鹰击长空，鱼翔浅底，万类霜天竞自由。怅寥廓，问苍茫大地，谁主沉浮？携来百侣曾游，忆往昔峥嵘岁月稠。恰同学少年，风华正茂；书生意气，挥斥方遒。指点江山，激扬文字，粪土当年万户侯。曾记否，到中流击水，浪遏飞舟！

这首词写于1925年秋。

当时，工农运动蓬勃发展；国共两党的革命统一战线已经确立，国民革命政府已在广州正式成立，大革命的高潮即将到来。

词的上阕借秋景以抒发革命激情。

“独立寒秋，湘江北去，橘子洲头。”这三句首先点明季节、地点。接着以一个“看”字领起以下七句：“看万山红遍，层林尽染；漫江碧透，百舸争流。鹰击长空，鱼翔浅底，万类霜天竞自由。”这儿从远、近、上、下交错描写，画出了一幅辽阔壮美的秋景图，如“染”“争”“击”“翔”“竞”等字的锤炼与使用，使整个画面充满了勃勃的生机。这一秋景图实则是毛泽东对当时革命形势发展的认识在自然界的投影。这场大革命高潮的到来，将当时中国的一切阶级，一切政治集团，以及出自各不同目的和动机的个人都卷进来了。“万类霜天竞自由”，他们不都在竞赛似的表现自己吗！“怅寥廓，问苍茫天地，谁主沉浮？”对当时革命阵营各种势力的存在，国共统一战线的统一与分裂这些错综复杂的形势，毛泽东是清醒的，是存在隐忧的，因此他会面对“寥廓”而“惆怅”。但总的看来，对当时工农运动的蓬勃兴起，他是乐观的充满了热烈的奋斗的情怀。“问苍茫大地，谁主沉浮?”答案早已在胸，那就是人民，占百分之几十以上的工农大众，才是主宰中国大地沉浮推动历史前进的真正主人。

词的下半阕是追忆往事，借往事直接抒发革命激情。

“湘江北去，橘子洲头”曾是诗人旧游之地，此情此景此等形势之下的重游，怎么能不使诗人思及往日的“百侣”，因之下阕一开头就说是“携来百侣曾游”，这又怎能不思及“百侣”在一起的那些“峥嵘岁月稠”的往事呢?“恰同学少年，风华正茂，书生意气，挥斥方遒。”一个“恰”字领起以下四句，书生，读书人，与“同学”互文见义。“少年”是指他们都很年轻，表明百侣之中许多都是同窗过的知识青年。这些知识青年都有着非凡的精神气质。他们“风华正茂”，有风度，有朝气，有才华。他们有“意气”，意志坚定，气概不凡，他们血气方刚，热情奔放，劲头正足，挥斥方遒，表现出一派朝气蓬勃、才华横溢、奋发有为的精神风貌。同时，他们还有敢于斗争的品质。他们有斗志，有大无畏的精神，敢想、敢说、敢为。“指点江山，激扬文字，粪土当年万户侯”。江山，代指国家，这儿指国家大事，对国家大事，他们敢于指点，敢于议论、批评，提出主张，而在他们笔下，慷慨激昂，激浊扬清。他们文笔犀利，敢于批判腐朽的事物，宣传自己的政治主张，“粪土当年万户侯”，什么土豪劣绅、封建官僚、军阀势力，什么外国侵略者，在他们眼里不过就是一堆理应彻底清除的粪土！“粪土当年万户侯”，不过就是把旧中国大大小小的统治者视作粪土而已。也就是说，在青年时代，毛泽东就同他的同志们立志要对旧中国来一个彻底的改造，要以革命的手段救当时的中国于危亡之中了。

“曾记否，到中流击水，浪遏飞舟!”“忆往昔峥嵘岁月稠”，“忆往昔”是为了激励当今，激励自己，也激励大家投身到大革命的洪流中去。“自信人生二百年，会当击水三千里。”“曾记否”三句，毛泽东是对自己说的，也是对他的同志们说的，“到中流击水”，投身到汹涌澎湃的洪流中去啊！这是提醒，这是召唤，更是充满伟大力量的激励!

这首词写寒秋，却不悲秋，而是赏秋、赞秋，赋予秋景以生机蓬勃的精神；忆往昔，则斗志昂扬，气概非凡，展望前景，则情怀火热，势不可当。整首词如江河千里一泻，而结尾又如鼓角。催人奋进，其投身激流的气概是非凡的，其搏击奋进的召唤更如黄钟大吕。“唤起工农千百万，同心干、不周山下红旗乱”，这不正是伟大的召唤所要达到的伟大的目标吗!

霜降与养生

霜降之时，五行属土，根据中医养生学的观点，四季五补，即所谓春要升补、夏要清补、长夏要淡补、秋要平补、冬要温补的相互关系，此时与长夏同属土，所以应以淡补为原则，饮食应以补气血、养脾胃为重点要求。

霜降期间要防秋燥。秋燥表现为口干、唇干、咽干、便秘、皮肤干燥等，一句话，秋燥伤津。饮食调养，平补为要，注意健脾养胃。调补肝肾，可多吃些养阴润燥之物，如玉米、萝卜、秋梨、苹果、葡萄。对那些曾患过慢性胃炎及十二指肠溃疡的人、对这时患上“老寒腿”的老年人、对那些慢性支气管炎易于复发和加重的人而言，梨、苹果、香蕉、白果等水果，洋葱、芥菜（雪里红）等家常瓜菜大有裨益。霜降了，霜打在草木土石上，而经过霜覆盖过的蔬菜如菠菜、冬瓜，吃起来其味道也是挺鲜美的。

另外，也可适当多吃一些栗子，它可是养胃健脾、补肾强筋、活血止血、止咳化痰，霜降时节进补的佳品哟！

霜降时节饮食进补，谚语不少：一曰“补冬不如补霜降”，二曰“一年补到头，不抵补霜降”，三曰“霜降进补，来年打虎”。据研究证明，人体摄入蛋白质后能释放出30%—40%的热量，远远超过糖类和脂肪。蛋白质既能增强人体抗寒能力，又能提高人的兴奋度，使人精力充沛，如何补充蛋白质，最好的法子只有一个——吃肉，还有人根据营养学分析，依蛋白质由少到多给排了队：猪肉、鸭肉、牛肉、鸡肉、兔肉、羊肉。

再者豌豆富含维生素C，食之可提高人体免疫力，柿子既健脾胃，又可止血，饭后吃几个软柿或柿饼也不错。

五里不同风，十里不同俗。一些地方将霜降吃柿子之俗归源于明太祖朱元璋。说他幼年家贫乞食于四方，恰逢霜降已两日无进粒米。偶见一村旁瓦砾中一树，满树柿红已软，遂强力登树以得一饱。其命方得继续，且冬日无流鼻涕、无裂唇之虞。朱元璋称帝后又霜降率军过此，见此树依旧，遂披于树以己之红袍，且封树曰“凌霜侯”。事后风传，渐成霜降食柿之俗。

各地民俗有别，且多有以拉某皇帝、某古代名人为说辞以言其由来已久或致声名远播者，这跟当今拉名人做商业广告颇有点相似。又如一些地区有立夏称小儿重，至立秋复称之。如见小儿夏无食欲而致消瘦，即以鱼肉补之，称之曰“贴秋膘”，谁为之始，曰刘备妻孙夫人（孙权之妹）之于阿斗也。

其实这类传说在各地多得很，几千年来，自给自足的小农经济在中国占了优势，由于其经济地位的限制、文化科学知识短缺的束缚，人们长期以来形成了一种思维定式，那就是喜欢好皇帝。一位伟大的马克思主义者曾称农民是皇权主义者，这话说得尖刻了点，但细思之也并非全无道理。

霜降节已过，天气逐渐寒冷，人体经冷空气的刺激，植物神经功能发生紊乱，胃肠正常蠕动规律被打乱，然而这时人体新陈代谢增强，消耗热量随之增多，胃液及各种消化液分泌增多，食欲改善，食量增加，必然会增加胃肠功能负担，影响已有溃疡的修复；深秋和冬天外出，气温很低，且难免会吞入一些冷空气，引起胃肠黏膜收缩，致使胃肠黏膜缺血缺氧，营养供应减少，破坏了胃肠的防御屏障，对溃疡的修复不利，还可导致新的溃疡出现。因此，为了防止发生以上情况，应做到一要特别注意起居中的保养，保持情绪稳定，防止情绪消极低落；二要注意劳逸结合，避免过度劳累；三要适当进行体育锻炼，改善胃肠血液供应；四要做好防寒保暖措施。

霜降过后，寒冬降临，为防“寒从脚生”，厚鞋厚袜，给脚部保暖当然重要，而给脐腹部保暖同样忽视不得。这个部位面积大，皮肤血管密集，表皮薄，皮下脂肪缺失，神经末梢，神经丛特多，这可是个敏感部位，若不加强保暖，寒气侵入就不妙了，因胃受寒而使人疼痛难忍，消化也不好了，又闹起腹泻来，为防止病情进一步发展，不仅要适时增添衣服，睡觉也要盖好被子，俗话说：“十月一，棉墩墩儿。”人们早已具备了这种防寒保暖的经验。

至于体育运动，每个人都应该根据自己的实际情况各取所宜，散步固可，慢跑也不错，登登山、打打太极拳也挺好，然而应注意的是适时增加衣物，别让自己冻着，保暖挺重要。比如登山，欣赏美景的同时，注意保暖，尤其要保护膝关节，切不可运动过量。膝关节一受寒，血管收缩，血液循环变差，往往使人疼痛难忍，因之为抗寒保暖戴上护膝实属必要。老年人运动时，切不宜做屈膝动作，时间较长的运动，宜尽量减少膝关节的负重为好。

十九　立冬，冬天开始了

立冬，二十四节气中的第十九个节气。每年 11 月 7 日前后，太阳到达黄经 225°时开始，是我国习惯视作冬季开始的节气。所谓“立”，建始也，表示冬季就此开始了，其实我国幅员广大，除全年无冬的华南沿海和长冬无夏的青藏高原地区外，各地的冬季并不都是在立冬那天开始的。按气候学划分四季标准，以下半年平均气温降到 10℃以下为冬季。“立冬为冬季始”的说法与黄河中下游及黄淮地区的气候规律基本吻合。我国最北部的漠河及大兴安岭以北地区，9 月上旬就已进入冬季，北京于 10 月下旬也已是一派冬天的景象，而长江流域的冬季要到小雪节气前后才真正开始。《月令七十二候集解》：“十月节……冬，终也，万物收藏也。”其意是说，农作物全部收晒完毕，收藏入库，动物也已藏起来准备冬眠。看来，立冬不仅代表冬天的来临，完整地说，立冬还有表示冬季开始、万物收藏、规避寒冷的意思。

我国古代将立冬分为三候：“一候水始冰，二候地始冻，三候雉入大水为蜃。”水开始结冰，土地开始上冻，这同黄河流域中下游及黄淮北部地区因气温降低而引起的水及土地的物候变化，基本上是一致的。至于雉（野鸡）这一类大鸟不多见了，而海边却可以看到外壳与野鸡的线条及颜色相似的大蛤，就认为雉到立冬后就钻到水里变成大蛤了，这完全是没有事实根据的想象推论之词。

天文学上把“立冬”作为冬季的开始，按照气候学划分，我国要推迟20天左右才算入冬。立冬时节，太阳已到达黄经225°，我们所处的北半球获得太阳的辐射量越来越少，但由于此时地表在下半年贮存的热量还有一定的能量，所以一般不会太冷，但气温却在逐渐下降。在晴朗无风的日子，常会出现风和日丽、温暖舒适的十月“小阳春”天气。

立冬前后，我国大部分地区降水量显著减少，东北地区大地封冻，农林作物进入越冬期；江淮地区“三秋”已接近尾声；江南正忙着抢种晚荐冬麦，抓紧移栽油菜；而再靠南一点的长沙、南昌一线小麦播种要到11月的上旬及中旬，那就真的是“立冬种麦正当时”了。此时水分条件的好坏与农作物的苗期生长及越冬都有着密切关系。华北及黄淮地区一定要在日平均气温在4℃左右，田间土壤夜冻昼消之时，抓住时机浇好麦、菜及果园的冬水，以补土壤水分不足，改善田间小气候环境，防止“旱助寒威”，减轻或避免冻害的发生。江南及华南地区，及时开好田间“丰产沟”，搞好清沟排水，是防止冬季涝渍和冰冻危害的重要措施，另外，立冬后空气一般渐趋干燥，土壤含水较少，林区的防火工作也该提上议事日程了。

谚语里的立冬

一、反映天气与物候的

冬前不结冰，冬后冻死人。

冬前不下雪，来春多雨雪。

立冬白一白，晴到割大麦。

立冬北风冰雪多，立冬南风无雨雪。

立冬打雷三趟雪。

立冬打雷要反春。

立冬打霜，要干长江。

立冬到冬至寒，来年雨水好；立冬到冬至暖，来年雨水少。

立冬交十月，小雪河封上。

立冬雷隆隆，立春雨蒙蒙。

立冬那天冷，一冬冷气多。

立冬晴，一冬凌。

立冬晴，一冬晴；立冬雨，一冬雨。

立冬晴，一冬阴；立冬阴，雪迎春。

立冬太阳睁眼睛；一冬无雨格外晴。

立冬无雨一冬晴，一冬有雨一冬阴。

立冬无雨满冬空。

立冬西北风，来年哭天公。

立冬雪花飞，一冬烂泥堆。

立冬一片寒霜白，晴到来年割大麦。

立冬阴，一冬温。

立冬之日，水始冰，地始冻。

重阳无雨看立冬，立冬无雨一冬干。

二、反映农事活动的

立冬前犁金，立冬后犁银，立春后犁铁。

立了冬把地耕，能把地里养分增。

冬上金，腊上银，立春上粪是哄人。

立冬，青黄刈到空。

立冬不砍菜，受害莫要怪。

立冬不撒种，春分不追肥。

立冬不使牛。

立冬晴，好收成。

立冬田头空。

立冬西北风，来年五谷丰。

立冬有雨防烂冬，立冬无雨防春旱。

立冬之日怕逢壬，来岁高田枉费心。

立冬之日起大雾，冬水田里点萝卜。

立了冬，种麦不透风。

麦子立冬种，夏收收（一）把种（子）。

做田只怕立冬风，做人只怕老来穷。

三、反映养生的

立冬白菜赛羊肉。

立冬补冬，补嘴空。

立冬刮北风，皮袄贵如金；立冬刮南风，皮袄挂墙根。

立冬蔗，食不病痛。

入冬进补，勇猛如虎。

立冬食蔗不齿痛。

立冬古今俗

迎冬

周、秦至汉魏，立冬这天，天子都要率群臣举行迎冬之典礼。立冬前三天，太史觐见天子报告说："某日立冬，天的盛德在五行的水。"天子于是斋戒，到立冬那天，天子乘黑色的车，驾铁黑色的马，插黑色的旗，穿黑色的衣服，佩戴黑色的玉，亲自率领三公、九卿和大夫到北郊举行迎冬典礼，回来还要赏赐为国事而死的人，并抚恤他们的遗孤和遗孀。

下元节，水官解厄之辰

阴历十月十五，为中国民间传统节日下元节，亦称"下元日""下元"。此时正值农村收获季节，江南民间有做糍粑等食俗。人们在家中做糍粑并赠送亲友。武进一带几乎家家户户用新谷磨糯米，做小团子，包素菜馅心。又，旧时俗谚云："十月半，牵砻团子斋三官。"原来道教谓是日是三官（三官、地官、水官）生日。道教徒家门外均竖天杆，杆上挂黄旗，旗上写着"天地水府”“风调雨顺”“国泰民安”“消灾降福”等字样。晚上，杆上挂三盏天灯，做团子斋三官，民间则祭祀亡灵，并祈求下元水官排忧解难。清以后，此俗渐废。唯民间将祭亡、烧库等仪式提前在阴历七月十五“中元节”时举行。

下元节这一节日严格说起来是一个道教节日。其来源于道教所谓上元、中元、下元“三元”的说法。道教认为，“三元”是“三官”的别称。上元节又称“上元天官节”，是上元赐福天官紫微大帝诞辰；中元节又称“中元地官节”，是中元赦罪地官清虚大帝诞辰；下元节又称“下元水官节”，是下官解厄水官洞阴大帝诞辰。《中华风俗志》也有记载：“十月望为下元节，俗传水官解厄之辰，也有持斋诵经者。”这一天，道观做道场，民间则祭祀亡灵，并祈求下元水官排忧解难。古代又有朝廷是日禁屠及延缓死刑执行日期的规定。宋吴自牧《梦粱录》：“（十月）十五日，水官解厄之日，宫观士庶，设斋建醮，或解厄，或荐亡。”又河北《宣化新县志》：“相传水官解厄之辰，人亦有持斋者。”此外，在民间，下元节这一日，还有工匠祭炉神的习俗，炉神就是太上老君，大概源于道教用炉炼丹。人生在世，难免遭遇苦厄，信仰道教的那些古代人民，或者说虽不信仰却对其文化内涵有一定认同的老百姓，都很看重水官大帝“除困解厄”的神通。

上面已经谈道，下元节的来历同道教密切相关。道教认为，“三元”是“三官”的别称。道教诸神中有三官大帝，分别是天官职责是赐福，地官职责是赦罪，水官职责是解厄。

关于三官的来历在民间有这样一种说法，道教最高天神元始天尊“飞身到太虚极处，取始阳九气，在九土洞阴，取清虚七气，更于洞阴风泽中，取晨浩五气，总吸入口中，与三焦合于一处。九九之期，觉其中融会贯通，结成灵胎圣体”。后分别于正月十五、七月十五、十月十五从口中吐出三子。三子“皆长为昂藏丈夫，元始语以玄微至道，悉能通彻”。三子降临人间为三位传说中的帝王尧、舜、禹，“皆天地莫大之功，为万世君师之法”。尧规定了天使七政相等，因此被任命为天官；舜把中国分为十二州，使全体百姓安居乐业，因此被任命为地官；后来，禹治理洪水，使家家户户安全，因此被任命为水官。于是三人就被元始天尊敕封为三官大帝。

并且，三官大帝各有生日：“天官”是正月十五，“地官”是七月十五，“水官”是十月十五。民间把这三天分别称为上元节、中元节、下元节。由于下元节是水官的诞辰，也是水官解厄之辰，即水官根据考察，上报天庭，为人解厄，民间为了纪念他的功德，便在这一天举行祭祀活动。

贺冬

贺冬又叫“拜冬”，汉代即有此俗。东汉崔记《四民月令》：“冬至之日进酒肴，贺谒君师耆老，一如正日。”宋代每逢此日，人们更换新衣，庆贺往来，一如年节。清代“至日为冬至朝，士大夫家拜贺尊长，又交相出谒，细民田女，亦必更鲜衣以相揖，谓之‘拜冬’”（见顾禄《清嘉录》卷十一）。民国以来，贺冬的传统风俗渐有简化趋势。但有些活动，逐渐固定化、程式化，更有普遍性，如办冬学、拜师活动，都在冬季举行。

冬泳

现在有些地方庆贺立冬的方式也有了创新。黑龙江哈尔滨、河南商丘、江西宜春、湖北武汉等地立冬之日，冬泳爱好者们就曾用冬泳这种方式迎接冬天的到来。无论在北方还是南方，冬泳都是人们喜爱的一种锻炼身体的方法。

冬补

在我国南方，立冬人们爱吃些鸡鸭鱼肉，中国台湾在立冬这一天，街头的“羊肉炉”“姜母鸭”等冬令进补，餐厅高朋满座，许多家庭还会炖麻油鸡、四物鸡来补充能量。

我国北方则立冬吃饺子。为什么立冬吃饺子？因为饺子来源于“交子之时”的说法。大年三十是旧年和新年之交，立冬是秋冬季节之交，故“交”子立冬之时的饺子不能不吃。再者我国由农业立国，很重视二十四节气，“节”者，草木新的生长点也，秋收冬藏，这一天，改善一下生活，就选择了“好吃不过饺子”。同时，古代以为瓜代表结实，所以《礼记》中有“食瓜亦祭先”的说法。

“立冬不端饺子碗，冻掉耳朵没人管。”这一民谣，是为了纪念张仲景而流传下来的。张仲景辞官返乡之时，正是冬季。他看到白河两岸乡亲面黄肌瘦，饥寒交迫，不少人的耳朵都冻烂了。便让其弟子在南阳东关搭起医棚，支起大锅，在立冬那天舍“祛寒娇耳汤”医治冻疮。他把羊肉、辣椒和一些驱寒药材放在锅里熬煮，然后将羊肉、药物捞出来切碎，用面包成耳朵样的“娇耳”，煮熟后，分给来求药人两只“娇耳”，一大碗肉汤，人们吃了“娇耳”，喝了“祛寒汤”，浑身暖和，两耳发热，冻伤的耳朵都治好了。后人学着“娇耳”的样子，包成食物，就叫“饺子”或“偏食”。

立冬的歌

立冬前一日霜对菊有感

宋·钱时

昨夜清霜冷絮裯（chóu，被子），纷纷红叶满阶头。

园林尽扫西风去，惟有菊花不负秋。

这是一首表现诗人个性的小诗。

第一句忆昨夜，因为一场“清霜”，使诗人即使盖上套上棉絮的被子也感到一点冷意。第二句写眼前，打开房门，所看见的是纷纷红叶落满了门前的台阶。第三句“阶头”而视野扩大“园林尽扫西风云”，西风一点不剩地扫去了园林里美好的风光，花儿枯萎了、凋落了，叶儿枯黄了，随着西风飘落满地，一片萧疏，一片肃杀，“悲哉，秋之为气也！萧瑟兮，草木摇落而变衰！”更何况秋尽冬至季节交换之时，这时节“园林尽扫西风去”，一个“尽”字，就将园林之柳暗花明绿肥红瘦扫荡无遗之态给表现出来了。第四句诗人的笔锋陡然一转，道是“惟有菊花不负秋”，菊开在9月暮秋，即使在后来秋冬季节之交，仍然要开一阵子，即使是霜雪施威，菊花仍然是要“菊残仍有傲霜枝”的。在诗人笔下，菊花对成就它绚丽岁月的秋天是感恩的，对霜雪的威压，对西风的扫荡，菊花是敢于直面的，是傲骨嶙峋不屈的。这岂不是一种有坚定信仰，而又有顽强意志，且知感父母之恩的人令人敬畏的形象吗！

今年立冬后菊方盛开小饮

宋·陆游

胡床移就菊花畦，饮具酸寒手自携。

野实似丹仍似漆，村醪如蜜复如齑。

传芳那解烹羊脚，破戒犹惭擘蟹脐。

一醉又驱黄犊出，冬晴正要饱耕犁。

这是一首反映陆游晚年退隐乡居生活的诗。

立冬后菊方盛开为他年所无，逗引起诗人赏菊小饮之趣之行。

首联写小饮之准备，上句写将可以折叠的坐具（曰“交椅”）搬近菊花，下句“饮具酸寒手自携”，“酸寒”二字写其生活状况之不佳，“自携”二字，一无婢仆可使，二无子女帮忙，此等琐事尚能自理。下面颔联、腹联则交代了小饮席上的状况，似“传芳”二字可见与饮者非陆游一人，什么酒？“村醪如蜜复如齑”，是如蜜那样甜如醉肉那样香的“村醪”。什么菜？盘子里有“似丹仍似漆”的“野实（果）”，还有可以“擘蟹脐”的“螃蟹”，就这在陆游这位伟大诗人的生活里，已是大大的“破戒”了。至于说“传芳”，几个人在一块小饮赏菊是该更丰盛一些的，但是陆游说：“传芳那解烹羊脚”，“那解”，“哪里懂得”，连这都不懂，“烹羊脚”虽然味美，但是在陆游几个人赏菊小饮的座席上确实是看不到的，几只螃蟹，几只野果做下酒菜，同饮具的“寒酸”倒是挺配套的。但是诗人见立冬后菊方盛开而小饮，其心情是愉悦的，诗的整个情调是轻松的。

小饮后干什么？“一醉又驱黄犊出，冬晴正要饱耕犁。”江南

农谚说“立了冬把地耕，能把地里养分增”。这句农谚要求把握住立冬以后，封冻以前或冻结尚不严重的最佳时期，及时耕翻春播预留地和其他冬闲地，多耕翻几次（陆游诗里说的“饱耕犁”）更好，其好处如下：可以疏松土壤，使土壤中空气流通，增加氮气，以利作物根瘤菌固氮，增加氮素；可以切断土壤内毛细管，减少水分蒸发，保墒蓄水，可将地面的杂草、枯枝烂叶翻入地里沤烂成肥；可将潜伏在浅层的病虫翻出地面暴晒，或冻死，或让鸟类啄食，或翻入深层使其窒息死亡；可使降落的雨雪翻入或渗入土中，以防其蒸发或流失，充分利用自然水源滋润土壤，这样会使土地的养分增加。当然，我并不是说当年的陆游会像今日这样对冬耕的好处有系统全面的认识，但就当时讲，他这一方面的知识并不比一般老农差，并且是远远超过了那一帮子士大夫阶层，他因立冬后赏方盛开之菊而小饮，而一醉之后他要把黄牛赶出来，趁冬后的晴天多耕几遍预留的春播地冬闲地。从诗里看，诗人不只是说说，他是实实在在参加了农业生产劳动的，在当时那种“万般皆下品，唯有读书高”，庄稼人被称作“小人”的封建社会，陆游之所言之所为，的确是太崇高也太伟大了。

至于有人说陆游为立冬后菊方盛开小饮，“烹羊脚、擘蟹脐，美味佳肴当前，再加上菊花秀色可餐，真是人生一大享受”云云，这实是太不了解陆游，而且连这首诗的意思也没有看懂。

立冬日作

宋・陆游

室小才容膝，墙低仅及肩。

方过授衣月，又遇始裘天。

寸积篝炉炭，铢称布被棉。

平生师陋巷，随处一欣然。

这是反映陆游晚年窘迫生活的一首五律。

首联写诗人住处的“室小”“墙低”，实在简陋。颔联紧扣题目写立冬节气。上句“方过授衣月”出于《诗·豳风·七月》“九月授衣”，联下句其意是说刚过了暮秋9月，又遇上了开始穿皮袄的天气。腹联则写自己过冬的准备：“寸积篝炉炭，铢称布被棉”，竹笼里有一寸一寸攒起来的木炭，布被里有论钱论分称着装进去的棉絮，炭火极少，布被极薄何以度过严冬！这是人不堪其窘困的艰难生活啊！但是至尾联二句，诗人却说自己：“平生师陋巷，随处一欣然。”“陋巷”一典出于《论语·雍也篇第六》，孔子曾称赞其弟子颜回说：“贤哉，回也！一箪食，一瓢饮，在陋巷，人不堪其忧，回也不改其乐。贤哉，回也！”陆游说自己平生是以颜回为师的，即使住在陋巷之中生活怎样窘迫处在怎样的逆境之中，也会随遇而安，也是同顺境一样保持豁达乐观的心情。

的确，一个人的生存空间可以很小，心灵和志向却可以很大。作为一代伟大的诗人，斗室无论如何也拘束和压抑不了陆游的心胸。于是在陆游这里，心灵空间和生存空间构成了强烈的反差，展示出一种生命的质量与人生的意境。身居陋巷之中，而心怀天下，情系苍生，“位卑未敢忘忧国”，这就是被誉为“亘古男儿一放翁”的陆游！

语句平淡朴实，但气势略不稍减。“诗如其人！”

立冬与养生

《孝经纬》云："冬者终也，万物皆收藏也。"《素问·四气调神大论》说："冬三月，此谓闭藏，水冰地坼，无忧乎阴。"阴气盛极，万物收藏，是冬季的特征，与之相应，人体新陈代谢也处于缓慢的水平，同化大于异化。所以，避寒就温，敛阳护阴，以使阴阳相对平衡，是冬季养生的"养藏"原则。

精神调养。冬内应肾，肾主藏精为先天之本，在志为恐为惊。心藏神，神伤则心怯为恐。冬月闭藏之时，更应固密心志，保养精神，即如《素问·四气调神大论》所说："使志若伏若匿，若有私意，若已有德。"也即保持精神安静自如，含而不露，好像把个人隐私秘而不宣，又像得到久已渴望之珍品那样满足。冬季切勿使情志过极，以免扰阳。所以，在严寒季节，人们过于贪欢取乐，无益于养生。当然，目睹秃树衰草、冰天雪地而郁郁寡欢、情绪低落，对心神养颐也不为佳。于冬日闲散之时，走亲访友，或对酒当歌，或饮茶聊天，也不失为调养精神的良方。此种精神调养，对已离退休的老人尤为适宜。

起居调养，当然也要适应冬季闭藏之特征。"早卧晚起，必待日光。"（《素问·四气调神大论》）早睡以养人体阳气，保持温热的身体；迟起而待日初，为的是养阴气。防寒之外，还须防风。除合理安排作息时间外，还须保持室内温度的恒定，室温过低则易伤元阳，过高则使室内外温差较大，易患外感和其他疾病。

另外，建议之一：从立冬始，睡前用温水泡洗双脚，然后用力揉搓脚心，除了能除污垢、御寒保暖外，还有补肾强身、解除疲劳、延缓衰老，以及防止感冒、冠心病、高血压等多种疾病发生的功效。何以能有此功效？因为肾之经脉在于足部，足心涌泉穴为其主穴，自然温水洗脚，复加按摩，就有养生防病之效了。

北方，本来气候就干燥，若室内再使用暖气，闭门少出，那就极易“上火”，为此地上洒些水，或用湿拖把拖地板，或在取暖气周围放盆水，或配备加湿气，如此使温度湿度适当调节，居室岂不也显得生气勃勃、春意盎然吗！此其建议之二也。

建议之三：居室要适时开窗通风，使室外的新鲜空气更换室内的污浊空气以减少病菌滋生，岂不更好！要晓得室内密不通风，二氧化碳多了，会使人头痛的，还会使人脉搏放缓，血压增高，甚至会使人意识丧失。若如此，打开窗子让冷空气进来点，使室内空气得以交换，岂不是大大有益的吗！

最后，衣着也要随气候变化而增减，手脚易冻，对其保暖，尤其应注意。

饮食调养，冬季是肾主令之时，肾主咸味，心主苦味，咸能胜苦。《四时调摄笺》告诫说：“冬月肾水味咸，恐水克火，故宜养心。”所以，饮食宜减咸增苦以养其心气，这样可使肾气坚固。冬季虽宜热食，但燥热之物不可过食，以免使内伏的阳气郁而化热，冬季切忌黏硬、生冷食物，这类食物属阴，易伤脾胃之阳。

冬季饮食的基本原则是保阴潜阳，如甲鱼、藕、木耳、胡萝卜、芝麻都是有益补品。饭菜可以适当味浓重一些，有一定量的脂类。此外，应多食用黄绿色蔬菜，如胡萝卜、油菜、菠菜及绿豆芽等，以避免缺乏维生素 A、维生素 B 和维生素 C 等。

古代养生家多提倡冬季晨起食粥，晚餐宜节食，食后摩腹，缓行千百步。

既然冬是肾主令之时，而与五色配属，冬亦归于黑，立冬以后，用黑色食品补养肾脏当是不错的选择。现代医学也认为，黑色食品不但营养丰富，且多有补肾、防衰老、保健益寿、防病治病以及乌发美容等独特功效。所谓黑色食品，是指因为含天然黑色素而导致色泽乌黑或深褐色的动、植物食品，其有外皮黑亦有骨里黑者，如黑芝麻、黑枣、黑米、紫菜、香菇、海带、发菜、黑木耳等植物食品及甲鱼、乌鸡等皆属此类，经大量研究证明，黑色食品保健功效除与其所含的三大营养素、维生素、微量元素有关外，其所含的黑色素发挥了特殊的积极作用，具有消除体内自由基、抗氧化、降血脂、抗肿瘤、美容等作用。

若论滋补暖身、调理内脏、增强身体的免疫力，保障血液畅通运行，胡萝卜洋葱汤，倒是冬令时节老年人应该常喝的。

至于活动养生，俗话说“冬练三九”，冬季的活动锻炼对养生是有特殊意义的。冬季坚持长期锻炼，对防止气管炎、肺炎、冻疮、扁桃腺炎、感冒、贫血等疾病，很有益处，俗话说：“冬天动一动，少闹一场病；冬天懒一懒，多喝药一碗。”

冬季活动若天气不好，可在室内；天气好时，可到室外，但都要注意适宜、适度。若室外活动，不可起得太早，要待日出以后为好。

有《冬季养生歌》一首，好记、好做，愿大家养生有道，健康长寿。歌曰：

冬季万物皆闭藏，养生敛阴又护阳。
胃部腹部要保暖，慎防脚下寒气凉。
冬季进补忌过量，辨证施治重营养。

生冷黏硬不可食，补充水分要经常。

烟酒御寒不可取，反使体温更下降。

冬炼增强耐寒力，锻炼意志更坚强。

又有《冬炼谣》曰：

北国严冬冷，西风更无情。

老人安越冬，身体要保重。

晨练莫太早，务等红日升。

喝杯热牛奶，空腹不禁风。

上下楼要慢，双脚勿登空。

衣帽鞋皆暖，确保不挨冻。

舞剑在僻处，跑步不迎风。

缓慢太极拳，避风向阳中。

运动别激烈，量力适度行。

坚持经常化，体壮精力盈。

二十　小雪，下雪了

小雪，二十四节气中的第二十个节气。即太阳在黄道上自黄经240°至255°的一段时间，约14.8天。每年11月22日（或23日）开始，至12月7日（或8日）结束。狭义上，指小雪之开始，每年11月22日（或23日），此时太阳到达黄经240°，《月令七十二候集解》曰：“十月中，雨下而为寒气所薄，故凝而为雪。小者，未盛之辞。”《群芳谱》亦云：“小雪气寒而将雪矣，地寒未甚而雪未大也。”我国古代将小雪分为三候：“一候虹藏不见；二候天气上升地气下降；三候闭塞而成冬。”由于气温低了，北方要下雪了，不再下雨，雨虹自然也就看不见了。又由于天空中的阳气上升，地中的阴气下降，导致天地不通，阴阳不交，所以万物失去生机，天地闭塞而转入严寒的冬天。这时的黄河流域，就有可能纷纷扬扬飘起一场小雪来了。

但在我国南方地区的北部，则是刚刚开始入冬。“荷尽已无擎雨盖，菊残犹有傲霜枝。”（宋苏轼《赠刘景文》）已呈初冬景象，因为北有山岭阻挡冷空气入侵，严寒的寒潮已成强弩之末，致使华南有“冬暖”之象。全年降雪日数不过三五天，比同纬度的长江中下游少得多了。即使在隆冬时节，“忽如一夜春风来，千树万树梨花开”的绮丽迷人景色，也只能在纸上读到而凭空遐想了。这是由于华南冬季地面气温经常保持在0℃以上，下雪难，积雪更难，偶见天空，“纷纷扬扬”，却从不见地面上有什么“碎琼乱雨”。至于我国西北高原及东北地区，10 月就开始降雪了。西北高原若再靠西北一点，那儿一年降雪的日数甚至可达60 天以上，而东北地区在小雪节气初，土壤冻结深度已达10 厘米，往后差不多一昼夜平均多冻一厘米，到节气末甚至冻结达一米多，“小雪地封严”之后，大小江河都将陆续封冻。“小雪雪满天”，休说同华南，即使同黄河流域相比，其境况也真不可同日而语了。

冬闲农不闲

小雪时节，已入初冬。天气渐冷，白露为霜，雨滴成雪，雪也是半冻半融，被称为“湿雪”。弄不好来一场“雨夹雪”。河洛地区有“雨夹雪，下半月”的农谚，若应了这句话，那可啥事都耽误了。果树该剪枝了，树干该用草秸编箔包扎起来了，为防果树受冻，果农们忙得不可开交。“小雪铲白菜，大雪铲菠菜。”再加上冬菜储存，菜农们哪有半日闲！冬日蔬菜多用土法储存，或用地窖，或用土埋，以利食用，白菜深沟土堆储藏时，收获前十天左右即停止浇水，做好防冻工作，以利储藏。收获时，尽量选择晴天，收获后将白菜根部向阳晾晒3—4天，待白菜外叶发软后再进行储藏。沟深以白菜高度为限。储藏时白菜根部全部向下，依次并排放入沟中，天冷时多覆盖白菜叶、玉米秆防冻。而半成熟的白菜储藏时沟内放部分水，边放水边放土，放水的深度以埋住根部为宜，待到食用时即生长成熟了。

小雪期间，华南西北部一般可见初霜，要预防霜冻对农作物的危害，小雪节气，要加强越冬作物的田间管理，促进麦苗生长，若没上冻，墒情不怎么好，还得浇“压根水”呢。

另外，利用冬闲时间，大搞农副业生产，因地制宜进行冬季积肥、造肥、柳编和草编，从多种渠道开展致富门路。为提高农民的科学文化素质，要安排好时间，搞好农业技术的宣讲和培训，把科技兴农工作落到实处。

农谚里的小雪

一、反映天气物候的

节到小雪天下雪。

小雪节到下大雪，大雪节到没了雪。

小雪封地，大雪封河。

夹雨夹雪，无休无歇。

雨夹雪，下半月。

小雪不封地，不过三五日。

小雪封地地不封，大雪封河河无冰。

小雪小到，大雪大到，冬后十日乌鱼就没了。

二、反映农事活动的

小雪不怕小，扫到田里就是宝。

小雪花满天，来岁必丰年。

瑞雪兆丰年。

今冬麦盖三场被，来年枕着油馍睡。

雪下三尺，来年囤囤尖。

小雪地不封，大雪还能耕。

小雪不把棉柴拔，地冻镰砍就剩茬。

小雪不起菜（白菜），就要受冻害。

立冬不砍菜，必定有一害。

趁地未封冻，赶快把树种。

大地未冻结，栽树不能歇。

冬天栽树做场梦，春天栽树害场病，夏天栽树要了命。

小雪封地地不封，老汉继续把地耕。

小雪不耕地，大雪不行船。

小雪地能耕，大雪船帆撑。

小雪虽冷窝能开，家有树苗尽管栽。

到了小雪节，果树快剪截。

时过小雪，打井修渠莫歇。

小雪到来天渐寒，越冬鱼塘莫忘管。

小雪大雪不见雪，小麦大麦粒要瘪。

小雪民俗二题

敬神，祭水仙尊王

水仙尊王，简称水仙王，是中国海神之一。为贸易商人、船员、渔夫所最信奉。台湾四面环海，在其民间信奉中，与水有关的神祇计有水仙尊王、水官大帝及水德星君等。水德星君属自然崇拜的神祇，水官大帝是民间俗称“三官大帝”“三界公”之一的大禹，而水仙尊王就是海神。《海上纪略》说：“水仙者，洋中之神。”将水与海人格化，然后编出种种神话，就这样水和海这两种自然物就变成了人格神，而被人们抬上神坛，变成了为人们所敬奉的水仙尊王。

各地所供奉的水仙尊王各有不同，一般以善于活水的夏禹为主，再以伍子胥、屈原等人或其他英雄才子、忠臣烈士等陪祀，统称为“诸水仙王”，大禹是古时帝王，因治水有功而受后人爱戴，伍子胥本春秋楚人，为吴所用，因吴王不听子胥忠言而北上与齐争霸，导致后来越王勾践乘虚而入灭吴。伍子胥不忍看到将来吴国之灭愤而自杀。吴王不但不悟，反大发雷霆，还将子胥之尸体装入皮袋，浮于江中。屈原是战国楚人，正欲施展抱负却因奸佞谗言，被贬长沙，有志难伸，忧国忧民而投汨罗江自尽。初唐时期才华横溢的王勃，因往海南探亲，渡海溺水而亡时方27岁。还有一位，那就是号称“诗仙”的唐代大诗人李白，他也是在今安徽当涂境内的长江上，因入水捉月而溺死的。伍子胥、屈原、王勃、李白四人之死，皆与水密切相关，并且都是忠臣烈士、才高八斗，所以就把这四个人尊为水神，并将他们配祀在水仙尊王的正庙之中。

划水仙，是早期船员一种向水仙尊王祈祷的方式。据说早先往来台湾与大陆的船只在海上遇到暴风雨，如果“划水仙”就可脱离险境。所谓“划水仙”，就是求救于仙王。《台湾县志·外编》记载说：作“划水仙”之法时，船上所有的人，都要披头散发站在船舷两边，拿着筷子做划水的动作，口中还要发出类似征鼓的声音，就跟阴历五月初五划龙舟比赛一样，这个时候，就算是船的桅杆被暴风雨打断，船也能乘风破浪，迅速靠岸。据传，这种“划水仙”的做法，每次都能应验，得到水仙王的救助，逢凶化吉，顺利靠岸。

腌菜

腌菜，是用一种高浓度盐液、乳酸菌发酵来保藏蔬菜，并通过腌制，增进蔬菜风味的发酵食品，泡菜、榨菜都属腌菜系列。旧时南京逢小雪前后必腌菜，称为腌元宝菜。南京各家各户都会在这时节买上一百来斤的青菜，专供腌制用，晾晒、吹软、洗净腌制。虽然每一家都有自己的特色，但是大体的方法是不变的。冬季蔬菜供应紧张时，腌菜就能派上大用场。腌菜一般要吃到来年春天，蚕豆上市时用新鲜蚕豆烧腌菜也是一绝。吃不完的腌菜还可以在天好时拿出晒干，制成干菜，以便保存。夏天炎热时节人们出汗多，口味淡，干菜烧五花肉就是一道鲜美的食品。干菜还可以邮寄给远在他乡的亲人品尝，让他们不要忘记家乡乡情。腌菜就像客家人煲汤一样，讲究文火细煎慢熬，体现的是一种真功夫。一坛腌菜从制作到成熟需要时日，没有半月以上是腌制不出来的。腌制的时间越久，腌菜越是晶莹剔透，越是浓郁纯正。

由于其加工方法与设备简单易行，可就地取材，故在不同地区形成了许多独具风格的名特产品。腌制雪里蕻，有人家整棵腌，有的切碎后腌制，雪里蕻啥菜都能配，深受家庭主妇们喜爱，所以各家都会腌制一些。

古代制腌菜是有原因的，那时候不像现在这样科技发达、交通发达，很多蔬菜可以跨越季节和地区障碍，成为桌上的菜肴。夏天，蔬菜太多，吃不完，烂在了田里。而冬天菜却不够吃。现在冬季蔬菜供应很丰富，而腌菜很费工夫，加上人们生活水平提高了，腌菜的家庭少了许多，就是腌也腌得不多，只为尝个鲜。腌菜的确是一种开胃的大众食品，它给人们最终的实惠是增进身体健康，这是人人都希望的。吃起来能增进食欲，吃了觉得舒服，意味着肠胃愿意受纳，纳而化之，使食物顺利进入正常新陈代谢的轨道。

至于福建金门有吃风（干）鸡的习俗，两湖地区一些地方有吃泥风（干）鸡的习俗，比起南北皆宜的腌菜的饮食习俗，其范围则小得太多了。

诗词里的小雪

小雪

宋·释善珍

云暗初成霰点微，旋闻簌簌洒窗扉。

最愁南北犬惊吠，兼恐北风鸿退飞。
梦锦尚堪裁好句，鬓丝那可织寒衣。
拥炉睡思难撑拄，起唤梅花为解围。

这是一首写小雪的七言律诗。

首联从听觉上写小雪之小，上句叙述“云暗”之下刚刚形成细微的雪糁（所谓“霰点微”），而下句写雪糁“簌簌洒窗扉”，“簌簌”二字，从声音传神写出小雪飘飘洒洒，不紧不慢，从从容容地洒在窗棂门户之上，这可是一种极妙的静谧安详的境界啊！但这位佛子却有担心与发愁之处：一是“最愁南北犬惊吠”，二是“兼恐北风鸿退飞”，说透了他是怕“犬惊吠”与“鸿退飞”而鸣打破了这种独特的“霰点微”“簌簌洒窗扉”的宁静。下面的腹联与尾联，这位佛子则一反上面对静境的塑造，专写自己在这个小雪之夜的活动与感受“梦锦尚堪裁好句”，他睡觉了，即使在梦中也是锦笺上推敲诗句，但在冬雪簌簌的斗室之中，他毕竟好梦难成，他被冻醒了，自怨起衣裳单薄起来，“鬓丝那可织寒衣”，两鬓斑白如“丝”，而这种“丝”又怎么可以织成御寒之衣呢！天寒地冻，自觉无衣之寒，奈何！即使拥炉“而眠”，那又当如何？岂不仍然是“睡思难撑拄”，再也睡不下去了！这位佛子不睡了，他这时“起唤梅花”，为什么要这样“起唤梅花”呢？“为解围”，为了解严寒之围。他可能要用梅花那种不畏严寒的精神激励自己与严寒抗争的斗志吧！

这首七律写小雪，得霰雪之神，正见其体物入微处，静景的塑造也正有禅意。而后半首写严寒侵入肌骨，他则以梅花精神求得解脱，无半点颓唐怨苦之思。整首诗的情调是积极的、向上的，“事不遂心常八九”，身处逆境又如何？从这首诗或可得到某些启发吧。

雪

唐·聂夷中

云容四野合，日色敛光华。

一夜寒生骨，满天风散花。

远山银鹤聚，老树玉龙斜。

豫报丰年兆，瓯窭定满家。

这是一首写雪的五言律诗。诗从头一天下午写到第二天早上，首联上句写乌云四合，下句写日色无光，颔联上句写雪夜奇寒，“寒生骨”，连骨头缝里都冒出了寒冷，下句写大雪飘飞的奇景：“满天风散花”，比喻里透出诗人对这场一夜大雪的愉悦与快乐之情。而到腹联则写一夜雪后之晨，诗人所看到一幅如画的雪景：远处的山峦就像一群群的白鹤聚在了一起，而近处的老树，它那弯腰粗壮的树干及它那伸向天空、探向大地的枝丫，全被白雪包裹了，那岂不是一条斜身探海的“玉龙”吗！诗人对夜雪造成的奇景赞美有加，以“银鹤”喻远山，以“玉龙”喻老树，诗人的喜悦赞美之情，溢于言表。

为什么要这样赞美称颂这一场夜雪？因为“豫报丰年兆，瓯窭（ōu lóu，狭小的高地）定满家”！瑞雪兆丰年，农谚有云“麦盖三场被，枕着馒头睡”。这场瑞雪是个好兆头，它预报明年夏麦子一定有个好收成，别说平原水浇地了，即使每一家那块小地高的田里，也会“满”，也会有个好收成的。仅有块小地高几亩薄田的，绝非富贵之家，甚至中等农户也算不上，但是聂夷中这位诗人特意关心他们，关心农民，尤其关心那些贫苦农民的疾苦，而且为他们呼吁，同他们的心连在一起，一起喜，一起悲，一起愤慨，聂夷中毕竟是唐代这一类诗人中难能可贵的一个。

贺新郎·雪

宋·葛长庚

是雨还堪拾。道非花，又从帘外，受风吹入。扑落梅稍穿度竹，恐是鲛人诉泣。积至暮，莹光熠熠。色映万山迷远近，满空浮，似片应如粒，忘炼得，我双睫。吟肩耸处飞来急，故撩人，黏衣噀袖，嫩香堪浥。细听疑无伊复有，贪看一行一立。见僧舍，茶烟飘湿，天女不知维摩事，漫三千，世界缤纷集。是翦水，谁能及！

这是一首以雪为题材的词。

上半阕霰雪成为其描写中心。一开头就说可不是下雨“是雨还堪拾”，那么是“花”吗？“道非花”。这也不是，那也不是，到底是什么呢？“又从帘外，受风吹入”，风不小竟将其吹进了屋里。开门一瞧。哎呀，它“扑落梅稍穿度竹，恐是鲛人诉泣”，那扑落着梅花树梢的，又穿过一片竹林的，沙沙沙一片声响的，从天空抛下来的竟是如鲛人哭出的珠子那样细小晶莹的颗粒。答案终于有了，是霰雪。鲛人，传说中的人鱼，《太平御览·珍宝部二·珠》引张华《博物志》说：“鲛人从水出，寓人家积日，卖绢将去，从主人索一器，泣而成珠满盘，以与主人。”那霰雪像珍珠一样细小晶莹的颗粒，是怎么形成的呢？“恐是鲛人诉泣”，这就是词人想象中的判断，而这一判断倍增霰雪奇异而美丽的色彩，随着时间的推移，“积至暮，莹光熠熠”，晶莹耀眼的霰雪的色彩，使得人分不清景观的远近了。这时节，像细小珠子一样霰雪渐渐地又变成了雪花，在整个天空飘浮着落下。原来霰雪沙沙从空中落下时还会扑着诗人的眼睫，而如今却是不可能的了。霰雪，你像细小珍珠白颗粒一样的霰雪呀，你忘了吧？你曾经扑过我的双睫，使它们受到锻炼的呀！看来，诗人笔下，万物有情，这是何等样的民胞物与的胸怀啊！以此过渡到下阕，方称巧妙。

词的下半阕则转而写雪花。

看着这“飞来急”纷纷飘落的雪花，诗人耸了一下肩膀，那雪花好像在撩逗人似的，沾满了衣裳喷洒满双袖。如果真是花，那嫩嫩的香气也该是浸透了衣裳里子的吧。细听，令人生疑，仿佛没有任何声响。但是那雪花呀，它虽然飘落无声，却还是存在的呀！“贪看一行一立”，诗人在欣赏雪，在看那雪花一朵又一朵地从高空飘落，他一会走走，一会站站，诗人真的被这美丽的雪花给陶醉了。“见僧舍，茶烟飘湿”，由所见引出了天女散花的佛经故事。《维摩经·观众生品》：“时维摩诘室有一天女，见诸大人闻所说法，便现其身，即以天花散诸菩萨大弟子上，花至诸菩萨尽皆堕落，至大弟子便看不堕。”本以花着身验证诸菩萨的问道之心，练习未尽，花即着身。这儿散花的天女，却不知维摩诘室试菩萨和大弟子道行的事，一味地将雪花散将起来，只散得漫三千大千世界尽是雪花，而且缤缤纷纷还堆集了起来。但这雪花毕竟是水变成的，它终究是水，可是又是哪一位天女（或者天孙），将水剪作了这六处美丽雪花呢？有这样夺巧的天工，人间哪有谁能比得上她呢！

这首词，词人善用比喻，联想丰富，如雨堪拾，如花入户，鲛鱼泣珠以描写霰雪，又以天女散花，天孙剪水来写飘飞的雪花，将雪的特征表现得生动而富有情趣。词构思精巧，笔调潇洒，全篇未出现“雪”字，但霰雪之沙沙，雪花之漫天飞舞却皆如在目前。

小雪与养生

小雪时节，可适当吃些肉类、根茎类食物御寒。

一般在小雪节气里，天气越来越冷，此时节易引发或加重抑郁症，依靠食补乃使身体快速变暖之良方，应多吃一些能抵御寒冷的食物。以下四类食物可供选择。

肉类：指动物的皮下组织及肌肉，其蛋白质、脂肪和碳水化合物含热营养素高，如狗肉、牛肉、羊肉及章鱼肉皆可在小雪时节进食，对促进新陈代谢，加速血液循环以抵御寒冷，皆大为有益。

根茎类：根茎类蔬菜富含矿物质，如胡萝卜、山芋、藕、土豆及菜花等，皆有提高人体抗寒能力之功效。

铁含量高的食物：铁是人体内必需的微量元素之一，缺少了铁元素就会引发缺铁性贫血，而导致血液循环不畅，机体产热量降低，那体温就要偏低了。我们平常食物中多数含铁量较少，有的基本测不到，可有些含铁食物却又不利于吸收，故而动物血、蛋黄、猪肝、牛肾和黄豆、芝麻、腐竹、木耳等富含铁质的食物，皆当为抗寒应时食品。

碘含量高的食物：如海带、紫菜、贝壳类、菠菜、鱼虾等皆属此类，一般含碘量高的食物可促进甲状腺素分泌，以加速体内组织细胞的氧化，提高身体的产热能量，促使新陈代谢增强，血液循环加快，从而达到抗冷御寒的目的。

御寒保暖，早睡晚起。

御寒保暖就要注意天气预报，视天气的变化，气温的高低，白天注意衣服的增减，晚上注意被褥的厚薄。室内温度的高低亟须注意，但也要适时适当通风，使温度湿度皆宜。这样就可御寒保暖，而少发生感冒及上呼吸道感染等病症。

冬天，气温骤降，光照不足，应适当增加睡眠，早睡晚起，日出而作则最妙。俗话说“冬不扰阳”。因冬阳气潜藏，阴气盛极，草木凋零，蛰虫伏藏，万物活动趋于休止。宜养精蓄锐，而早睡即可养人体阳气，迟起则可养人体阴气。晚起可不是睡懒觉，而是要以日出时间为度，如此大有利于阳气潜藏，阴气蓄积，为第二年春天生机勃发做好准备。

《寿亲养老新书》有言曰：“唯早眠晚起，以避霜威。”看来“早睡晚起”是古今冬季起居养生经验一条重要总结了。

至于冬季运动，比如长跑，跑前要热身，做足准备活动，跑中间还要注意跑姿，注意上身略向前倾，两眼平视，两臂自然摆动及脚尖的前向后蹬和落地，还要依自己的条件，掌握好速度与时间。即使跑完了，也要慢慢地走上几百米放松放松，再做一些腰、腹、腿、臂等部位的放松活动。千万不要在长跑后马上停下休息，当然长跑并非人人适宜，还是要根据各人不同的身体条件、爱好，各取所宜。运动也是一门科学，向医生或行家多多请教有时也是大有必要的。

除长跑外，跳舞、跳绳也是一种简单易行的运动方式，有益于身心健康。对促进血液循环、加强新陈代谢，也都是大有裨益的，至于怎么做，“萝卜白菜，各有所爱”，各取所宜就是了。

二十一　大雪，雪瑞年丰

大雪，二十四节气中的第二十一个节气。每年12月7日前后太阳到达黄经255°时开始，《月令七十二候集解》：“十一月节，大者盛也。至此而雪盛矣。”若按干支历，11月恰是亥月的结束以及子月的开始。大雪时节，我国大部分地区的最低温度都降到了0℃以下。往往在强冷空气前沿冷暖空气交锋地区，会降大雪，甚至暴雪。可见，大雪节气是表示这一时期，降大雪的起始时间和雪量程度。它和小雪、雨水、谷雨等节气一样，都是直接反映降水的节气。

我国古代将大雪分为三候：“一候鹖鴠不鸣；二候虎始交；三候荔挺出。”鹖鴠不鸣：鹖鴠似鸡，昼夜鸣，即寒号虫，本阳鸟，感六阴之极不鸣矣。按阴阳消长规律，大雪节气反映在卦象上，则为“䷁”，即上面所云的“六阴之极”。虎始交：虎，猛兽，《本草》曰能避恶魅，今感微阳，益甚也。故相与而交。荔挺出：荔，《本草》谓之蠡，实即马薤，郑康成、蔡邕、高诱皆云马薤，况《说文》云：荔似蒲而小，根可为刷。阴极而生阳。马薤也感到阳气的萌动而抽出新芽。

大雪时节，除华南和云南南部无冬区外，我国辽阔的大地已披上冬日盛装。东北、西北地区平均气温已达－10℃以下，黄河流域和华北地区也稳定在0℃以下。此时，黄河流域一带已渐有积雪，而在更北的地方，则已是“千里冰封，万里雪飘”的北国风光了。但在南方，特别是广州及珠三角一带，却依然草木葱茏，干燥的感觉还很明显，与北方的气候反差很大，南方地区冬季气候温和而少雨雪，平均气温较长江中下游地区高2—4℃，雨量仅占全年的5%左右，偶有降雪，大多出现在1、2月份。地面积雪三五年也难见到一次，如果能够目睹大地白雪皑皑，绿树披银饰玉，常是终生难忘的趣事。这时，华南气候还有多雾的特点，一般12月是雾日最多的月份。雾通常出现在夜间无云或少云的清晨，气象学称为辐射雾。“十雾九晴”，雾多在午前消散，午后的阳光会显得格外温暖。

人常说，“瑞雪兆丰年”。严冬积雪覆盖大地，可保持地面及作物周围温度不会因寒流侵袭而降得很低，为冬作物创造了良好的越冬环境。积雪融化时又增加了土壤水分含量，可供作物春季生长的需要。此外，雪水中氨化物的含量是普通雨水的5倍，还有一定的肥田作用。所以从华北平原南部、黄河中下游及黄淮平原这些冬小麦产地，尤其历来小麦产量居全国第一的千里中原，普遍流行着“麦盖三场被，枕着油馍（或馒头）睡”的农谚。

大雪时节，黄河流域和华北地区气温稳定在0℃以下，冬小麦已停止生长。江南及江南地区小麦、油菜仍在慢慢生长，要注意施好腊肥，注意农作物的清沟排水。这时天气虽冷，但储藏的蔬菜和薯类要勤于检查，不可将窖封得太死，以免升温过高，湿度过大导致烂窖。在不受冻害的前提下应尽可能地保持较低的温度，这样才有利于蔬菜的存储。

这期间，还要注意气象台对强冷空气和低温的预报，人要防寒保暖，而对越冬作物也要采取有效措施防止冻害，对牲畜的防冻保暖也应予以注意。

谚语里的大雪

一、反映天气与物候的

大雪不冻，惊蛰不开。

大雪不冻倒春寒。

大雪不寒明年寒。

大雪年年有，不在三九在四九。

大雪晴天，立春雪多。

大雪三白三九暖。

大雪下雪，来年雨不缺。

大雪阴雪九里寒。

到了大雪无雪落，明年大雨定不多。

冬不白，夏不绿。

冬春雪多，夏天雨少。

冬季雪打雷，夏季涨大水。

冬前不下雪，来春多阴雨。

冬天霜雪多，春天定暖和。

冬雪回暖迟，春雪回暖早。

沙雪打了底，大雪蓬蓬起。

下雪不冷化雪冷。

先下大片无大雪，先下小雪有大片。

先下小雪有大片，先下大雪后晴天。

雪后易晴，霜后易阴。

雪下高山，霜打洼池。

落雪是个名，融雪冻死人。

二、反映农事活动的

麦盖三床被，麦子成堆堆；麦盖三床雪，瓮里粮不缺。

大雪飞，好积肥。

腊雪是宝，春雪不好。

白雪堆禾塘，明年谷满仓。

大雪半融加一冰，明年虫害一扫空。

大雪冬至雪花飞，搞好副业多积肥。

大雪纷纷落，明年吃馍馍。

大雪纷纷是丰年。

大雪封地一薄层，拖拉机还能把地耕。

大雪封了河，船民另找活，大雪河未封，船只照常通。

大雪河封住，冬至不行船。

大雪三白，有益菜麦。

大雪兆丰年，无雪要遭殃。

冬季雪满天，来岁是丰年。

冬无雪，麦不结。

冬雪如浇，春雪如刀。

冬雪少，害虫多。

冬雪是个宝，春雪是根草。

冬雪消除四边草，来年肥多害虫少。

冬雪一层面，春雨满囤粮。

冬有大雪是丰年。

冬有三尺雪，人有一年丰。

积雪如积粮。

今冬大雪飘，来年收成好。

今冬麦盖一尺被，明年馒头如山堆。

今冬雪不断，明年吃白面。

今年的雪水大，明年的麦子好。

今年麦子雪里睡，明年枕着馒头睡。

腊雪是被，春雪是鬼。

落雪见晴天，瑞雪兆丰年。

麦盖三层被，头枕馍馍睡。

麦浇小，谷浇老，雪盖麦苗收成好。

小雪不耕地，大雪不上山。

小雪地不平，大雪还能耕。

雪多下，麦不差。

雪盖山头一半，麦子多打一石。

雪有三分肥。

雪在田，麦在仓。

一场冬雪一场财，十场春雪一场灾。

三、反映养生的

化雪地结冰，上路要慢行。

大雪古今俗

藏冰

古时，为了在炎炎夏日享受到冰块，一到大雪节，官家和民间就开始储藏冰块。这种藏冰的风俗历史悠久，我国冰库的历史至少有三千年以上。《诗·豳风·七月》："二之日凿冰冲冲，三之日纳入凌阴。"据史籍记载，西周时期的冰库就已初具规模，当时称为"凌阴"，管理冰库的人则称为"凌人"。《周礼·天官·凌人》载："凌人，掌冰。正岁十有二月，令斩冰，三其凌。"这里的"三其凌"，即以预用冰数的3倍封藏。西周时期的冰库，建造在地表下层，并用砖石、陶片之类砌封，或用火将四壁烧硬，故具有较好的保温效果。当时的冰库规模已十分可观。1976年，在陕西秦国雍城故址，考古人员曾发现一处秦国凌阴，可以容纳190立方米的冰块。

在古代，由于没有制冰设备，所以冰库之冰均采用天然，史书中称"采冰"或"打冰"。为了便于长期保存，对采冰有一定的技术要求，如尺寸大小规定在三尺以上，太小则易于融化。《唐六典》卷十九就明文规定藏冰法："每岁藏一千段，方三尺，厚一尺五寸。"天然冰块最好是采取于深山溪谷之中，那里低温持久，冰质坚硬，正午时也不会融化，而且没有污染。《唐六典》卷十九载："凡季冬藏冰……所管州于山谷凿而取之。"要在山谷里采冰也绝不是一件容易的事情，有时候要跑到很远的地方才能采到冰。

唐人李胄《冰藏赋》曰："徒远目穷谷，而纳于凌阴，其道有恒，其迹无固。”同时，打冰块与挖冰库都要付出很大的人力物力。韦应物《夏冰歌》云：“当念阑干凿者苦，腊月深井汗如雨。”清人富察敦崇《燕宋岁时记》云：“冬至三九则冰坚，于庭内凿之，声如磬石，曰打冰。”看来，古人为了建冰库、采冰和储冰，花费很多心血。

在南方，受温热气候的影响，很少有大块坚冰，所以，冰库往往在北方居多。据文献记载，古代藏冰最南到金陵（今南京）一线。到南宋时，北方的藏冰法才开始在南方逐渐推广，并因地建造冰库。宋庄绰《鸡肋编》卷中记载：“二浙旧少冰雪，绍兴壬子，车驾在钱塘，是冬大寒屡雪，冰厚数寸。北人遂窑藏之，烧地作荫，皆如京师之法。临安府委诸县皆藏。率请北人教其制度。”这是北方储冰法南移的成功事例。由于南方冰薄，难以久储，若遇暖冬，更难结成硬冰，所以当地人民巧运智思，创造了一些人工厚冰法。明人朱国桢《涌幢小品》卷十五记载：“南方冰薄，难以久藏。用盐撒冰上，一层盐，一层冰，结成一块，厚与北方等。次年开用，味略咸，可以解暑愈病。”这种撒盐厚冰之法是我国劳动人民智慧创造的结晶。

古代藏冰已有多种用途，如祭祀荐庙、保存尸体、食品防腐、避暑冷饮等。《周礼·天官·凌人》载：“祭祀，共冰鉴；宾客，共冰；大长，共夷盘冰。”（遇到祭祀，负责提供冰块即可，天子或王后、太子去世，负责提供盛冰冰尸的大盘。）指的就是冰的多种用途。“共夷盘冰”，指用冰保存尸体，使之不腐臭。古时，每值宗庙大祭祀，冰也是首位的上荐供品，不可或缺。冰盛鉴内，奉到案前，与笾豆一列，史称“荐冰”。当然，古代用冰量最大的还是夏日的冷饮和冰食。

古代劳动人民已能用冬储之冰做各种各样的冷饮食品了。从屈原《楚辞》中所吟咏的“挫槽冻饮”，到汉代蔡邕待客的“麦饭寒水”，以及后来唐代宫廷的“冰屑麻节饮”，元代的“冰镇珍珠汁”等，几千年来，冰制美食的品种不断增多。当然，古代能享受冰食冷饮、大量用冰的，多为权贵富豪。《开元天宝遗事》（卷上）载有杨国忠以冰山避暑降温之举：“杨氏子弟，每至伏中，取大冰，使匠琢冰山，周围于宴席间。座客虽酒酣而各有寒色，亦有夹纩者，其娇贵如此。”难怪历代帝王和豪门富户都大力修建冰库了。

大约到了唐朝末期，人们在生产火药时开采出大量硝石，发现硝石溶于水石能吸收大量的热，可使水降温到结冰，从此人们便可以在夏天制冰了。以后逐渐出现做买卖的人，他们把糖加到冰里吸引顾客。到了宋代，市场上冷食的花样就多起来了，而人们还在里面加上水果或果汁。元代的商人甚至在冰中加上果浆和牛奶，这和现代的冰激凌已是十分相似了。

到了14世纪，中国人又发明了深井储冰法，大大延长了天然冰块的储存期。人们利用打井的技术，往地下打一口粗深的旱井，深度在八丈以下，然后将冰块倒入井内，封好井口。夏季启用时，冰块如新。唐人史宏《冰井赋》云：“凿之冰井，厥用可观；井因厚地而深。”又云：“穿重壤之十仞，以表藏固。”当时八尺为一仞，十仞即为八丈，此即唐代冰井的建造深度。韦应物《夏冰歌》亦云：“出自玄泉杳杳之深井，汲在朱明赫赫之炎辰。”所以，在唐代，用来储藏冰块的冰库又被称为“冰井”。

经过数百年的发展，17世纪的冰库又被改良成了“冰窖”。冰窖亦建筑在地下，四面用砖石垒成，有些冰窖还涂上了用泥、草、破棉絮或炉渣配成的保温材料，进一步提高了冰窖的保温能力。冰窖以京城最多，以皇家冰窖最为宏大，徐珂《清稗类钞·官苑类》记载："都城内外，如地安门外，火神庙后，德胜门外西，阜成门外北，宣武门外西，崇文门外，朝阳门外南皆有冰窖。"此外，民国时期也建筑成了许多小型冰窖，还专门出现了以储存和卖冰为业的冰户，这就使冰库的数量大为增加，清代冰窖按其用途分为了三种：官冰窖、府第冰窖、商民冰窖。

尽管古代的冰库多为皇室和权贵所拥有，用冰者多为上层社会的人物，但冰库的发明和营造，藏冰的超群技术，则是古代劳动人民血汗和智慧的结晶，并在中华民族的科学史上留下了光辉的篇章。

腌肉

南京有句俗语，叫作"小雪腌菜，大雪腌肉"。大雪节气一到，家家户户忙着腌制"咸货"。将大盐加八角、桂皮、花椒、白糖等入锅炒热，将炒过的花椒盐凉透后，涂抹在鱼、肉等肉内外，反复揉搓，直到肉色由鲜变暗，表面有液体渗出时，再把肉连剩下的盐放进缸内，用石头压住，放在阴凉背光的地方，半月后取出，将腌出的卤汁入锅加水烧开，撇去浮沫，放入晾干的禽畜肉，一层层码在锅内，倒入盐卤，再压上大石头，十日后取出，挂在朝阳的屋檐下晾晒干，用南京的俗话，这叫作"未曾过年，先肥房檐"。

大雪腌肉的风俗怎么来的？原来传说中有一种怪兽就叫"年兽"，它头长尖角，凶猛异常，年兽长年深居海底，但每到除夕，都会爬上岸来伤人。人们为了躲避伤害，每到年底足不出户。因此，在“年”出来之前，就必须准备很多食物，肉、鱼、鸡、鸭等肉食品无法久存，人们就想出了将肉食品腌制存放的方法，对于新鲜的蔬菜，人们就用风干的办法。

“冬天进补，开春打虎。”大雪提醒人们要开始进补了。进补的作用是提高人体的免疫功能，促进新陈代谢以抵御严寒，健康过冬。旧时南京大雪进补爱吃羊肉，驱寒滋补、益气补虚、促进血液循环，增强御寒能力。羊肉还可以增加消化酶，帮助消化。

吃饴糖

北方很多地区，大雪以后有吃饴糖的风俗。河洛地区称呼饴糖叫麦芽糖，粘上芝麻的叫芝麻糖，没涂上芝麻的叫“糖瓜儿”，为小儿所喜食，大雪以后，超市、副食品店均有卖的，到祭灶时麦芽糖的销售达到高潮。祭灶的供品中麦芽糖是必备之物，据说灶爷吃了麦芽糖嘴甜，就会“上天言好事”，“好话多说点儿，赖话不用提”，可是孩子们急的是吃买来的麦芽糖，对老灶爷并不当回事。对麦芽糖供飨了灶爷才能吃，非常反感。等将麦芽糖吃到了嘴里，孩子们还会顺口溜出个“二十三儿，吃糖瓜儿，粘住灶爷的鼻疙瘩儿”这样几句童谣。大人们听了也是一笑了之，童言无忌吗。

至于打雪仗是孩子们的游戏，堆雪人则是大人们为讨孩子们欢喜干的消闲活计。另外如赏雪，北方人一冬见惯了雪，一般人会猫在家里无心去赏雪，即是出门那也是因为有事，不得不出门，也绝不是去赏什么雪，至于赏雪呀、探梅呀，那该是文人雅士或准文人雅士的事了。

诗词曲里的大雪

江雪

唐·柳宗元

千山鸟飞绝，万径人踪灭。

孤舟蓑笠翁，独钓寒江雪。

柳宗元的山水诗，史称“史法骚幽并有神，柳州高咏绝嶙峋”。这首五言绝句，可以称为奇绝。一、二两句，采用相对的句式，先将众山和原野的雪景写尽。漫天大雪覆盖了大地，鸟儿躲在窝里，不敢出来寻食。茫茫旷野，不见一人，道路上脚印都被雪覆盖了。“千山”“万径”，多么广阔，而一“绝”一“灭”，又是多么凄凉、孤寂。诗人写到此，“雪”字还未点破。在用排比对偶造成这种气势后，三、四两句，方用孤身独钓，进而点缀。将天然雪景，凑成一幅极妙的雪景图画。用“千山”“万径”的寂静，来衬托渔翁垂钓，起到了静中见动的效果。一“孤”一“独”，更为这种沉寂清冷增添了气氛，诗人运用白描手法，创造出一种意境，给人以强烈的感染，曲折而巧妙地反映了诗人在政治革新失败后，不屈而又孤独的精神面貌。

对这首诗，苏轼《书郑谷诗》云：“郑谷诗云‘江上晚来堪画处，渔人披得一蓑归。’此村学中诗也。柳子厚云：‘千山鸟飞绝，万径人踪灭。扁舟蓑笠翁，独钓寒江雪。’人性有隔世哉。殆天所赋，不可及也。”至清，沈德潜更评论这首诗的意境说：“清峭已绝。”还有人称赞这首诗：“十字可作二十层，却是一片，故奇。”

［南吕］一枝花·怨雪

元·唐毅夫

［一枝花］不呈六出祥，岂应三白瑞？易添身上冷。能使腹中饥，有甚稀奇，无主向沿街坠，不着人到处飞。暗敲窗有影无形，潜入户潜踪蹑迹。

［梁州第七］才苫上茅庵草舍，又钻入破壁疏篱，似杨花滚滚轻狂势。你几曾见贵公子锦裀绣褥？你多曾伴老渔翁箬笠蓑衣。为飘风胡作非为，相腾云相趁相随。只着你冻的个孟浩然挣挣痴痴，只着你逼的林和靖钦钦历历，只着你阻的韩退之哭哭啼啼。更长，漏迟，被窝中无半点阳和气，恼人眠，搅人睡。你那冷燥皮肤似铁石，看我怎敢相偎。

［尾］一冬酒债因他累，千里关山被你迷。似这等浪蕊闲花也不是久长计，尽飘零数日，扫除做一堆。我将你温不热薄情化做了水。

这一支套曲将雪人格化了，“不呈六出祥，岂应三白瑞”，雪兆年丰，从这一方面看，雪是祥，是瑞，仿佛是好兆头，但从另一方面看，雪这家伙也是一种欺贫怕富，依势欺弱的邪恶势力。“贵公子锦裀绣褥”的安乐窝里，它是“几曾见”；面对“老渔翁箬笠蓑衣”，它却是“多曾伴”。“朱门酒肉臭，路有冻死骨”，是毫不隐晦的公然揭露，而这里“贵公子”与“老渔翁”的对立，又何尝不是一种揭露，只是写得更含蓄一些罢了。“易添身上冷，能使腹中饥”，大概住在“茅庵草舍”“破壁疏篱”的人们才会有这种饱受饥寒之苦的境况吧！其次那些无权无势的人如孟浩然、林和靖，以及那些因坚持真理、忠于朝廷而备受贬谪及压抑的人如韩退之，他们一个个都备受了雪的摧残与折磨。他们不是被弄得犯了傻，被雪整得“挣挣痴痴”，就是被大雪严寒侵袭而浑身弄得“钦钦历历”，瑟瑟发抖，即使那位曾身居刑部侍郎高位的韩退之被罢了官，贬到八千里外的潮阳也不说，“云横秦岭家何在”不说，遇到侄孙韩湘也不说，偏偏又遇到你这大雪，“雪拥兰关马不前”，今后的日子真的没法过了，这又怎么不使得韩退之这位“文起八代之衰，道济天下之溺”的大人物百感交集，哭哭啼啼呢！

最后一段拿眼前的雪出气，“尽飘零数日，扫除做一堆，我将你温不热薄情化做了水”。

这支套曲，名为“怨雪”，实则怨世，怨世道之不公，王季思先生在其主编的《无散曲选注》里，谈到这支套曲时说：“作者借怨雪来为遭遇冷落的读书人鸣不平，发泄他对现实的不满。”对这支套曲主旨之掌握而言，这倒是确实的。

沁园春·雪

毛泽东

一九三六年二月

北国风光，千里冰封，万里雪飘。望长城内外，惟余莽莽；大河上下，顿失滔滔。山舞银蛇，原驰蜡象，欲与天公试比高。须晴日，看红装素裹，分外妖娆。

江山如此多娇，引无数英雄竞折腰。惜秦皇汉武，略输文采；唐宗宋祖，稍逊风骚。一代天骄，成吉思汗，只识弯弓射大雕。俱往矣，数风流人物，还看今朝。

在毛泽东的所有诗词中，若问哪一首成就最高，影响最大，我们可以毫不犹豫地回答：《沁园春·雪》。

“北国风光，千里冰封，万里雪飘。”北国，祖国的北方。“千里”“万里”两句是互文，即千万里冰封，千万里雪飘。一写大地，一写天宫。开头三句，描写北方的冬令景色：祖国北方的冬天，风光非常奇特，千里大地坚冰封冻，万里长空大雪纷飞。

“望长城内外，惟余莽莽；大河上下，顿失滔滔。山舞银蛇，原驰蜡象，欲与天公试比高。”这七句紧承上面三句，抓住长城、黄河、群山、高原等事物，围绕一个“雪”字层层描绘，展现北国雪中的景象。“望”为词中的衬字，它领以下七句。作者登高望远，看到长城内和长城外，只剩下白茫茫一片。“惟余莽莽”，描绘雪势之大，与上面的“万里雪飘”相呼应。“大河上下，顿失滔滔。”是说黄河从上游到下游，顿时失去了滔滔滚滚的波浪。为何如此？冰封之故也。正好照应前面的“千里冰封”。在民族危机严重的历史关头，诗人特意点出中华民族的象征物长城、黄河，自有唤起人们热爱祖国、保卫祖国的深意。“山舞银蛇，原驰蜡象，欲与天公试比高。”这几句进一步咏雪：群山连绵，像银色的长蛇在飞舞，秦晋高原起伏不平，似白色的蜡像在奔驰。群山和高原，都在和上天比高低。群山和高原本来都是静止的事物，作者站在高处，望着大雪掩盖下的起伏不平的群山和高原。便有由静到动的感觉，因而出现了群山像无数银蛇在舞动，高原像白蜡样的象群在奔驰的神奇景象，形容白色的象群，显得更为形象、逼真，为什么会产生“欲与天公试比高”的感觉呢？因为诗人位居高处，放眼远望，看到飘雪的上天与大雪覆盖的群山、高原连成一片，便有群山、高原跟天公比高的感觉了。作者笔下被大雪覆盖的群山和秦晋高原，具有无穷的生命和顽强的战斗性格，在某种程度上体现着“我们中华民族有同自己的敌人血战到底的气概，有在自力更生的基础上光复旧物的决心，有自立于世界民族之林的能力”。

“须晴日，看红装素裹，分外妖娆。”等到雪后天晴，看到火红的太阳跟大雪包裹着的山河相互映照，祖国大地显得格外艳丽动人。如果说从“北国风光”到“欲与天公试比高”，写的是眼前壮丽的雪景，主要是现实主义手法的话，那么，“须晴日”之后的三句，则是对理想境界的虚写，浪漫主义色彩较浓，它在壮丽之外又加上了艳丽，使阳刚美与阴柔美统一在一起。“须晴日，看红装素裹，分外妖娆。”是这首词的前结句，它“以景结情”，含有不尽之意。

“江山如此多娇，引无数英雄竞折腰。”祖国的江山是这样的壮丽美好，使得无数英雄人物争着向它致敬、贡献力量。折腰，躬身拜揖，弯着腰侍候。这两句是过片，它很自然地由上阕过渡到下阕。“江山如此多娇”是对“北国风光”的总结，既包括现实的境界，又包括理想的境界，并引出为多娇江山折腰的英雄人物。这两句被词家称为“换头起句”。词的“换头起句”非常之难，起得不好，不是意思与上段相同，就是另作头绪，不能使上下片融为一体。《宋四家词选·序论》云：“吞咄之妙，全在换头煞尾。古人名换头为过变，或藕断丝连，或异军突起，皆须令读者耳目振动，方成佳制。”这里的“摸头起句”，既藕断丝连，又“异军突起”，确实是令读者耳目为之震动的佳作。

“惜秦皇汉武，略输文采；唐宗宋祖，稍逊风骚，一代天骄，成吉思汗，只识弯弓射大雕。”“惜”，可惜的意思，它与上阕的“望”一样，是一个衬字。它所领七句，表现了作者对封建主义的批判，“秦皇汉武，略输文采”，是说秦始皇、汉武帝，虽有历史武功，但文治方面显得不足。文采，本指辞藻、才华，这里指文治方面的成就。“唐宗宋祖，稍逊风骚”，是说唐太宗、宋太祖虽然耀武扬威，显赫一时，但文学才能略有逊色。稍逊风骚，意近“略输文采”。风骚，出自《诗经·国风》与《楚辞·离骚》，后来泛指文章辞藻。“一代天骄，成吉思汗，只识弯弓射大雕。”至于天之骄子的成吉思汗，更是只会开弓射大雕，言其只懂得武功，只是以武功见长。毛泽东列举中国历史上有作为的封建皇帝，既肯定他们的历史功绩（属“英雄”人物之列），又指出他们的不足，从而批判了封建主义的一个侧面。作者对此首词自注曰：“雪，反封建主义，批判两千年封建主义的一个反动侧面，文采、风骚、大雕，只能如是，须知这是写诗啊！难道可以谩骂这一些人们吗？别的解释是错的。”

“俱往矣，数风流人物，还看今朝。”以往的事情全都过去了，真正属得上风流人物的，还得看当今时代的无产阶级。风流人物，对一个时代有巨大影响的杰出人物。作者自注：“末三句，是指无产阶级。”“俱往矣”三句，是整首词的后结句，《柳塘词话》云：“紧要处，前结如奔马收疆，须勒得住，又似住而未。后结如泉流归海，要收得尽，又似尽而未尽者。”《沁园春·雪》的末三句，真如“泉流归海”，既收得尽，又言已尽而意无穷，启发人们想象，鼓舞人们斗志。

总之，《沁园春·雪》礼赞了祖国的壮丽河山，从一个侧面批判了封建主义，宣告只有无产阶级才是代表国家前途和光辉未来的真正民族英雄。这，也就是作品的中心思想。

大雪与养生

大雪是“进补”的好时节，素有“冬天进补，开春打虎”的说法。冬令进补能提高人的免疫功能，促进新陈代谢，使畏寒的现象得到改善。冬令进补还能调节体内的物质代谢，使营养物质转化为能量最大限度地储存于体内，有助体内阳气的升发，俗话说“三九补一冬，来年无病痛”。此时宜温补助阳，补肾壮骨，养阴益精。冬季食补应供给富含蛋白质、维生素和易于消化的食物。

冬令进补还必须对路。

冬季进补时，为使肠胃有个适应过程，最好先做引补，就是打基础的意思。一般来说，可先选用炖牛肉红枣、花生仁加红糖，亦可煮些生姜、大枣、牛肉汤来吃，用以调理脾胃功能。

但补起来也不可盲目，胖人与瘦人有别，阳气虚弱者、年老体衰有慢性病者与身有旧疾者亦自不同。再说补起来也该有度有节，若补过了头，进食太多高热量的食物，就有可能导致胃火上升，从而诱发上呼吸道、扁桃体等方面疾病。比如若感到四肢无力、精神疲乏、讲话声音低微、动则出虚汗，这大多属于气虚，可选服人参、党参、太子参、五味子、黄芪、白术或者党参膏、参花膏等益气药物。这算是药补。而食补，则应吃些黄豆、山药、栗子、胡萝卜、牛肉、兔肉等。若面色枯黄、口唇苍白、头晕眼花、心跳乏力、心悸耳鸣，这大多则属于血虚，可选服阿胶、桂圆肉、当归、熟地、白芍、十全大补丸和滋补膏以进行药补；对于酸枣、龙眼、荔枝、葡萄、黑芝麻、牛肝、羊肝等食品，可就算食补了。

“冬吃萝卜夏吃姜，不劳医生开药方。”这句谚语流行于我国不少地区。其实萝卜有很强的行气功能，还能止咳化痰、除燥生津。清郑板桥有一副养生保健联也提到过萝卜与茶：“青菜萝卜糙米饭，瓦壶天水菊花茶”，萝卜的养生、保健、药用效用与茶有着相融之处。

养生专家指出，冬季养生宜多食热粥，如我国民间冬至吃赤豆粥、腊月初八吃“腊八粥”。如能常吃此类粥有增加热量和营养的功能。此外还可常食小麦粥、益精养阴的芝麻粥、消食化痰的萝卜粥、养阴固精的胡桃粥、健脾养胃的茯苓粥、益气养阴的大枣粥等。

大雪时节，柑橘类水果作为当令水果已大量上市，每天吃点水果不错；大雪时节去吃火锅也是个不错的选择。

关于平日起居有两点需要注意。

一是说说洗澡，洗澡时水温不宜过高。热水能使体表血管扩张，加快血液循环，促进代谢产物的排出，去脂作用比冷水强，但冬季洗热水澡，水温宜控制在35—40℃，时间也不宜过长，最好不要超过半小时，次数也不宜过多，每周一次为宜；还要选好时机，饭后立即洗热水澡不行，空腹洗热水澡也不行，过度疲劳也不可去洗热水澡。冬季洗澡时，打肥皂不宜过多，以免刺激皮肤，产生瘙痒。浴后也应及时擦干穿衣，以免着凉，并要静卧休息，补充水分。

二是天冷，也要注意通风。天一冷，有些人喜欢紧密门窗或蒙头大睡，这是很不好的习惯，白天要开启门窗，使空气对流，晚上也应开小气窗通风。

至于冬季运动，最佳时间应选在下午的14：00—19：00，进餐后、饮酒后就不要进行什么运动了。

二十二　冬至，白昼最短的一天

冬至，二十四节气中的第二十二个节气，为八大天象类节气之一又是中华民族历史上一个传统节日，被称为“冬至节”“冬节”“亚岁”，等等。早在2500年前的春秋时代，中国就已经用土圭观测太阳，较准确地测定出了冬至。时间在每年的阳历12月22日前后交节，即太阳到达黄经270°时开始。冬至这天，太阳直射地面的位置到达一年的最南端，几乎直射南回归线（又称冬至线）南纬23°26′。这一天北半球得到的阳光最少，比南半球少了50%。北半球的白昼最短，且越往北白昼越短，黑夜越长。冬至过后，太阳直射点又慢慢地向北回归线转移。“吃了冬至饭，一天长一线。”这句谚语就是对这种天文现象的反映。

在中国传统的阴阳五行理论中，冬至是阴阳转换的关键节气，在十二消息卦中为震下坤上的复卦“䷗”，以卦来看，一个阳爻在五个阴爻之下，是阴极而阳反。从自然来看，夏正10月阴盛至极，至11月冬至的时候，阳气反生于地中。这就是所谓“冬至一阳生”，且冬月建子，为周正农历的第一个月，也即所谓“周王正月”，而冬至则被认为是“岁首”，即新的一年的开始。换句话说，在周王朝800多年的统治期间，冬至是被当作每年的“元旦”度过的。古人对冬至的说法是阴极之至，阳气始生。日南至，日短之至，日影长之至，故曰“冬至”。在天文学上，则是将“冬至”这一天规定为北半球冬季的开始。这对于我国多数地区而言，显然偏迟。

这时节，我国西北高原平均气温普遍在0℃以下，南方地区也只有6—8℃。不过，西南低海拔河谷地区，即使在当地最冷的1月上旬，平均气温仍然在10℃以上，真可谓秋去春平，全年无冬。冬至后白昼时间虽日渐增长，但地面所获得的太阳辐射仍比地面辐射散失的热量少，故而在短期内气温仍继续下降。除了少数海岛和海滨局部地区外，在我国，1月是最冷的月份，民间有“冬至不过不冷”的说法。

我国地域辽阔，各地气候差别较大。当东北大地千里冰封、万里雪飘，黄淮地区也是银装素裹的时候，江南的平均气温可能已经是5℃以上了，这个时候农作物仍继续生长，菜麦青青，一派生机，正是“南国过冬至，风光春已生”；而华南沿海的平均气温则在10℃以上，更是鸟语花香，满目春光。冬至前后是兴修水利，大搞农田基本建设，积肥造肥的大好时机，同时要施好腊肥，做好防冻工作。江南地区更应加强农作物的管理，清沟排水，培土壅根，对尚未犁翻的冬壤板结要抓紧耕翻，以疏松土壤，增强蓄水、保水能力，并消灭越冬害虫。已经开始春耕的南部沿海地区，则要认真做好水稻秧苗的防寒工作。

在这个节气，主要农事有以下这些：一是三麦、油菜的中耕松土、重施腊肥、浇泥浆水、清沟理墒、培土壅根；二是稻板茬棉田和棉花、玉米苗床冬翻，熟化土层；三是搞好良种串换调剂，棉种冷冻和家内选种；四是绿肥田除草，并注意培土壅根，防冻保苗；五是果园、桑园继续施肥，冬耕清园；果树、桑树整枝修剪，更新补缺，消灭越冬病虫；六是越冬蔬菜追施薄粪水，盖草保温防冻，特别要加强苗床的越冬管理；七是禽畜加强冬季饲养管理，修补畜舍，保温防寒；八是继续捕捞成鱼，整理鱼池，养好暂养鱼种和亲鱼；搞好鱼种越冬管理。

谚语里的冬至

一、反映天气物候的

吃冬节，上冬天；吃清明，下苦坑。

冬至数九九，九九八十一。

不到冬至不寒，不到夏至不热。

大雪冬至后，筐装水不漏。

冬至丸，一吃就过年。

冬节夜最长，难得到天光。

冬在头，冷在节气前；节气中，冷在节气中；冬在尾，冷在节气尾。

冬在头，卖被去买牛；冬在尾，卖牛去买被。

冬至不离十一月，

冬至不下雨，来年要返春。

冬至出日头，过年冻死牛。

冬至过，地皮破。

冬至江南风短，夏至天气干旱。

冬至前后，冻破石头。

冬至上云天上病，阴阴湿湿到天明。

冬至十天阳历年。

冬至始打霜，夏至干长江。

冬至无雨一冬晴，冬至有雨连九天。

冬至西南百日晴。

冬至西南百日阴，半阴半晴到清明。

冬至下雨，晴到年底。

冬至响雷雷赶雷，正月二月落不歇。

冬至一场风，夏至一场暴。

冬至一场霜，过冬如筛糠。

冬至一日晴，来年雨均匀。

冬至在头，冻死老牛；冬至在中，单衣过冬；冬至在尾，没有火炉后悔。

冬至在月头，大寒年夜交；冬至在月中，天寒也无霜；冬至在月尾，大寒正二月。冬至在月头，要冷在年底；冬至在月尾，要冷在正月；冬至在月中，天雪也没霜。

干净冬至邋遢年，邋遢冬至干净年。

算不算，数不数，过了冬至就进九。

二、反映农事活动的

夜冻昼消，麦地好浇。

冬天不喂牛，春耕要发愁。

冬至后头七朝霜，一个稻把两人扛。

冬至见三白，来年见两白。

冬至前犁金，冬至后犁铁。

冬至天晴日光多，来年定唱太平歌。

冬至天气晴，来年百果生。

犁田冬至内，一犁比一金。

三、反映养生的

冬至萝卜夏至姜，适时进良无病疡。

冬至

冬至，亦即冬至节，在农历十一月内，约公历12月22日前后。这一天，阳光几乎直射南回归线，北半球白昼最短，其后阳光直射位置逐渐北移，白昼逐渐变长。所以古人有“冬至一阳生”之说，杜甫亦有诗云：“天时人事日相催，冬至阳生春又来。”

在古代，冬至可是个大节日，叫作“亚岁”，“冬至大似年”，就是这种习俗的如实写照。《史记·律书》云“气始于冬至，周而复始”，就是将冬至当作了二十四节气的起点。那么无论在官方还是民间庆祝活动就不可少了。《后汉书》载：“冬至前后，君子安身静体，百官绝事，不听政，择吉晨而后省事。”《晋书》也说：“魏晋冬至日受万国及百僚称贺……其仪亚于正旦。”到唐宋时，这一习俗尤为盛行。每到这一天，人们穿着新衣，全家团聚，治酒备宴，以示庆贺。官府放假，称为“亚岁”。《东京梦华录》更载：“十一月冬至，京师最重此节，虽至贫者，一年之间，积累假借，至此日更易新衣，备办饮食，享祀先祖。官放关扑，庆贺往来，一如年节。”至明代，这种冬至日互相拜贺之风仍然时行，其规模也仅次于春节。

冬至节贺冬，除了上述官绅士庶的拜贺之外，最具特色的还有“履长”与“隆师”之俗。所谓“履长”，就是指晚辈尊长，尤指儿媳向公婆献履（鞋）献袜。冬至日的礼拜尊长不同于居常的昏定晨省。一般要铺拜家宴，向父母尊长行礼。此外就是媳妇给公公婆婆献履献袜了。这就是所谓“履长”。这种礼俗至晚在魏晋时代即已形成。《太平御览》引魏崔浩《女仪》云：“近古妇人，常以冬至日上履袜于舅姑，践长至之义也。”魏晋时期著名诗人也曾有《冬至献袜颂表》之作，后至近代，此风就一直盛行不衰了。所谓“隆师”，就是尊重师道重视教育，同今日的教师节有点相似。

在中原民间，冬至这天，原来多有上坟祭祖之事，大家族有时还要在本族祠堂行祭祖礼和集体进餐吃“老坟饭”，新县人称此仪叫“祭冬至祖”。

近代河南人过冬至节，行祭者已不多。一般在冬至这天吃顿饺子为庆。这个风俗中原民间常将它同医圣张仲景冬日为穷人治病的传说相连接。俗又以饺子形似人的耳朵，就管这天吃饺子叫“捏耳朵”“安耳朵”，还有句似玩笑非玩笑的谚语流传开来，说是“冬至不吃饺，冻掉小耳朵”。还有说是“冬至不过冬（吃饺子），（打麦）扬场没有风”。以冬至是否吃饺子测算来年麦收时的天气如何，这连经验也不是，只是句顺嘴吐噜的俗话而已；还有句谚语道是“吃了冬至饭，一天长一线”，这不但是人们长期体察的经验之谈，而且还有几分科学道理在其中呢。濮阳一带，过冬至节新媳妇竟不能外出走亲戚。这风俗又有什么说辞，那就有待调查了。

中原人将冬至这天唤作“交九”，这不但告诉人们一年中最寒冷的日子就要到来，而且“冬至一阳生”，最寒冷的几天来了，离春暖花开还会远吗？

一九、二九，伸不出手，

三九、四九，冰凌上走，

五九、六九，沿河看柳，

七九河冻开，

八九雁归来，

九九加一九，耕牛满地走。

这最后两句也有作“九九杨落地，十九杏花开”的。

人们在最寒冷的日子里呼唤着春天，期盼着、享受着一定要来的耕耘大地，为大地添彩的快乐。这就是中原人！

冬至民俗补录

祭天

在古代，祭祀可以说是一项严肃而不可或缺的大事，上至君王，下至百姓对此都非常重视，古代帝王亲自参加的重要的祭祀有三项：天地、社稷、宗庙，而分别在天坛、社稷坛及太庙三处举行。

在所有的祭祀活动中，以祭天最为隆重，于每年冬至，皇帝祭天，登位时也祭，以表示“受命于天”。祭天起源很早，周代祭天的正祭在国都的南郊圜丘举行，《周礼·春官·大司乐》：“冬日至，于地上之圜丘奏之，若乐六变，则天神皆降，可得而礼矣。”这几句话的大意是说：冬至那一天，在国都南郊的圜丘一齐演奏起来，如果演奏六遍，就会吸引天神下降，这时候就可以向天神行祭祀之礼了。其实，《周礼》的这一套仪式真正被用于祭天，乃是魏晋南北朝及以后的事情了。现在北京的天坛，实际上就是尚存的近古帝王们祭天之圜丘。

由于祭天的仪式都是在郊外举行，故称“郊祀”。圜丘，圆形祭坛，古人认为天圆地方，圆形为天之形象。祭祀之前，天子与百官皆斋戒并省视献神的牺牲和祭器。祭祀之日，天子率百官清早来到郊外，天子身穿大裘，内着衮服（饰有日月星辰及山、龙等文饰图样的礼服），头戴前后垂有十二旒的冕，腰间插大圭，手持镇圭，而向西方立于圜丘东南侧。这时鼓乐齐鸣，报知天帝降临享祭。接着天子牵着献给天帝的牺牲，把它宰杀。这些牺牲随同玉璧、玉圭、缯帛等祭品被放到柴垛上，由天子点燃积柴，让烟火高高地升腾于天。这样做的目的是让天帝闻到气味，也就等于享受了祭祀。

随后，在一片音乐声中，被称为“尸”的参与者登上圜丘。所谓“尸”可不是指尸体，它是由活人扮演，作为天帝的化身，代表天神接受祭享的。“尸”就座，面前陈放着玉璧、鼎、簋等各种盛放着祭品的礼器。先向“尸”献牺牲的鲜血，再依次进献五种不同质量的酒，称作五齐。前两次献酒后要进献全牲、大羹（肉汁）、铏羹（加盐的菜汁）等。第四次进献后，进献黍稷饮食。荐献后，“尸”用三种酒答谢祭献者，称作“酢”。饮毕，天子与舞队同舞《云门》之舞，相传那是黄帝时的乐舞。最后，祭礼者还要分享祭祀所用的酒醴，由“尸”赐福于天子等，称为“嘏”，后世也叫“饮福”。天子还要把祭祀时所用的牲肉赠给宗室臣下，称“赐胙”。后代的祭天礼多依周礼制定，但是以神主或神位牌代替了“尸”。

祭祖

冬至是中国传统阴节之一，所以，一到冬至那一天，在民间就是祭奠祖先的日子，活着的人要到死去的亲人坟前祭拜，以示纪念。人不能忘祖忘宗，在重视传承的中华民族尤其如此。

冬至祭祖的方式和内容存在地域间的差异性，常有浓郁的地方色彩。

在福建、潮汕地区，每年上坟扫墓一般在清明节和冬至节，谓之挂春纸和挂冬纸。一般情况下，人死后三年都应行挂春纸的俗例，三年后才可以行挂冬纸。但人们大多喜欢挂冬纸，原因是冬节气候较为干燥，上山的道路易行，也便于野餐。冬季扫墓的祭品，普通是五牲或三牲，添以鲜蚶、柑橘等物。鲜蚶是必要的，取其吉利的意义。拜墓之时，还须拜墓旁的土地爷，即后土之神，祭拜仪式过后，人们就在墓前野餐。野外的聚餐轻松又热闹，儿童嬉闹，长者举杯闲谈，山野间荡漾着家庭的融洽与和谐。祭品中那盘鲜蚶一定要吃完，并把蚶壳撒在墓堆上。潮人把蚶壳称为“蚶壳钱”，撒在坟头是将它作为冥钱之用。另外祭品中的大鱼，全尾或截分两段的，照例是留给办理饮酌者的家属，野餐的人不许吃它。如果你不明白规则而错吃了，恐怕会招来别人异样的眼光。

而在海南岛东北部的文昌市，冬至祭祖活动又有不同的表现形式。文昌人把祭祖看得很重，每到这天，出门在外的人都要争取在这天回到老家。很多港澳同胞和海外侨胞也千里迢迢赶回来。冬至和春节都是农村人口最多的时候，不过冬至时人们在家待的时间短，扫墓归来，合家在一起吃顿饭便各奔东西了，而春节则会在家待上十多天。

在文昌市，祭拜祖先往往以家族或家庭为单位，祭祀的祖先一般不超过三代，直系男丁的所有家庭成员都要参加。首先各户祭拜各自的祖先，相同祖先则在一起合祭。祭品中荤品有鸡、鱼、蛋、肉，素品有饭、糕，饮品有茶、酒，用品有冥币、冥衣、香、鞭炮等，一应俱全。这些东西是要提前准备的，祭拜日挑到上山。

到祖先坟前，祭祀活动就正式开始了。一般而言，要按照以下的步骤来进行：

一是清理墓地。海南岛地处热带，阳光雨水充足，每次祭拜都要用刀清理杂木杂草，避免其疯长。

二是呈奉祭品。祭品摆放在簸箕中，顺序有讲究，最前面是五杯酒，接着是五杯茶、五碗饭，最后也是五碗，分别为一块肉、两条鱼、五个红蛋、一块糕和一只鸡。

三是焚香祭拜。所有到场人员按男先女后、长先幼后顺序每人焚香五支，分别三拜土地公和祖先，拜毕后将香插于坟头。

四是送金银。将准备好的冥币、冥衣、冥被堆放于坟旁，用火烧尽，据说烧干净了祖先才能收到，才能“不差钱”。

五是给墓志涂漆。方法是用毛笔给墓碑上的铭文涂上红漆，使碑文更加鲜艳醒目。

到此为止，冬至的祭祖仪式才算是进行完毕，之后便是收拾可利用的东西，如鸡、鱼、肉、蛋等，回到供奉祖先牌位的老宅，再在室内祖先的牌位前进行一番祭拜，敬酒敬茶、上香叩拜这些仪式自然是少不了的。

所有的祭祖仪式完成后，各家各户取回各自的祭品，稍作加工之后便上桌供人们食用。大人小孩围坐在一起，热热闹闹地吃顿团圆饭，这个时候最开心的是老人和小孩。饭后，人们该上班的去上班，该做生意的去做生意，该上学的去上学，从哪里来又到哪里去，都散去了。村中恢复了往日的平静，人们又将企盼的目光转向了春节。

南方为什么有冬至祭祖的习俗呢？经专家研究，福建泉州安溪长坑乡的扫墓习俗很有代表性。安溪大部分人家都是在清明扫墓，与泉州大多地方无异。但是安溪长坑较为特殊，老百姓是在冬至扫墓。经调查，长坑冬至扫墓的原因其实很简单——为了避开春耕大忙时，据当地老人讲，清明时节，长坑雾气很重，土地湿润，常是阴雨连绵，加上地僻山高，山路不好走，又逢春耕大忙，遂改清明祭扫为冬至祭扫，这是祖祖辈辈流传下来的。

所以，在南方形成冬至祭扫风俗，是老百姓根据中国墓祭的传统习俗和当地实际情况结合的产物，是南方民间生活历史的一种沉淀，也是对中华民族文化之根的呼唤。

贺冬

冬至作为我国一个传统节日，至于冬节、长至节、贺冬节、亚岁节等皆是指冬至。民间有“冬至大于年”的说法，又称冬至为“亚岁”“小年”，可见人们对它的重视。

周代在八百年间，以周正建子之月——夏正之十一月——为岁首，冬至就成为了周历的元旦。换句话说在当时拜岁与贺冬是没有区别的，而当时即有于此日祭祀鬼神的活动。直到汉武帝太初元年（前104年）颁行《太初历》，以寅正为岁首，又废闰在岁末，以无中气的月份为闰月，第一次将二十四节气归入历法，这样才将正月与冬至分开。于是自汉代以后才有了所谓冬至节的名目。皇帝于这一天要举行郊祭，即举行隆重的祭天仪式。次日还在朝堂上接受百官的朝贺。官府也要在这天举行“贺冬”仪式，并例行放假，官场也流行起互为致贺的“贺冬”之俗。《后汉书》中就有这样的记载：“冬至前后，君子安身静体，百官绝事，不听政，择吉辰而后省事。”所以这天朝廷上下要放假休息，军队待命，边塞闭关，商旅停业，亲朋好友各以美食相赠，相互拜访，欢乐地过一个“安身静体”的节日。这个规矩就一直沿袭了下来。魏晋以后，冬至贺仪“亚以岁朝”，并有臣下向天子进献鞋袜礼仪，表示迎福践长。唐、宋、元、明、清各朝都以冬至和元旦并重，百官放假数日并进表朝贺。特别是在南宋，冬至节日气氛比过年更浓，因而有“肥冬瘦年”之说。由汉及清，从官方礼仪而论，说冬是“亚岁”，甚至是“大过年”，并非虚话。究其内在原因，同中国传统文化对四时变化所体现出的阴阳消长规律的认识有关，“阴极之至，阳气始生”，“天时人事日相催，冬至阳生春又来”，又一个阴阳消长变化的周期开始了，岂不可贺！更何况延祚八百载的周代还以建子之月即阴至阳生的正十一月为岁首，且以冬至为元旦呢！

而在民间，在宋之后，冬至节日活动逐渐演变成为以祭祀祖先和神类以求赐福，并延及尊师敬长为中心了。

尊师

尊师重教为我中华一传统美德，而冬至尊礼拜师则是其一集中表现。

据河北《新河县志》载：“长至日拜圣寿，外乡塾弟子各拜业师，谓‘拜冬馀’。”拜圣寿，“圣”指圣人孔夫子，就是给孔圣人拜寿。因为冬至曾是“年”，过了冬至日就长一岁，谓之“增寿”，所以需要拜贺，举行祭孔典礼。

《南宫县志》亦载：“冬至节，释菜先师，如八月二十七日（孔子生日）礼。奠献毕，弟子拜先生，窗友交拜。”“释菜先师”就是一种祭孔的形式，是以芹藻之礼拜先师孔子。古时始入学，行“释菜”礼。春秋二季祭孔用“释奠”礼。“释菜”比“释奠”礼轻。冬至祭乃沿用年礼，过年乃开学学生入学，祭孔乃例行公事，故比不得对孔圣人的春秋大祭。

在过去，小学生会穿新衣，携酒脯，前去拜师，以此表示对老师的敬意。冬至节，旧俗是村里或族里德高望重的人牵头，宴请教书先生。先生要带领学生拜孔子牌位，然后由带领子弟入学的人拜先生。山西民间有“冬至节请教书先生”的谚语，说的就是这种尊师风俗。民间至今仍有冬至节请老师吃饭的习俗。山西西北，招待老师的菜肴往往是炖羊肉等肉食。

在过去，冬至节又称豆腐节，这也跟拜师的习俗有关。据山西《虞乡县志》载：“冬至即冬节……各村学校于是拜献先师，学生备豆腐来献，献毕群饮，俗呼为‘豆腐节’。”

冬至节，拜师定兼拜孔。拜孔时，或对被称曰大成至圣先师的孔子像拜，或对木主牌位拜。木主牌位上题“大成至圣文宣王之位”。不过文宣王者，为公元739年唐玄宗这位皇帝老儿所追谥。

据《清河县志》记载，在冬至祭孔还要“拜烧字纸”。爱惜字纸，不许乱用有字的纸擦东西。在民间尤其是士子文人阶层非常看重，因为爱惜字纸是对圣人尊重的表现。如果乱用字纸揩抹脏东西就是对先师的亵渎不恭。所以把带字的纸收集起来，在祭孔时一齐烧掉，烧时也要师生一齐跪拜。

冬至还要“隆释”，隆有尊崇之义。“隆释”就是敬师、拜师，此俗流行甚广。民国前，各书院、学院和私塾非常重视这一习俗；民国后，一些私塾还在举行“隆释”。《枣强县志》解释说：“冬至士大夫拜礼于官释，弟子行拜于师长。盖去阴迎阳报本之意。”的确是这样的。

当下，冬至时各地均不再有什么“隆释”之举了。但冬至节毕竟作为我国最早的教师节，永远留在中国传统文化的记忆之中。

敬长

上面对福建、广东潮汕地区及海南文昌冬至祭祖习俗进行了较详细的叙述，而台湾居民多为福建移民，其民俗也同闽粤一带大致相同，流行“冬至没返没祖”的说法，这倒是同闽粤地区外出之人，哪怕地隔千里，冬至那天一定得返乡参与祭祖活动的习俗要求完全一致。

在前面介绍中原民俗时曾言及媳妇于冬至节送鞋袜给公婆的习俗。实际上，岂止中原，恐怕其他地区也广有此俗。如《山东民俗》一书就载：“曲阜的妇女于节前做好布鞋，冬至日赠送舅姑（公公婆婆）。从历史典籍上看，此俗古已有之，且历代流行而不衰。”如宋《东京梦华录》：“京师最重冬至，更易新履袜，类饮食、庆贺、往来，一如年节。”更早一点如三国曹植就有《冬至献袜履表》，所反映的是朝廷活动的礼仪，可帮助我们认识“践长”和献鞋袜的真实意义，曹植说：“仪见旧仪，献履贡袜，以迎福践长。先臣或为之颂（指东汉章帝时崔骃的《袜铭》）。臣既玩其嘉藻，愿述朝庆……并献天履七量，附袜若干。”贡献鞋袜是为了“践长”，而“践长”的含义，是冬至日为了接受太阳的力量，践踏地上日影的古俗。因为这是接受太阳的气于身，所以产生了消灾迎福，得以长久的意义。

食俗

澎湖岛及大陆对岸一些地区冬至节，人们吃米粉塑成的鸡母狗馃，是祈求六畜兴旺、五谷丰登，河南地区捏的饺子像耳朵，人们吃了这些“捏冻耳朵”，认为耳朵就不会冻烂了。江南水乡冬至夜全家共吃一顿喜豆糯米饭，认为可以防灾祛病。传说古共工氏之子为一恶人，死于冬至日而变为疫鬼。但红豆为其克星。杭州人冬至节吃年糕是为了盼年年长高。另有一些地区冬至节吃狗肉，是为了祈求个好兆头。据说这个风俗起源于汉高祖刘邦吃了樊哙煮的狗肉而赞不绝口，“冬至吃狗肉，明春打老虎”岂不壮哉！而冬至节吃菜包，则是象征团团圆圆，北京人冬至节吃馄饨，“冬至馄饨夏至面”，此食俗也算迎时。同样是冬至节吃馄饨，南宋时的杭州却又将它同祭祖联系起来了。

纵览全国各地冬至食俗，有说辞的，没说辞的，可谓多多，而福建地区冬至节吃冬节丸，是为了祈求家人团聚，却有个传说。

“冬至霜，月娘光；柏叶红，丸子棒。”这是当地的一首儿歌。“前期糯米为丸，是日早熟，而荐之于祖考”，这是《八闽通志·兴华府风俗·冬至》的明确记载。

相传古时候有一才子，父早逝，母子相依为命。母亲为了让儿子念书，靠上山砍柴和帮人做工赚钱维持生计，她含辛茹苦，一心盼儿长大成人，考取功名。儿子16岁时，正逢朝廷举考，儿子决定赴京应试。临行，他跪向母亲保证，一定考个状元报答母亲的养育之恩。由于家住边远山区，道路崎岖难行，又是第一次出远门。等到得京城，考期已过，欲归而路费已尽。无奈，儿子只得留在京城边打工边自学。但谁知以后六年间，两次科考，两次落榜，儿子自觉无颜言归，决定继续等下届科考。但那时交通不便，迢迢数千里，也实在无法禀告母亲一声。可怜天下父母心，儿子一去六年，音信全无。母亲日夜思念，精神恍惚，于是就独自一个人漫无目的地出门找儿子去了。

一直等到第九年，儿子终于考上了状元，当他骑着骏马、敲锣打鼓、前呼后拥，高高兴兴赶回家里向母亲报喜时，却见不到母亲，甚至连家门上的锁也锈得不像样子。问及邻居，都说母亲三年前就已出门，不知去向。儿子闻知简直如晴天霹雳，泪流如雨，急急派人四处打听，四处寻找。也真是所谓孝心感天！三天后派出去的士兵竟在深山老林里发现一白发人。此人对山里地形非常熟悉，且动作敏捷，见人就跑，常人无法追上，儿子断定此人就是母亲。为了不让母亲受到更大的惊吓，儿子想起母亲过去最喜欢吃糯米做成的食品。于是他吩咐下去，做了大量的糯米丸子，从树林深处到家沿途的树木、柱子、门上都粘上糯米丸子。白发人在树上寻找食物时，发现有这么多好吃的“果子”，于是就沿着食物一路走出山林。由于吃到了食物，精神越来越好，头脑也逐渐清醒，刚好到了冬至这一天，母亲最终回到了家里与儿子团圆。

为了纪念儿子对母亲的一片孝心，闽南人记住了冬至节这一天，都有吃汤圆和祭墓的习惯。而且在吃汤圆之前，先要捞一些粘在家里洗净的柱子、柜子和门上。那粘上去的汤圆要等到三天之后才可以把它摘下。这种习俗一直被闽南人代代相传。

冬节丸，北方人叫它汤圆，本是用来食用的，但潮汕地区有点怪，除了食用外，还有一个特别的用途，那就是在门框、碓臼、炉灶、米缸、犁耙及鸡、鸭、鹅等禽畜身上粘贴，祷禽畜平安过夜、新年健旺。往牛角上贴，是给老牛表功。而粘贴在果树上，那可能就是希望树上结的果实像汤圆一样饱满了。

关于这种习俗，当地也有一个美丽的传说。

一年冬至，闽南来了三个衣衫褴褛的逃荒者。由于饥寒交迫，老妇饿死了，只剩下父女二人。父亲向人家讨了一碗冬节丸给女儿吃，女儿却坚决不吃，要让父亲吃。推来推去，最后父亲流泪说："女儿，为父不能养活你，眼看忍饥挨饿，不如在这里择一人家嫁了，图一口之食。"女儿就含泪答应，两人分食了一碗冬节丸后便各奔东西。后来，女儿嫁了一户好人家，日子过得不错，但她天天想念父亲。到了冬节的时候，更是忧伤万分。丈夫问起原因，她就详情告知。后来，夫妻俩想了一个方法，在大门框上贴了两碗大大的冬至丸，心想父亲若看到，定会触景生情，前来找女儿团聚。就这样，这成了当地的习俗，一代代沿袭了下来。

潮汕地区还有一奇怪的习俗，一些府县志书记载要将汤圆留给老鼠吃，"谓之饲耗"。与之相近的就是割稻时总是在路边的田里留下几株不割，说这是专门给老鼠留的。因为，稻谷的种子，是先前住在田里的老鼠，从很远很远的地方叼来送给农民的。为了报答老鼠的辛劳，因此割稻时留下的几株就是专门留给老鼠吃的，其名曰“饲耗”。后来有一贪心的割稻人，就全数割掉，一株不留。老鼠没了吃的，就跑到观音菩萨那里告状，说农民怎么怎么忘恩失信。观音菩萨这才使它钻进农民家中去住，并赐给它一嘴钢牙，让它咬坏东西寻找食物。从此，老鼠就到处为害了。

这是对鼠害无法避免的一种无可奈何的解释。一个农民的贪心怎么能使全体农民受鼠之害！观音菩萨断案竟也如此糊涂，莫非五害之一的老鼠同观音菩萨之间有什么“猫腻”不成？“公正无私是为神”，神尚且不能公正无私，何况世间掌握着大权、小权的大大小小的官吏呢？“饲耗”的传说虽有几分荒唐，难道编撰者也有几分讽世之意吗？一笑。

诗词里的冬至

小至

唐·杜甫

天时人事日相催，冬至阳生春又来。

刺绣五纹添弱线，吹葭六琯动飞灰。

岸容待腊将舒柳，山意冲寒欲放梅。

云物不殊乡国异，教儿且覆掌中杯。

这首七律写于唐德宗大历元年（766 年）冬离蜀东归途中的夔州。小至，即冬至后一日。

前人说，这首诗“上六冬至景事，下则对酒思乡也”，大体上是正确的。

首联二句“天时人事日相催，冬至阳生春又来”，天象四时的变化，天下的、家庭的、自己的大事小情前一个没做完，后一个又紧紧地跟了上来，时时如此，日日如此，一个“催”字写尽了“天时”先人事之后的关系，而当下“冬至阳生春又来”，“阴气之至，阴气始生，日南至，日短之至，日影长之至，故曰‘冬至’”，但是休看它“高天滚滚寒流急”，而就在此同时“大地微微暖气吹”，阳气始生于下，而且随着它的不断成长，冬虽之至，春天终究会到来的。春天的到来还需要太多的时日吗！冬至已过，春天要来，天下的、家庭的、个人的大事小情不都在一个跟着一个地等着人们去做吗？对杜甫个人而言，765 年 5 月离开成都草堂，始有谋出蜀东返回故乡之举，而如今却在夔州滞留至今日，昨日冬至，再有个把月，新的一年又将来临，自己跟着又该干些什么呢？“天时人事日相催”，杜甫何尝没有感到天时人事对他的压力呢？一个“催”字不就告诉了我们一切吗！

接着颔联云：“刺绣五纹添弱线，吹葭六琯动飞灰”，上句写绣女们刺绣用五色线冬至后一天线就会多用上一根，这岂不同当今的农谚“吃了冬至饭，一天长一线”，其义有着惊人的相似吗！为什么会如此？冬至的节令真的到了，也真的过了。“吹葭六琯动飞灰”，用现在的话可以说是仪器的实测也证明了这一点。“以葭莩灰实律官（管），候至则灰飞管通。冬至之律，为黄钟也。葭，芦（苇）也。琯以玉为之，凡十有二，举律以该吕也”（《汉书》）。

接下来腹联“岸容待腊将舒柳，山意冲寒欲放梅”这两句写出了冬至期间“柳”“梅”为冬至到来的气候变化，诗人写景将“柳”与“梅”完全人格化了。一方面用“将”，用“欲”，说明柳尚未“舒”，梅尚未“放”，紧扣冬至节令。而句中用字，也极精、极准、极为贴切，正如前人所说“将舒”承“容”，“欲放”承“意”，用字精贴如此，杜甫自己也说：“晚年渐欲诗律细，语不惊人死不休。”于此，可以想见之。

尾联“云物不殊乡国异，教儿且覆掌中杯”，这儿是说，我们滞留而不得归的夔州，同我们故乡河洛一带的风光景物并没有什么两样，可是欲归不得，对此我们只有醉酒以遣愁怀了。教儿且覆掌中杯，杜甫让他的两个儿子宗文、宗武同他一起举起了酒杯，“且覆掌中杯”，干了这杯酒，但愿“冬至阳生春又来”后，自己一家能“即从巴峡穿巫峡，便下襄阳向洛阳”回到数千里外日夜思念的“乡国”吧。末两句与开头两句遥相呼应，其乡国之思，表现之深如此。

扬州慢

宋·姜夔

淳熙丙辰至日，予过维扬。夜雪初霁，荠麦弥望。入其城，则四顾萧条，寒水自碧，暮色渐起，戍角悲吟。予怀怆然，感慨今昔，因自度此曲，千岩老人以为有黍离之悲也。

淮左名都，竹西佳处，解鞍少驻初程。过春风十里，尽荠麦青青。自胡马窥江去后，废池乔木，犹厌言兵。渐黄昏，清角吹寒，都在空城。

杜郎俊赏，算而今，重到须惊。纵豆蔻词工，青楼梦好，难赋深情。二十四桥仍在，波心荡，冷月无声。念桥边红药，年年知为谁生？

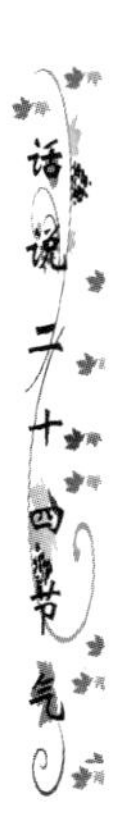

宋高宗绍兴十一年（1141 年）十一月，宋与金签订了投降卖国的“绍兴和议”，南宋向金奉表称臣，并且把东起淮水中流、西至大散关（今陕西宝鸡市西南）以北的地方，割让给金国，从此淮水以北大散关以东，都成了沦陷区。金兵焚掠扬州共有两次：第一次发生在建炎三年（1129 年）至绍兴三十一年（1161 年），金主完颜亮复大举南侵，扬州再度受到严重破坏，第二次劫后十五年，即宋孝宗淳熙三年（1176 年）冬至，作者初次来到扬州。这首词即写于当时。

这首词写扬州乱后景色，凄怆已极。姜夔师从过的萧德藻曾称这首词像《诗经·正风·黍离》那样，有“闵周室之颠覆”，悲周室播迁之遗意，这倒是基本上抓住了这首词的主旨。

起头“淮左名都，竹西佳处”八字，作者以拙重之笔点明扬州昔日之繁盛。“解鞍少驻初程”句，记初过扬州，下面“过春风十里，尽荠麦青青”，忽地折入现实荒凉景象，惊动异常，并且用了仅仅十个字就包括一切，十里荠麦，则扬州在乱后，人与屋宇，尽数荡然无存的悲惨情景，就可以让读者想而可知了。这不正和杜甫“城春草木深”出于同一机杼吗！“自胡马窥江去后，废池乔木，犹厌言兵”三句，更言兵燹之惨，即使是废池乔木，犹厌言之，那么人们伤心到何种程度那就无须再说了。“渐黄昏，清角吹寒，都在空城”这三句，再点出清城号角，如此气氛尤其使人感到凄凉、寂寞。词下阕用杜牧之诗意，伤今怀昔，不尽唏嘘。“杜郎俊赏，算而今，重到须惊”，是说如果那个有卓越杰出鉴赏才能的杜牧，料想他今日再次来到扬州，那也一定会大为惊诧。这是一层。“纵豆蔻词工，青楼梦好，难赋深情”。是说纵使有杜牧写“豆蔻”“青楼梦”诗的才华，也难以表达我此时悲怆的深情，在表达上从“须惊”“难赋深情”，从惊诧到悲怆，从情感的表达上无论怎么说都是又进了一层：“二十四桥仍在，波心荡，冷月无声”。这是一个非常精细的特写镜头，二十四桥仍在，明月夜也仍有，但当年风月繁华已荡然无存，词人用“波心荡”之动来映衬冷月无声的静。以现实景物，暗寓无限寂寞、凄凉、悲怆之情，可说是“字炼句烹，振动全篇”。末句“念桥边红药，年年知为谁生”收束全词，亦含义无限，杜甫在安史之乱中身陷为叛军占领的长安，战乱前作为繁华热闹游赏胜地的曲江，而今已面目全非，皇帝逃了，达官贵人们逃了，“江头宫殿锁千门”，但细柳新蒲却又在山河破碎的曲江头绿了起来，杜甫不禁发问“细柳新蒲为谁绿”，真是有无限悲怆与感慨之情要喷发出来，姜夔于此发问“念桥边红药，年年知为谁生”，从字句看，“正亦杜甫‘细柳新蒲为谁生’之意”。然而要问的是扬州寇平已十五年，这片土地虽被金兵摧残，但已回到大宋朝手中。不知为什么作为大宋朝之臣民，姜夔却“念桥边红药，年年知为谁生”，可能是因为如今的扬州，无人来赏这“桥边红药”吧。

在姜夔的词作中，这算是一首反映现实比较深刻动人之作，但意义含混，表达不够明确。因此，王国维说它：“如‘二十四桥仍在，波心荡，冷月无声’……虽格调高绝，然如雾里看花终隔一层。”再者用杜牧在扬州狎妓冶游的典实，亦削弱了《黍离》之悲的严肃意义。

冬至与养生

冬至是养生的大好时机，主要是因为“气始于冬至”，因为从冬季开始，生命活动由盛转衰，由动转静。此时科学养生有助于保证旺盛的精力而防早衰，达到延年益寿的目的。冬至时节饮食宜多样，谷、果、肉、蔬合理搭配，适当选用高钙食品。

各地在冬至时有不同的饮食风俗，北方地区有冬至宰羊、吃饺子、吃馄饨的习俗，南方地区在这一天则有吃米团、长线面的习惯，而苏南人在冬至时吃大葱炒豆腐。

过去老北京有“冬至馄饨夏至面”的说法。相传汉朝时，北方匈奴经常骚扰边境，百姓不得安宁。当时匈奴部落里有浑氏和屯氏两个首领，十分凶残。百姓对其恨之入骨，于是用肉馅包成角儿，取“浑”与“屯”之音，呼作“馄饨”，恨以食之，并求平息战乱，过上太平日子。因最早制成馄饨是在冬至这一天，于是以后每年冬至家家户户都吃馄饨。

每年阴历冬至这天，不论贫富，饺子在北方黄河流域、黄淮地区都是不可或缺的节日食品。“十一月，冬至到，家家户户吃水饺”，可见这种饮食之俗流行甚广。“冬至不端饺子碗，冻掉耳朵没人管”又可见冬至吃饺子之俗流传之久，由于饺子的馅料荤素搭配，营养丰富，且蒸和煮的烹调方式也能够最大限度地保证营养不流失，可以说是一种非常健康的食品。在此，营养专家们根据不同人群的特点推荐几种饺子馅，大家不妨“对号入座”，在冬至前后多吃饺子。

胡萝卜馅：胡萝卜含有丰富的胡萝卜素，能起到消食、化积、通肠道的作用，且极易吸收，因此特别适合老年人食用。

虾仁馅：虾肉富含蛋白质、微量元素和不饱和脂肪酸、脂肪含量低且易于消化，适合儿童、老人及血脂异常的人群食用。

牛肉芹菜馅：牛肉富含蛋白质，芹菜富含膳食纤维，具有降血压的功效，因而此馅特别适合高血压患者食用。

羊肉白菜馅：羊肉是冬季养生的“法宝”之一。此馅有利于提高人体的御寒能力，在冬至节气特别适合阳虚者食用。

猪肉萝卜馅：具有润燥补血、利气散寒的功效，特别适合体力劳动者食用。

其他如御寒强身的鸡汤，温肾助阳的狗肉以及补肾御寒的花生，都是冬至节气可供选择的应时食品。

在平时的生活起居方面：冬至期间，应勤晒被褥。经日光暴晒过的被褥，会更加蓬松、柔软，还具有日光独有的香味，盖在身体上会使人感到更加舒服。

为防止低温寒冷将人体冻伤，要注意三点：

一是防寒。冷了要及时添加衣服，但衣服也要保暖性能好，又要柔软宽松，穿得过紧，那就会造成血流不畅。除口罩、手套、耳护、帽子等对裸露的人体部位进行保护外，一些油性的护肤品恐也是御寒的必备之物。

二是防湿。衣服、鞋袜要保持干燥，一旦潮湿应及时更换。如果脚部容易出汗，每次洗完脚后，可以在擦干的脚掌和脚趾缝间擦一些硼酸粉或滑石粉，使脚部保持干燥。

三是要适当运动。避免长时间静止不动，特别是在寒冷的户外，运动量少很容易造成血流循环不畅，从而导致体温下降。另外，还不要蹲过长时间，以免造成血液回流不畅。

此外，还可以用生姜片涂擦易于冻伤的皮肤部位，每天擦两次就能有效防止或减轻冻伤。

冬至时节，还要注意头部的保暖和防风。

中医有“头是诸阳诸会”之说，意思是人体内的阳气很容易上升而聚头面部，也最容易通过这个部分向体外散发。在寒冬，如果不注意保护头面部，令其长期暴露在外，我们的体热就会从这里向外散，导致能量消耗，阳气受损。另外，在外界冷空气的刺激下，头部的血管就容易收缩，肌肉也会跟着紧张，极易引起风寒感冒、咳嗽、头痛、鼻炎、牙痛、面瘫、三叉神经痛等症，甚至诱发脑血管疾病，严重时则有可能导致死亡。

所以，冬至时节，一定要注意头部的保暖和防风，俗话说“天天戴棉帽，强过穿棉袄”。在户外最好戴上帽子、口罩等对头面部加以保护。尤其不要让头部迎风吹，而且要尽量避开过道风。即使不在户外，也要注意防风。比如在车里不要大开车窗，晚上不要在打开窗户的房间里睡觉。出汗后不要吹冷风，更不要马上到户外去，以免着凉感冒。洗头发时水温最好不要低于35℃，洗完头发后，等头发自然干透或用电吹风吹干后再到户外去。

至于运动方面，如滑雪、溜冰都是冬至节气期间的迎时运动项目。若晴朗无雪，可以舞舞剑、打打拳，或者慢跑、倒走，广场上的集体健身舞也可积极参与。只是要量力而行，不可使运动剧烈就是了，浑身发热，出些微汗那就不错。“夏练三伏，冬练三九”，不要因为怕冷而老是懒怠不想动，那对冬至期间的养生保健可不是好事哟！

如果年事已高，又闲不住，坐不下来，出来走走，做些轻缓的运动项目也是挺好的。但一定要注意安全，千万注意不要跌倒，尤其对那些年老骨质疏松患者及心脑血管疾病患者，平日看起来症状并不明显，一旦跌倒，麻烦就大了。由此而出现骨折的，或是心脑血管意外而猝死的并不少见。这一点是应该引起老年患者本身及其子女们特别注意的。

二十三　小寒，冰凌上走的时节

小寒，二十四节气中的第二十三个节气。当太阳到达黄经285°开始，时值阳历1月6日左右，往往在当日下午1点14分交节，按古代以北斗星判断节气的方法，斗指戊为小寒。古人认为冷空气积久为寒，寒冷程度未至极点，故称为小寒，它是阴历的十二月节。

俗话说："冷在三九，热在三伏。"年年小寒与冬季"数九"中的"三九"相交。因此进入小寒也意味着一年中最冷的时候。根据气象部门报道，我国东北地区小寒节气里平均气温在－30℃左右，最低气温可达－50℃；黄河流域一带平均气温也在－5℃左右，江南地区平均气温也降至5℃左右，平时也会有强冷空气南下，导致气温短期降至更低。

按古代历书记载，小寒节气的物候特征为"雁北乡，鹊始巢，雉始鸣"。小寒时节天寒地冻，阳气萌动，候鸟大雁随阳气而活动，此时出现北飞迹象；喜鹊是感阳气萌动而筑巢的留鸟，小寒时节开始筑巢，并将巢门南开，以躲避北方寒风的侵袭；鸡，俗称山鸡，也感阳气而发声，小寒时节开始鸣叫。这些物候提醒人们小寒的到来，与节气紧密关联的农事活动与生活也应该开始了。

由于中国南北地域跨度大，即使同样的小寒节气，不同的地域也产生了不同的生产农事、生活习惯。农事上，北方大部分地区地里已没活，都进行歇冬。主要任务是在家做好菜窖、畜舍保暖、造肥积肥等工作。过去，牛马等牲畜就是一家的主要劳力，需特别养护。小寒天气最冷，更要注意牲畜的保暖。民间多在牛棚马厩烧火取暖。小牲畜御寒更加谨慎，要单独铺上草垫、挂起草帘挡风，讲究的人家会用温水让牲畜饮，尽量减少牲畜的体能消耗，预防疾病，并且在饮水中加入少许盐，补充牲畜体内盐分的流失，增强牲畜的免疫力。平日我们见到牲畜舔墙根、喝脏水，其实主要目的就是从墙根泥土的盐碱中或者脏水中摄取盐分。

而在南方地区则要注意给小麦、油菜等作物追施冬肥。海南和华南大部分地区则主要是做好防寒防冻，积肥造肥和兴修水利的工作。在冬前浇好冻水，施足冬肥，培土壅根的基础上，寒冬季节采用人工覆盖法也是防御农林作物冻害的重要措施。当寒潮或强冷空气到来之时，泼浇稀粪水，撒施草木灰，可有效减轻低温对油菜的危害，露地栽培的蔬菜地可用作物秸秆、稻草等稀疏散在菜畦上作为冬季长期覆盖物。既不影响光照，又可减小叶株间的风速，阻挡地面热量散失，起到保温防冻的作用。遇到低温来临可加厚覆盖物作临时的覆盖，低温过后再临时揭去。大棚蔬菜要尽量多照阳光，即使是雨雪低温天气，棚外草帘等覆盖物也不可多日不揭，以免影响植株正常的光合作用，造成营养缺乏，等天晴揭帘时导致植株萎蔫死亡。对于小寒时节的高山茶园，尤其是西北易受寒风侵袭的茶园，要以稻草、杂草或塑料薄膜盖棚面，以防止风吹引起枯梢和沙暴对叶片的直接危害。雪后，应及早揭落果树枝条上的积雪，避免大风造成枝干断裂。

由于每年的气候都有其相关性，如山东地区就有“小寒无雨，大暑必旱”“小寒若是云雾天，来春定是干旱年”的俗语，所以，有经验的老农往往根据往年小寒气候推测下一年的气候，以便早早做好农事计划。

谚语里的小寒

一、反映天气物候的

到了小寒，预防严寒。

小寒不寒寒大寒。

小寒不寒，清明泥潭。

小寒大寒，滴水成冰。

小寒大寒不冷，小暑大暑不热。

小寒大寒多南风，明年六月早台风。

小寒大寒寒得透，来年春天天暖和。

小寒冻土，大寒冻河。

小寒寒，惊蛰暖。

小寒暖，立春雪。

小寒胜大寒。

小寒天气热，大寒冷莫说。

小寒无雨，小暑必旱。

小寒小寒，无风也寒。

二、反映农事活动的

人到小寒衣满身，牛到小寒草满栏。

小寒大寒不下雪，小暑大暑田干裂。

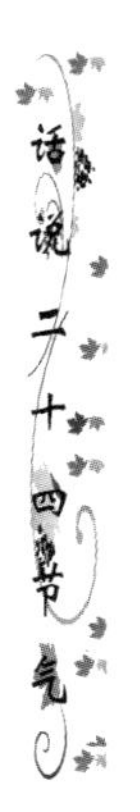

小寒大冷人马安。

小寒节日雾，来年五谷富。

小寒蒙蒙雨，雨水还冻秧。

小寒暖，春多寒；小寒寒，六畜安。

小寒雨蒙蒙，雨水惊蛰冻死秧。

三、反映养生的

今年冬令进补，明年三冬打虎。

小寒大寒，杀猪过年。

腊八

民间腊八节似为古腊月和佛祖成道日的融合。

所谓“腊”，是中国远古时代的一种祭礼，据说在夏、商时期就有了。然最早见于典籍的记载，是《左传·僖公五年》：“宫之奇以其族行，曰：‘虞不腊矣’……”晋杜预注：“腊，岁终祭众神之名。”举行腊祭的这一天就叫作“腊日”。“腊”也作“蜡”。《史记·秦本纪》：“十二年，初腊。”张守节正义：“十二月腊日也……猎禽兽以岁终祭先祖，因立此日也。”因为有了“腊日”，所以每年的最后一个月就叫作“腊月”，然而腊日具体在12月的哪一天并不固定。汉许慎《说文解字》云：“冬至后三戌腊祭百神”，可见汉代的腊日是在冬至后的第三个戌日，而魏在辰日，晋在丑日。至南朝梁，因梁武帝萧衍佞佛，宗懔《荆楚岁时记》才云：“十二月八日为腊日。”而12月8日为佛徒所认为的佛祖得道之日，宗懔这才会说到村民在这一天击细腰鼓，作金刚力士以驱疫。至此时，中国远古固有的腊日同来自天竺的佛教徒们所谓的佛祖成道日就这样融合到了一起。

从严格意义上讲，“腊八”原本是佛教节日。中国汉族地区，相传农历十二月初八是佛祖释迦牟尼得道成佛日。佛教创始人释迦牟尼在得道成佛之前，曾遍游名山大川，访问贤明，寻求人生的究竟和真谛。一天，他走到一荒僻处，又累又饿，晕倒在地。一位牧羊女取来泉水一口一口地喂他，又从山上采来野果加进小米为之熬制成粥。释迦牟尼吃了，顿觉元气恢复，精神振奋，感到那粥真是美味甘露，然后，他又洗澡，在菩提树下静坐沉思，于十二月初八就这么得道成佛了。这一天，佛寺常常诵经，并效法牧羊女献乳糜的传说故事，取香穀及果实等熬粥供佛，名叫“腊八粥”。

中原有记载食“腊八粥”的风俗是从宋代开始的，宋孟元老《东京梦华录》卷十云：“（十二月初八）诸大寺作浴佛会，并送七宝五味粥与门徒，谓之腊八粥。都人是日各家亦以果子杂料煮粥而食也。”这表明“腊八粥”在宋代民间已盛行了起来。节日这天，河南贫家多用小米、大米、红薯、枣为原料，富家则以糯米、果脯、莲籽、百合、银耳、玫瑰、青红丝、红白糖为原料。同样是腊八粥，是贫是富就大不相同。至于腊八粥的传说也同文人学士笔下所谓文且雅的典籍并不相同。有说腊八粥是“悉达多（亦即佛祖释迦牟尼）之救命粮”的，这传于洛阳偃师一带；有说腊八粥是“懒人的活命粥”，这源于黄河以北的太行山区，传于沁阳一带；而在商丘，民间则给腊八粥起了一个豪壮的名字：“慰劳英雄粥”，将腊八粥同岳飞这位民族英雄的抗金故事联系起来，还有的将吃腊八粥同东汉末刘秀与王莽争夺汉室江山的事联系起来，简直是不一而足。

“腊八粥”之俗既然出佛寺，那就让我们瞧瞧这些佛的徒子徒孙们食“腊八粥”的情景：

饱饫不思食肉糜，清静恒愿披缁衣。
云寒雪冻了无悦，特用佛节相娱嬉。
獠牙之稻粲如玉，法喜晚来炊作粥。
取材七宝合初成，甘苦辛辣五味足。
稽首献物仰佛慈，曰汝大众共啜之。
人分一器各满腹，如优婆塞优婆夷……

——清·顾之麟

这些佛徒不稼不穑却不满足于“饱饫不思食肉糜”的生活，“特用佛节相娱嬉”，正可见其贪欲的本心。但偏要“稽首献物仰佛慈”，装出一副虔诚礼佛的样子来。当“大众共啜之”的时刻，这些大口啜嚼着腊八粥的善男信女，倒真的成了十二分虔诚的优婆塞优婆夷了。这儿的确有几分滑稽，也有几分可笑。不是吗！

腊八节这天，想“晓来炊作粥”，那就得家家凌晨三四点便爬起来。据说做生意的这天早起就可以抢得好买卖，种庄稼的这天早起，来年就可五谷丰登。等一大早腊八粥熬成，第一碗舀出来得先敬祖先与神灵，然后才可以食用，牛马驴骡一年来拉犁拖耙也怪辛苦的，有的还要盛出一些喂一喂它们。据传说枣仙爷的生日也是十二月初八，将粥饭糊到枣树上一点，喂喂枣仙爷，来年枣也一定结得大，结得多，结得甜。

在濮阳一带，一到腊八傍黑，许多村子就会擂起大鼓来贺节，还有的从腊八开始，一直擂到大年三十晚上都不停。一千多年前，那个叫宗懔的文化人，就在他的《荆楚岁时记》这本书里记载有“腊鼓鸣，春草生”。看来此俗真是由来已久。寒冬腊月，千里中原正是冰封雪飘的时节，而在这震天动地咚咚不停的鼓声里，又涌动着多少对春暖花开的美好期盼啊！

腊八民俗拾零

祭祀

祭祀是腊八节的传统节目。在最早的时候，腊八节祭祀的对象只有八个：先啬神——神农，司啬神——后稷，农神——田官之神，邮表畦神——始创田间庐舍，开路、划疆界之神，水庸与坊神——水沟，堤防、猫虎神，昆虫神。虽然自南朝梁武帝萧衍佞佛以后，使得中国古代本来就有不定日的“岁终祭众神及祖先”之“腊日”，同佛教徒所认为的12 月8 日佛祖释迦牟尼得道之日融合，而最终渐习已成俗。“腊八”的来历大致如此。不过后来到了民间，在绝大多数不信佛的群众中，腊八不过就是煮腊八粥，并以之先供飨祖先神灵，然后自己加以食用，以驱疫禳灾祈来年的丰收而已。

吃冰

腊八前一天，人们往往会用钢盆舀水结冰，等到了腊八节就把盆里的冰敲成碎块，据说这天的冰很神奇，吃了它在以后一年里肚子都不会疼。

在有的地方，每年腊月初七夜，家家都要为孩子们“冻冰冰”，在一碗清水里，大人用红萝卜、萝卜刻成各种花朵，用芫荽做绿叶，摆在室外窗台上。第二天清早，如果碗里的水冻起了疙瘩，便预兆着来年丰收。将冰块从碗里倒出，五颜六色，晶莹透亮，煞是好看。孩子们人手一块，边玩边吸吮，也有的人清早一起床，便去河沟、水池里捞冰，将捞回的冰块倒在自家地里或粪堆上，祈求来年风调雨顺，庄稼丰收。这种习俗，其实都是表达了劳动人民渴望丰收的美好愿望。

赏梅

在湖南永顺的车溪，腊八节也叫梅花节。这一天，车溪人不分男女老少，都要登上峡谷两岸的高坡赏梅，赏梅的时候要对歌，年轻的姑娘和小伙子你唱我答，歌词多是借咏梅表达年轻人之间的爱慕之情。赏梅结束后，车溪人回到家里，取出新采集的腊梅花，泡上一壶浓香的腊梅花茶，全家人都喝上一杯，据说可以全年不生病。这天，车溪人还要吃腊八粥。不过车溪人的腊八粥跟其他地方有点不同，就是加进了腊梅花。所以，比起其他地区而言，车溪的腊八粥更加清香，使人垂涎欲滴。

杀年猪

小寒大寒是一年中最后的两个节气，所以，中华民族最重要的传统节日往往都在这两个节气之间，民间有一种说法，叫“小寒大寒，杀猪过年”。杀猪过年说的就是杀年猪。

猪是中国农家饲养最普遍的家畜，根据考古学家的研究发现，生活在黑龙江、松花江流域的原始部落早在两三千年前就已有了很发达的养猪业。至于中原地区养猪的历史就更早，人们定居后就在室内养猪，因此“家”这个会意字，上面的“宀”是房舍，而下面的“豕”就是“猪”，甲骨文在商代已是成熟的文字，而反映这个“家”含义的现象恐怕早已存在了，养猪的历史在中原地区也有三四千年了吧，猪适应性强，长肉快，繁殖多，所以农村一直把养猪作为家庭经济重要的组成部分。过去，大多数人家都在院门侧垒砌猪圈养猪，少者可供自给，多者可以卖了换钱。“肥猪满圈”是普通农家的美好愿望，而“圈里养着几口大肥猪”也被视为家道殷实的标志之一。

过去在中国农村，养猪虽然很普遍，但一般的农户一年到头也吃不上几回猪肉，原因是家里养的猪起码要长过一百二三十斤才能出圈杀或卖，平时家里人杀猪一时半会吃不完，一般都是卖了换钱花，只是在正月节、端午节和八月节（中秋节）才舍得花钱到集市买上几斤猪肉解解馋。所以东北人把猪肉炖粉条管吃够看成一种莫大的享受。

只有春节的时候是个例外。进了腊月，大部分人家都要杀猪，即使人口小的，也是十斤二十斤将猪肉往家搬，为过年包饺子、做菜准备肉料。民间谓之“杀年猪”。东北儿歌中说：“小孩小孩你别哭，进了腊月就杀猪。小孩小孩你休馋，过了腊月就是年。”从一定程度上反映了人们盼望杀年猪吃肉的心情。

磨豆腐

一般情况下，小寒节气都已经进入了腊月。这个时候，家家户户都在忙着迎接新年，其中一项必备的民俗项目就是磨豆腐。

由于做豆腐的程序相对比较复杂，所以在做豆腐的时候，邻里之间便会相互切磋，相互帮助。工作现场始终融合在一片欢笑声中，倒也增添了节前的喜庆气氛。

其实并非家家户户都参与磨豆腐这个事儿，有拿黄豆找邻里代为加工的。而在中原有豆腐坊这时专门开业，当然也有一年四季不停业以卖豆腐为生的。人们需要时可以拿黄豆换上几斤、十几斤豆腐，也可以用现金买上几斤、十几斤豆腐去食用。春节前，比如祭灶前后，别说集市，就是乡村的街巷里也时而会听到“豆腐”“豆腐”，这种响亮的叫卖声。

吃菜饭

这是小寒大寒时节南京人的饮食习俗。

所谓菜饭就是青菜加油盐煮米饭，佐以矮脚黄青菜、咸肉、香肠、火腿、板鸭丁，再剁上一些生姜粒与糯米一起煮，十分香鲜可口。其中矮脚黄是南京的著名特产，可谓是真正的“南京菜饭”，甚至可以与腊八粥相媲美。

吃糯米饭

在广东，小寒这一天早上要吃糯米饭。糯米饭并不是用糯米煮饭那么简单，里面会配上“腊味”（广东人统称“腊肉”和“腊肠”为“腊味”）、香菜、葱花等作料，吃起来特别香。“腊味”是煮糯米饭必备的，一方面是脂肪含量高、耐寒，另一方面是糯米本身黏性大、饭气味重，需要一些油脂类掺和起来才香，为避免饭做得太糯，一般是60%的糯米加40%的香米，把腊肉和腊肠切碎炒熟，花生米炒熟，加一些碎葱白拌在饭里面吃。

词里的小寒

望梅

宋·佚名

小寒时节，正彤云暮惨，劲风朝烈。信早梅，偏占阳和，向日暖临溪，一枝先发。时有香来，望明艳，瑶枝非雪。想玲珑嫩蕊，绰约横斜，旖旎清绝。　　仙姿更堪并烈。有幽香映水，疏影笼月。且大家，留倚阑干，对绿醑飞觥，锦笺吟阅。桃李繁华，奈比此，芬芳俱别。等和羹大用，休把翠条谩折！

这首词题曰《望梅》，可其内容写的却不只是望，由望而想，而后又对饮写诗；不离一个“赏”字，白白赏之不足，且继之以夜，又是对梅喝美酒，又是对梅吟阅不休。

开头三句“小寒时节，正彤云暮惨，劲风朝烈”，这是写小寒那天傍晚时天空乌云密布阴惨惨的，可到第二天早晨则又“劲风朝烈”，这一天却晴了。“信早梅，偏占阳和，向日暖临溪，一枝先发。”草木知时，冬至一阳生，到腊月那阳和之气岂不更有了发展，那早梅就“偏占阳和”，向着太阳的温暖的小溪旁边有一枝梅花也该早早地开起来了。一个“信”字领起以下三句，全是推测之词，“时有香来，望明艳，瑶枝非雪”，这时节，因时时有香气传来，才引得诗人望一望那正开的梅花，鲜明而且艳丽，那似白玉一样的梅树枝条上仿佛出现了那么一层白白的雪，但是那可不是雪呀！“想玲珑嫩蕊，绰约横斜，旖旎清绝。”诗人这时由望而想：那梅花的蕊那么娇嫩，那花瓣那么玲珑，随着映入溪水的梅花枝条错落横斜有致，梅花仿佛伸展开了她那么柔和那么美好的身姿。简直太美了，甚至到了天下独一无二的境界，这应是这首词的上半阕，诗人由推测，到望又由望而想，充分表现了梅花的美绝与清绝，但仔细品味总觉得诗人笔下的意象，同与他前代的或同代诗人笔下的以梅为题材的诗所创造的意象，多有相似之处："一树寒梅白玉条，迥临村路傍溪桥。不知近水花先发，疑是经冬雪未消。"这是唐诗人张谓的七绝诗《早梅》。"墙角数枝梅，凌寒独自开。遥知不是雪，为有暗香来。"这是宋代王安石以《梅花》为题的五绝诗。

"仙姿更堪并列?"梅花神仙一般绰约旖旎的身姿更有谁与她并列呢？这一句承上启下。"有幽香映水，疏影笼月。"这两句写月下水边的梅花，实是对林逋《小园小梅》，"疏影横斜水清浅，暗香浮动月黄昏"这两句诗意象的括取，但这种意象的确堪与上面日下之梅花的意象之美并列，诗人写梅花，从"小寒时节，正彤云暮惨，劲风朝烈"写起白日里望梅，再由望而想梅，而到下阕则笔锋一转，写夜月下水边梅花的美丽与高洁，无论怎么说，这首词总算是写出了梅花的美与高洁。"且大家，留倚阑干，对绿醑飞觥，锦笺吟阅。"人们为梅花迷了醉了，大家只是要"留倚遮护梅花的阑干"，一边飞觥酣酒，一边还要写诗还要吟诵来礼赞梅花之美，并且拿梅花同繁华的桃李相比，"奈比此，芬芳俱别"，当然桃李与梅花虽然"芬芳俱别"，可梅花还是要高上一筹。因此诗人最后说"等和羹大用，休把翠条谩折"。梅在古代常用作调味品。《书·说令下》云："若作和羹，尔惟盐梅。"相传这是殷高宗武丁对其宰说的。大意是说"比如做羹汤，你就是盐和梅"。这是用梅可以调和羹汤来比喻治国理政，来比喻大到君臣与民关系，小到家庭父子伦理的协调。梅既有如此大用，那么即使梅花落了，梅子熟了，梅满树青青的树叶，也该倍加珍惜"休把翠条谩折"，因爱梅花而及青条，正见诗人爱梅是如此的一往情深啊!

腊梅香

宋·喻陟

晓日初长，正锦里轻阴，小寒天气。未报春消息，早瘦梅先发。浅苞纤蕊，温玉匀香，天赋与，风流标致。问陇头人，音容万里，待凭谁寄？一样晓妆新，倚朱楼凝盼，素英如坠。映月临风处，度几声羌管，愁生乡思。电转光阴，须信道，飘零容易。且频欢赏，柔芳正好，满簪同醉。

这是一首思妇之词。

“晓日初长，正锦里轻阴，小寒天气。”一开头这三句词，交代了时间，是冬至以后小寒节气期间的一个早晨；交代了天气，是“轻阴”；交代诗人写这首词的地点，是“锦里”，即现在的四川成都。接下来写“早瘦梅先发”。梅花是报春花，而这枝干枝梅（瘦梅）未等梅花的盛放报春自己就先开了，这就是所谓“早”，所谓“先”。“浅苞纤蕊，温玉匀香。”这八个字极写早梅之美：浅浅的花苞纤纤的花蕊，诗人不禁伸出手指轻轻地拂拭了梅花一下那感觉就像是拂拭了洁白的宝玉，即使在小寒节气，那也是白玉生温哟！那香气四溢，均匀地向四面八方散发开去，即使未见到这枝早梅的仙姿，而心里就醉了呀！梅花是如此的“风流”，如此的“标致”，难道不是上天所赋予她的吗？而对美景如此，想起了身在“陇头”的丈夫，陇，古代泛指甘肃一带。在宋代正是边疆守戍的战场，她想念自己的丈夫，但音容睽隔相距万里，即使修书，“待凭谁寄”，又等谁靠谁寄给你我的消息呢？

下阕开头三句：“一样晓妆新”，那是这天一大早就修饰打扮好的；“倚朱楼凝盼”，背倚着朱楼瞪大了眼睛，注视着“陇头人”所在的方向望呀，盼呀，楼下那树早发的梅花也无心再去观赏，仿佛那梅花素白的花瓣已片片落下。就这样一大早起床冒寒赏梅而思夫，到背倚朱楼向丈夫所在方向凝目而盼，一直到晚上映月临风。丈夫可能在这映月风吹的地方，一次又一次在边疆之夜听到几声羌管吹出的悲凉之音吧。妇在思夫，难道丈夫不也正在为家乡万里归不得而生出无限的愁绪吗！光阴如电闪一样迅速逝去，但必须相信一条：人们像浮萍一样飘零离散要比欢聚团圆容易得太多了。我看还是姑且频频欢乐欣赏，这柔美芬芳正好的梅花吧，还是让我们一起斟满酒一杯接一杯地一同醉倒吧！“电转光阴，须信道，飘零容易。且频观赏，柔芳正好，满簪同醉”，下阕这几句，诗人离开对少妇赏梅思夫的描述，而对人生欢少悲多、聚少离多、事不如意常八九，发起议论来了。

小寒与养生

饮食上，喝腊八粥有益健康。

我国有每年阴历腊月初八喝腊八粥的风俗，恰逢小寒时节。传统的腊八粥以谷类为主要原料，再加入各种豆类及干果熬制而成。对于腊八粥，现代营养专家建议，各种谷物豆类等原料都有不同的食疗作用，因此一定要结合自己的身体状况，选择合适的原料。

腊八粥常用的谷料主要有大米、糯米和薏米。其中，大米补中益气、养脾胃、和五脏，有除烦止渴以及益精等作用。糯米可以辅助治疗脾胃虚弱、虚寒泻痢、虚烦口渴、小便不利等症。而薏米则能够防止慢性肠炎、消化不良等症及高脂血症、高血压等心脑血管疾病。

腊八粥中的豆类有黄豆、红豆等。其中黄豆具有多种保健功效，比如降低胆固醇、预防心血管疾病、抑制肿瘤、预防骨质疏松等。而红豆则可以辅助治疗脾虚腹泻、水肿等病症。

腊八粥中有一类重要的原料——干果，其中比较常用的有花生、核桃等。花生有润肺、和胃、止咳、利尿、下乳等功效。而核桃则有补肾纳气、益智健脑、强筋壮骨的作用，同时还可以增进食欲、乌须生发，更为重要的是核桃仁中还有医药学界公认的抗衰老成分维生素E。

下面略述虚不受补的对策：冬令进补，先引补。

脾胃虚弱是“虚不受补”的主要原因。进补所用的补品多营养丰富，滋腻厚重，而脾胃虚弱的人食用后往往无法很好地消化和吸收，甚至会因消化不良致身体更加虚弱。另外，脾有湿邪也是导致“虚不受补”的一个原因，各种滋补品对脾有湿邪的人不仅没有任何补虚的功效，反而容易引起腹胀便溏、嗳气呕吐的不良反应，严重时还会出现湿蕴化大、衄血、皮疹等副作用。

针对“虚不受补”的现象，中医学在总结了几千年的进补经验后，得出“冬令进补，先引补”的对策，包括食疗引补以及中药底补。食疗引补，就是用芡实、红枣、花生加红糖炖服，或服用生姜羊肉红枣汤，先调节脾胃。而中药底补则适用于脾有邪湿的人，在进补前至少一个月就开始服用健脾理气化湿浊、开胃助消化的中药，先恢复脾胃功能，等到冬食时节再进补。

要补肝益肠胃吗？可吃些金针菇。

要补肾阳，滋肾阴吗？可多吃些虾。

起居上，要防止冷辐射伤害。

小寒时节是一年天气中最冷的时候，所以防止冷辐射对身体的伤害非常重要。

据环境医学指出，在我国北方严寒季节，室内气温和墙壁温度有较大的差异，墙壁温度比室内气温低3—8℃。当墙壁温度比室内气温低5℃时，人在距离墙壁30厘米处就会感到寒冷。如果墙壁温度再下降1℃，即墙壁温度比室温低6℃，人在距离墙壁50厘米处就会产生寒冷的感觉。这是由于冷辐射或称为负辐射所导致的。

人体组织受到负辐射的影响之后，局部组织会出现血液循环障碍，神经肌肉活动缓慢且不灵活。全身反应可表现为血压升高、心跳加快、尿量增加，感觉寒冷。如果原先患有心脑血管疾病、胃肠道疾病、关节炎等病变，可能诱发心肌梗死、脑出血、胃出血、关节肿痛等多种症状。

所以，在寒冷的气候条件下，人们应特别注意预防冷辐射及其带来的不良影响。因此，最好的方法是远离辐射源，也就是过冷的墙壁和其他物体，在睡觉时至少要离开墙壁50厘米。如果墙壁与室内温度相差超过5℃，墙壁就会出现潮湿甚至小水珠，此时可在墙壁前置放木板或泡沫塑料，以阻断和减轻负辐射。

严寒冬季睡前洗头，要马上擦干或用电吹风吹干头发，以防止湿气在头上滞留导致受寒或者经络阻塞。我们知道，晚上人体最疲劳，抵抗力最差。晚上洗完头如果不擦干，湿气滞留在头皮，长期这样就会使气滞血瘀、经络阻闭、郁积成患。当然，为避免对于身体健康的伤害，不在气温低、寒湿交加的小寒时节睡前洗头，那就更好了。

再一点早晨出门前也不宜洗头，因为天气寒冷，万一头发没有彻底擦干，出门后被寒风吹到，就非常容易感冒。如果经常这样做，就不只是感冒了，还可能使关节出现疼痛等不适，严重者还会出现肌肉麻痹的现象。

运动方面，还是建议大家到公园里，如果到自家或社区的庭院里走走，对身体健康也是大有裨益的。

比起其他健身运动，步行锻炼有其独到之处。它不需要任何健身设施，在公园或庭院都可进行，还可以活跃人的思维，是一项老少皆宜的健身运动。

步行能加快体内新陈代谢过程，消耗多余的脂肪；降低血脂、血压、血糖以及血液黏稠度，提高心肌功能；刺激足部穴位，增强和激发内脏的功能。

轻松愉快的步行，给人以悠然自得，无拘无束的感觉，是一种精神享受，还有助于缓解紧张情绪，对安神定志有良好的调适作用。

冬季步行健身，可根据体质、年龄和爱好加以选择，是散步还是快走，都靠自己决定。建议中老年人步子要大、速度要慢，每分钟走 60—70 步是比较好的选择。人们管这种走的方式叫“健身步”。健身步，步健身，愿每一位中老年人都走出个健康来!

二十四　大寒，春天还会远吗

大寒，二十四节气中的最后一个节气。每年 1 月 20 日前后太阳到达黄经 300°时开始。《月令七十二候集解》：“十二月中，解见前（小寒)。”《授时通考·天时》引《三礼义宗》：“大寒为中者，上形于小寒，故谓之大……寒气之逆极，故谓大寒。”这时，寒潮南下频繁，是中国大部分地区一年中最冷的时期。风大，低温，地面积雪不化，呈现出冰天雪地、天寒地冻的严寒景象。

大寒节气，大气环流比较稳定，环流调整周期在20天左右。此种环流调整时，常出现大范围雨雪天气和大风降温。当东经80°以西为长坡脊，东亚为沿海大槽，我国受西北风气流控制及不断补充的冷空气影响，便会出现持续低温。同小寒一样，大寒也是表示天气寒冷程度的节气。近代气象观测记录虽然表明，在我国部分地区，大寒不如小寒冷，但是，在某些年份和沿海少数地方，全年最低气温仍然会出现在大寒节气内。所以，应继续做好农作物防寒，特别应注意保护牲畜安全过冬。

大寒时节，中国南方大部分地区平均气温多为6—8℃，比小寒高出近1℃。“小寒大寒，冷成一团”的谚语，也说明大寒节气是一年中最冷的时期。

俗话说：“花木管时令，鸟鸣报农时。”花草树木、鸟兽飞禽均按照季节活动，因此它们规律性的行动，被看作区分节气的重要标志。中国古代将大寒分为三候：“一候鸡乳；二候征鸟厉疾；三候水泽腹坚。”就是说到大寒节气便可以孵小鸡了。而鹰隼之类的征鸟，却正处于捕食能力极强的状态，盘旋于空中到处寻找食物，补充身体的能量以抵御严寒；在一年的最后五天里，水域中的冰一直冻到水中央，且最结实、最厚，孩童们可以尽情在河上溜冰（日平均气温连续多日出现-5℃以下方可进行，这种活动一般出现在黄河以北地区）。此外，大寒出现的花信风候为“一候瑞香，二候兰花，三候山矾（生于江南一带）”，亦可作为判断大寒的重要标志。

大寒节气里，各地农活依旧很少。北方地区的老百姓多忙于积肥堆肥，为开春做准备，或者加强牲畜的防寒防冻。南方地区则仍加强小麦及其他作物的田间管理。广东岭南地区有大寒联合捉田鼠的习俗。因为这时作物已经收割完毕，平时看不到的田鼠窝多显露出来，大寒也成为岭南当地集中消灭田鼠的重要时机。除此以外，各地人们还以大寒气候的变化预测来年雨水及粮食丰歉情况，便于及早安排农事。如“大寒天若雨，正二三月雨水多”（广西）、“大寒见三白，农民衣食足”（江西）、“大寒不寒，人马不安”（福建）、“大寒白雪定丰年”（贵州）、“大寒大风伏干旱”。

小寒、大寒是一年中雨水最少的时段。大寒节气，中国南方大部地区雨量仅较前期略有增加，华南大部分地区为5—10毫米，西北高原山地一般只有1—5毫米。华南冬干，越冬作物这段时间耗水量较少，农田水分供求矛盾一般并不突出。不过“苦寒勿怨天雨雪，雪来遗利明年麦”。在雨雪较少的情况下，不同地区按照不同的耕作习惯和条件，适时浇灌，对小麦作物生长无疑是大有好处的。

这时期寒潮南下频繁，是我国大部分地区一年中相当冷的时期，其实农业以外的部门，如铁路、邮电、石油、海上运输等部门也要特别注意及早采取预防大风降温、大雪等灾害性天气的措施。

谚语里的大寒

一、反映天气与物候的

小寒大寒，冷成一团。

大寒日怕南风起，当天最忌下雨时。

大寒不冻，冷到芒种。

大寒不寒，春分不暖。

大寒到顶点，日后天渐暖。

大寒东风不下雨。

大寒牛眠湿，冷到明年三月三。

大寒天气暖，寒到二月满。

大寒雪，春头旱；大寒阴，阴二月。

过了大寒，又是一年。

南风送大寒，正月赶狗不出门。

小寒不如大寒寒，大寒之后天渐暖。

该冷不冷，不成年景。

冬不冷，夏不热。

冬风南霜北雪。

冬寒有薄雾，无水做酒醋。

冬后南风无雨雪。冬季南风三日雪，夏季南风泥如铁。

冬季奇寒，次年必旱。

冬季有雨见三晴。

冬南夏北，转眼就落。

冬暖雨少，冬寒雨多。

冬前不结冰，冬后冻死人。

冬晴千日无人怨。冬天北风起劲吹，晴暖天气紧相随。

冬天怕起老北风。

冬天有雾有霜，天气必定晴朗。

冬雾一冬晴，春雾一天晴。

冬夜风晴朗，翌晨有大霜。

冬雨见星，难望天晴。

冬雨暖，夏雨寒。

寒冬不过九九。

南风送大寒，正月赶狗不出门。

三九不冷看六九，六九不冷倒春寒。

三九见大风，黄梅无大雨。

三九见东风，梅雨定是空。

三九四九，刀尖不入土。

三九四九，霜凌夜夜有。

三九天里打炸雷，来年必定发大水。

三九雨不尽，三伏雨如粪。

三九猪滚泥，三伏无水吃。

雨雪年年有，不在三九在四九。

二、反映农事活动的

小寒接大寒，麦苗要冬苫。

小寒大寒，严防火险。

大寒见三白，农人衣食足。

大寒一夜星，谷米贵如金。

大寒猪屯湿，三月谷芽烂。

冬当春天过，来年虫子多。

冬暖年成荒，冬旱有福享。

交了大寒就是雪，明年又是丰收年。

南风打大寒，雪打清明秧。

数九寒天天不寒，来年田里少粮食。

喜喜欢欢过新年，莫忘护林看果园。

春节前后闹嚷嚷，大棚瓜菜不能忘。

禽舍猪圈牲口棚，加强护理莫放松。

春节前后少农活，莫忘鱼塘常巡逻。

大寒过年，总结经验。

节年节后多商量，想法再把台阶上。

靠天越靠越荒，靠手粮满仓。

靠天吃饭饿断肠，双手勤劳粮满仓。

多逛地头，少逛街头。

勤扫院子清地皮，三年能买一头驴。

乡富村富家富共走致富路，山收水收田收同唱丰收歌。

农林牧副渔五业并举，东西南北中四方繁荣。

三、反映养生的

大寒不寒，人马不安。

冬暖必有倒春寒，要过谷雨才脱棉。

三九不穿靴，三伏踏破车。

一冬无雨，必有春瘟。

小寒大寒，杀猪过年。

劳动吃饱饭，挨饿是懒汉。

量体裁衣，看锅吃饭。

细水长流，吃穿不愁。

院内院外打扫净，过好年来讲卫生。

四、其他

节约过新年，不能狂花钱。

年好过，春难熬，盘算好难不着。

好过的年，难过的春。

日子要好过，一勤二节约。

光增产，不节约，等于买了无底锅。

光增产，不节省，好像口袋有窟窿。

奔小康勤劳致富，家家都有小金库。

人勤搬倒山，人懒板凳也坐弯。

懒牛屎尿多，懒人明天多。

早起三日顶一工，早起三年顶一冬。

十个懒汉九个馋，有事没事把亲串。

吃饭穿衣看家底，推车担担凭力气。

夏不劳动秋无收，冬不节约春要愁。

兴家好比肩挑土，败家犹如浪淘沙。

打长谱，算细账，过日子，不上当。

能掐会算，钱粮不断。

吃不穷，穿不穷，算计不到就受穷。

节约要从入仓起，船到江心补漏迟。

能叫囤尖省，不叫囤底空。

家里有个节约手，一年吃穿不用愁。

不会省着，窟窿等着。

有钱常想无钱日，莫到无时思有时。

燕子衔泥垒大窝。

一年不吸烟，省个大黄犍。

一天省一把，十年买匹马，一天节省一根线，十年能织一匹绢。

平常不喝酒，零钱手里有。

一天节省一两粮，十年要用囤来量。

祭灶

祭灶，巴结老灶爷，是古已有之的。《论语·八佾》就说："与具媚于奥，宁媚于灶。"意思是说与其巴结房屋里面西南角的神，宁可巴结老灶爷。看来，此俗由来已久，恐怕殷商时期或者更早就有了吧。

那么这位老灶爷又是谁呢?《淮南子·泛论》说："炎帝作火而为灶。"高诱注："炎帝，神农，以火德王天下，死托祀于灶神。"《太平御览》卷一百一十六"灶神"条引《淮南子》佚文云："黄帝作灶，死为灶神。"俞正燮《癸巳存稿》卷十三引《许世佚义》说："灶神，古《周礼》说，颛顼有子曰犂，为祝融，祀以为灶神。"而《庄子·达生》却说"灶有髻"。髻是个什么玩意儿，《经典释文》引司马彪云："髻，灶神，著赤衣，状如美女。"这真也作怪，灶神怎么就由老爷子变成其状似大姑娘了呢!可是到了《酉阳杂俎·诺皋记上》里，灶神虽然仍状如美女，可他名不叫"髻"，叫"隗"，又说他姓"张"名"单"，字"子郭"，他老婆字叫"卿忌"，他们还生了六个千金，她们的名字全叫"察洽"。

古代以河洛地区为摇篮的华夏民族，出于对大自然的敬畏，对自己民族的历史及有贡献的人物的敬畏，认为神就在他们之中，而不存在于他们之外，因此无处无时不碰到神，于是屋角有神、灶火有神、门有门神、路有路神，甚至茅厕也有茅神。其实神仙鬼怪无非皆是人们意念的一种产品，现实社会生活中有一套行政管理及家族传承的体系，而人们在其意念中也就造出了一种相应的神鬼体系，于是从村到县到天下国家就有了土地、城隍、玉皇大帝等非人的管理体系，而对各家各户也很自然地造出了一个非人间的被称为通天的一家之主出来。这就是家家户户都要敬的灶君（神），或称为“老灶爷”的神了。其实老灶爷非他，不过是对人世间家庭统治者家长由神幻意念所造出的反映物。人们时常开玩笑，戏称某单位的头头儿为“老灶爷对头儿”，即“一家之主”。恐怕也与此大有关涉。

灶神，其地位在神祇系统中最低。应劭《风俗通·灶神》规定，其“祭礼卑下”，供品也只是“盛食于盒，盛酒于瓶”而已。虽然灶神比起其他神祇地位最低，祭礼卑下，但其祭是万万废止不得的。神虽小，可他通天。如果到玉皇大帝那儿说一家子几句坏话，那麻烦可就大了。

祭灶在河洛地区大都放在腊月二十三傍晚饭前，其他地区（如南方）也有放在腊月二十四的。《图说河洛文化》说：“祭灶的供品主要是麦芽灶糖、酒和公鸡。公鸡是灶王爷的坐骑，骑着它上天去见玉皇大帝。麻糖用以粘住灶王爷之口，免得他信口胡说。祭奠的程序是，把供果摆好后，把贴在墙上的灶王墙揭下烧掉，然后往鸡头上倒酒，并祷告：二十三日去，初一五更回；上天言好事，下地保平安。”

其实同居大河之南，也是五里改规矩，十里换风俗。不可一概而论的。笔者所知道的就同《图说河洛文化》有同有异，同的是供品中的麦芽糖。可麦芽糖却不是要粘住灶君的嘴，不让他胡说八道，而是要让他吃了麦芽糖，嘴甜，那自然就会只言好事，不说坏话。不同的是供品中刚从鏊子上挑下来的热油馍（灶饼），这是给灶君准备上路的干粮。另外还有一把秆草节子，那是给灶君的坐骑马儿准备的，还有一碗清水，那是给灶君饮马用的。固然有“女不祭灶”之说，但一些地区祭灶礼多由家庭中年长的女主人带着年幼的儿孙跪拜叩首举行也不为罕见。祷辞也当然由主祭的女主人说出，大意不过是“好话多说点，赖话不用提。五谷布帛多带点，小子闺女多捎点，一家老小得平安”这类。而年幼的儿孙们却无心听女主人的祷告，只是偷眼瞅着那几张香喷喷的油馒头，与那几根甜津津的麦芽糖（荥阳汜水管它叫“糖瓜儿”），嘴里早已是口水欲滴了。好不容易等老奶奶或老娘亲跪拜祷告结束，送灶君老爷上了天（有烧了灶君画像，也有不烧，待三十那天将新灶君像粘在旧的上面的），孩子们这才能够吃到分给自己的糖瓜儿、油馒头。然后开心地大嚼起来。调皮的孩子这时一边吃着糖瓜儿，一边还会念几句对灶君老爷大不敬畏的童谣来：“二十三儿，吃糖瓜儿，粘住灶爷的鼻疙瘩儿。”而大人们往往会给孩子一个冷眼：“不要瞎说！”为什么？灶君老爷虽然送走了，可是大年下哩，“举头三尺有神明”啊！

古人是怎么祭灶的呢？800年前南宋诗人范成大《祭灶词》云：

古传腊月二十四，灶君朝天欲言事。

云车风马小留连，家有杯盘丰典祀。

猪头烂熟双鱼鲜，豆沙甘松粉饵圆。

男儿酌献女儿避，酹酒烧钱灶君喜。

婢子斗争君莫闻，猫犬触秽君莫嗔。

送君醉饱登天门，杓长杓短勿复云。

乞取利市归来分。

这里的描写是生动的，是淋漓尽致的，可也有几分诙谐滑稽在里头。几岁小孩儿都说要“粘住灶爷鼻疙瘩儿”呢，加那一点儿诙谐滑稽的作料又有何妨！

大寒民俗拾零

赶婚

过了腊月二十三，民间认为诸神上了天，百无禁忌。娶媳妇、嫁闺女不用挑日子，称为赶乱婚，直至年底，举行结婚典礼的非常多。民谣说：“岁晏民间嫁娶忙，宜春帖子逗春光。灯前姊妹私相语，守岁今年是洞房。”

梳洗

小年以后，大人、小孩都要洗浴、理发。民间有“有钱没钱，剃头过年”的说法。山西吕梁地区婆姨女子都用开水洗脚。未成年的少女，大人们也要帮她把脚擦洗干净，不留一点污秽。

扫房室

腊月扫尘是民间素有的传说习惯，有为过年做准备的特殊意义。这种习俗一般始于腊月初，盛于腊月二十三或腊月二十四，河洛一带就流传着“二十四，扫房室”的民谣，结束恐怕就是腊月底了。特别是在有“小年”之称的腊月二十三，意味着一只脚已经踏进新年的门槛。旧时人们是从这天就开始大扫除，扫尘土、倒垃圾、粉刷墙壁、糊裱窗纸等，以保证屋里屋外整洁一新。喜迎新年。因此，每年的腊月二十三到除夕这段时间被称作“扫尘日”，由于大部分人在小年就开始大规模地搞卫生工作，因此扫尘又叫“扫年”。

山西民间流传着两首歌谣，其一是：“二十三，打发灶爷上了天；二十四，扫房子；二十五，蒸团子；二十六，割下肉；二十七，擦锡器；二十八，沤邋遢；二十九，洗脚手；三十日，门神、对联一起贴。”体现了时间紧迫和准备工作的紧张。其二是一首童谣：“二十三，祭罢灶，小孩拍手哈哈笑。再过五六天，大年就来到。辟邪盒，要核桃；滴滴点点两声炮。五子登科乒乓响，‘起火’升得比天高。”反映了儿童盼望过年的心情。

另外，民间认为“尘”与“陈”谐音，陈是陈旧之意，包括过去一年里所有无益于人的东西，人们在新春扫尘，就有“除陈布新”的寓意，认为扫尘就可以把过去的“晦气”统统扫地出门。这一习俗寄托着人们辞旧迎新的美好愿望。其实，从科学上分析，大凡垃圾灰尘、污水废物等满布的环境多带有病菌，且春节后天气逐渐变暖，各种病毒害虫的滋生更易泛滥，扫尘除菌尤为及时合理。因此，人们利用腊月的农闲时间，在年前把清理卫生的工作做好，进行彻底的大扫除，既显示了新年的新风貌新气象，也符合科学卫生的规律。

贴窗花

在所有过年的准备工作中，剪贴窗花是最盛行的民俗活动之一。窗花内容有各种动、植物掌故，如喜鹊登梅、燕穿桃柳、孔雀戏牡丹、狮子滚绣球、三羊（阳）开泰、二龙戏球、鹿鹤桐春（六合同春）、五蝠（福）捧寿、犀牛望月、莲（连）年有鱼（馀）、鸳鸯戏水、刘海戏金蝉、和合二仙等。也有各种戏曲故事，谚语说“大登殿，二度梅，三娘教子四进士，五女拜寿六月雪，七月七日天河配，八仙庆寿九件衣”，体现民间对戏曲故事的偏爱。刚娶新媳妇的人家新媳妇要带上自己剪制的各种窗花，到婆家糊窗户，左邻右舍还要前来观赏，看新媳妇的手艺如何。

蒸花馍

腊月二十三后，家家户户要蒸馍。花馍分为敬神和走亲戚用两种类型。前者庄重，后者花哨。特别要制作一个大枣山，以备供奉灶君。“一家蒸花馍，四邻来帮忙。”这是女性一展心灵手巧的大好机会，一个花馍，就是一件手工艺术品。

吃饺子、炒玉米

祭灶节，北京等地讲究吃饺子，取意于“送行饺子迎风面”。山西东南部吃炒玉米，民谚有“二十三，不吃炒，大年初一一锅倒”的说法。人们喜欢将炒玉米用麦芽糖黏结起来，冰冻成大块，吃起来酥脆香甜。

尾牙祭

民间将腊月十六称为“尾牙”，源自阴历每月初二、十六拜土地公“做牙”（用供品“打牙祭”）的习俗，由于腊月十六是第二次也就是最后一次“做牙”，所以就被称为“尾牙”。

在中国台湾，每年的腊月商人都会祭拜土地公，便称为“做牙”。有“头牙”和“尾牙”之分。12 月2 日为最初的“做牙”，叫作“头牙”；12 月 16 日的做牙是最后一个做牙，所以叫“尾牙”。尾牙是商家一年活动的尾声，也是普通老百姓春节活动的先声。这一天，台湾的平民百姓家要烧土地公金以祭福德正神（土地公），还要在门前设长凳，供上五味碗、烧经衣、银纸，以祭拜地基主（对房屋地基的崇拜）。这一天，妇女们傍晚都会准备各种各样的供品去供奉神明土地公。一般多见的是肉、豆腐干和水果、糕饼、米酒等。很多企业也不例外。在福建莆田，80%以上的企业（特别是台商企业与当地私人企业）在建厂之时，都会在自己的厂里建一所土地公庙。在做牙的这一天，老板自己或叫员工在自家庙中，备好牲醴、祭品，点上香烛、金纸、贡银，最后燃放爆竹。祭拜时口念“通词”，态度非常虔诚地找土地公赐福，希望公司日后生意兴隆、财源广进。

那些开店的商家，由于自己的店面前没有土地公庙，就直接在店面口备好供品，焚香祭拜。商家祭拜是以地基为主（房舍地上的土地神）。

商界还有一句俗谚：“吃头牙粘嘴须，吃尾牙面忧忧。”说的是每到头牙或尾牙时，一些公司会摆丰盛的酒菜宴请员工，以慰劳他们平日的辛苦。每个员工吃头牙时心情都很好，因为代表着一年新的工作又要开始，自己已经得到公司的肯定和留任。而吃尾牙，很多人则是提心吊胆，愁绪满面，担心吃了这餐饭之后，过了年老板就把自己解雇，故而愁容满面。

近年来，尾牙聚餐开始盛行起来，按照传统习俗，全家人围聚在一起“食尾牙”，主要的食品是润饼和刈包。润饼是以润饼皮包豆芽菜、笋丝、蒜头、蛋燥、虎苔、花生粉、辣酱等多种食料。刈包里包的食物则是三层肉、咸菜、笋干、香菜、花生粉等，都是美味可口的乡土食品。

在福建地区，做尾牙之后的日子——也就是阴历十二月十七日到二十二日——往往会作为赶工结账时间。所以，也称二十二日为尾期。尾期前可以向各处收凑新旧账，延后则就要等到新年以后才收账了。所以尾牙的饭吃完后，就有几天要忙。过了尾期，即使身为债主，硬去收账的话，也可能会被对方痛骂一场，说不定还会挨揍，但不能有分毫怨言。

糊窗户

在天津，有“二十四，扫房子；二十五，糊窗户”的民谣。扫房子和糊窗子都是大寒节气里两项重要的民俗活动。过去糊窗户非常讲究，还要裱顶棚，糊完窗户还要贴上各式各样的窗花。之后，房间会焕然一新。在这一扫、一糊、一裱、一贴之间，天津的年味也就出来了。

扫房子扫掉的是去年的不顺心，糊窗户糊的是来年的好盼头。过去的窗户都是糊上一层纸，这层纸经一年的风吹日晒雨淋，难免会出现破损，有了破洞，人们就拿一张白纸抹上糨糊补上；一年下来窗户上会出现很多补丁，看起来不美观，所以过年前一定要换层新窗户纸。旧时房屋均采用四梁八柱的结构，墙壁不承重，因为砖非常贵，民间建房多将房屋前窗台的上部用木板装饰。窗户为百眼窗格，外面或油或漆，屋里则糊粉连纸，下层窗格的面积较大，无论如何，中间必然会留出一块大空白，这片空白要用朱纸来糊，因朱纸比较薄，可以透出光亮来，室内的光线也就更充足了。为了美观，就剪一些寓意美好的图案张贴在上面，这项习惯渐渐演变成现在各式各样的窗花。

赶年集

大寒节气往往和每年岁末的日子相重合。所以，在这样的日子中，除要干农活外，还要为过年奔波——赶年集、买年货、写春联，准备各种祭祀供品，扫尘洁物、除旧布新、腌制各种腊肠、腊肉，或煎炸烹制鸡、鸭、鱼、肉等各种菜肴，同时还要祭祀祖先及各种神灵，以祈求来年风调雨顺。

每到赶年集也是农村集市一年中最热闹的时候。平时由于农忙，老百姓赶集都是行色匆匆，买了需要的东西就急急回走，因为老百姓最关心的是田里的庄稼。进入腊月，庄稼该收的收到家里了，该种的已经种上了，所以才会有赶年集的心情。

每到集市的那天，无论男女老幼都会穿戴整齐，呼朋引伴，提个布兜去集市逛逛。与其说是赶集，不如说是去赶会。因为在集市上除了可以采购一些过年的必需品外，还要消遣消遣，逛逛街，和熟悉的人聊聊天。当然，赶集最重要的一件事情还是置办年货。

由于农村的集市绝大部分是露天的，摊点沿路设置，路两边设摊，中间走人，所以热闹非凡。特别是人多的时候，摩肩接踵，车水马龙，路边的商贩吆喝声不绝于耳。或者突然有人推着车子，大声喊着："哎，让一让，油一身啊，大家闪开了！"吓得路人匆忙让路。当然，也不乏以此骗人让路的情形。对此，人们总是宽容的，一笑了之。因为大家来赶集，本来就是图个乐子。

集市上的商品可以说是琳琅满目，什么烟酒糖茶、衣帽鞋袜，吃的、用的应有尽有。每个集市都自然形成几个固定的区域，什么菜市、鞭炮市、肉市、牛羊交易市。经常赶集的，需要买什么东西自然就去相应的市场转转，有合适的就可以买下。

蒸供儿

大寒节气期间，家家户户蒸供品，俗称蒸供儿。供品的种类很多，包括家堂供儿、天地供儿等，大小不一。最大的当属家堂供的饽饽，要蒸十个，每个底部直径起码一尺，高6—7寸，顶部三开，插枣，每个少说也有5斤，俗称枣饽饽。也可以蒸光头饽饽，蒸熟后在顶上打个红点儿，俗称饽饽点儿，以示鲜亮。但大小同枣饽饽一样，数量也是十个。过去由于经济条件有限，农民蒸大饽饽只好偷工减料。发面时，头罗面和二罗面同时发。做饽饽时，先把发好的二罗面团成团，在外面裹上一层头罗面，顶部厚些，底部薄些。因为摆供品时，都是底部朝下。第四个虽然朝上，但又被第五个底部遮住，没人看得见。不过，饽饽蒸得不好，顶部会露出黑面，但人们也见怪不怪，因为家家如此，谁也不笑话谁。天地供儿小一些，比拳头大点，俗称小枣饽饽，因为个头小，所以全用头罗面。年糕蒸成板状，俗称板糕，有插枣的，有不插枣的。在糕面上点红饽饽点儿，鲜亮、美观。当供品的，切成大小一致方状两块，摞在一起，家堂供儿个头大，蒸时加屉，烧火计时用香。一炷香尽，饽饽蒸熟。

供儿蒸好后，先放在盘子上、簸箕里，等凉透了，再拾到细柳条筐里，上面盖好红包袱，以待过年祭神用。如果凉不透，饽饽之间粘皮，便会影响供儿的美观。

办年菜

在准备完了供品和大寒时节食用的主食之后，接下来的重头戏就是办年菜了。年菜分两种：人食和神供。人食的蔬菜，包括白菜、萝卜、菠菜、葱、香菜等。白菜扒去老叶，萝卜切成丝儿，菠菜、香菜也择去黄叶儿。神供的蔬菜，除以上这些外，沿海人家还备有染成红色的龙须菜。腊月二十九这天，除把人食和神供的菜肴制成半成品外，主要是油炸食物。山东荣成人过年或遇有喜庆事，很讲究吃“化鱼”，就是把老板鱼干或鲨鱼干用水泡软，剁成小块，加鸡蛋面粉调成糊儿、拌匀，入油锅炸熟，然后与白菜一起烩食，实际就是烧溜鱼块。既然炸鱼了，索性把想炸的东西全炸了，如炸小丸子。包括猪肉丸子、萝卜丸子、豆腐丸子等，甚至连走亲戚、压包袱用的面鱼儿、麻花扣也一起炸了。这一天，孩子们都不愿上街玩，而是围着锅台瞅。母亲总是把炸老了或炸得不漂亮的塞给他们。等到吃晚饭时，可能小孩儿们已饱得吃不下了。

至于南方人吃糯米以暖身御寒，南京人喝鸡汤、炖蹄髈、做羹食也是一种大寒食俗。其他大寒食俗尚有多多，则恕言不及述了。

诗里的大寒

村居苦寒

唐·白居易

八年十二月，五日雪纷纷。

竹柏皆冻死，况彼无衣民！

回观村闾间，十室八九贫。

北风利如剑，布絮不蔽身；

唯烧蒿棘火，愁坐夜待晨。

乃知大寒岁，农者尤苦辛。

顾我当此日，草堂深掩门；

褐裘覆絁被，坐卧有余温；

幸免饥冻苦，又无垄亩勤。

念彼深可愧，自问是何人！

唐宪宗元和六年（811 年）至八年（813 年），白居易因母亲逝世，离开官场，回家居丧，退居于下邽渭村（今陕西渭南县境）老家。退居期间，他身体多病，生活困窘，曾得到元稹等友人的大力接济。这首诗，就作于这一期间的“元和八年十二月”。

唐代中后期，内有藩镇割据、宦官专权，外有吐蕃入侵，唐王朝中央政府控制的地区大为减少。但它却供养了大量军队，再加上官吏、商人、地主、僧侣、道士等，不耕而食的人甚至占到人口的一半以上。农民的负担之重，生活之苦，可想而知。白居易对此深有体会。他在这首诗中所写的“回观村闾间，十室八九贫”，同他在另一首诗中所写的“嗷嗷万族中，唯农最辛苦”（《夏旱诗》）一样，当系他目睹的现实生活实录。

这首诗分两大部分，前一部分写农民在北风如剑、大雪纷飞的寒冬，缺衣少被、夜不能眠，他们是多么痛苦啊！后一部分写自己在这样的大寒天却是深掩房门，有吃有穿，又有好被子盖，既无挨饿受冻之苦，又无下田劳动之勤。诗人把自己的生活与农民的痛苦做了对比，深深地感到惭愧和内疚，以致发出“自问是何人”的慨叹。

古典诗歌中，运用对比手法的很多，把农民的贫困痛苦与剥削阶级骄奢淫逸加以对比的也不算太少。但是，像此诗中把农民的痛苦与诗人自己的温饱作对比的却极为少见，尤其这种出自肺腑的“自问”，在封建士大夫中更是难能可贵的。

回次妫（guī）川大寒

宋·郑獬

地风如狂兕，来自黑山旁。
坤维欲倾动，冷日青无光。
飞沙击我面，积雪沾我裳。
岂无玉壶酒，饮之冰满肠。
鸟兽不留迹，我行安可当？
云中本汉土，几年非我疆。
元气遂隳裂，老阴独盛强。
东日拂苍海，此地埋寒霜。
况在穷腊后，堕指乃为常。
安得天子泽，浩荡渐穷荒！
扫去妖氛俗，沐以楚兰汤。
东风十万家，画楼春日长。
草踏锦靴缘，花入罗衣香。
行人卷双袖，长歌归故乡。

这首诗从题目看，可能是诗人时值大寒时节自今山西北部大同一带（宋称其地为云州）南归，暂留在妫川（妫水，在今山西永济市南境，西流入黄河）旅途中所作。

诗分为三部分，第一部分从开头“地风如狂兕”到“我行安可当”共十句，写自己从云中至妫川所受到的途中风雪严寒之苦。诗人说那风刮起来，就“如兕”，就像发了疯的野牛。大地为之震颤，太阳也变得青冷无光，飞沙打着脸，积雪也被风刮起来沾在诗人的衣服上。酒不是能驱寒吗？但“饮之冰满肠”。从云中南行，“鸟兽不留迹”，荒凉、寂寞、寒冷，但是诗人说：“我行安可当”。诗人是顶狂风冒飞雪一路斗严寒从云中回到妫川的，不是吗！

第二部分从“云中本汉土”到“堕指乃为常”八句，写诗人为云中被契丹辽所侵占，国土沦丧江山残缺之苦。936年（丙申）11月石敬瑭甘称臣于契丹，以父事之，为做后晋这个契丹卵翼下的儿皇帝，他将燕云十六州割给了契丹。宋建立后从宋太宗赵光义始屡次对辽契丹用兵，胜少败多，至北宋灭亡始终也未能将燕云十六州收回。“几年非我疆”至诗人时恐已一百多年了吧。从历朝史实看，宋朝立国势最弱，边患太多，对国家来说伤了元气，对人民来说因为赋税繁苛，生活在痛苦之中。即使是“东日拂苍海”升于中天，而被敌人侵占的燕云之地也“此地埋寒霜”，使人心深处感到冷若冰霜，“况在穷腊后，堕指乃为常”，更何况在岁暮腊月大寒时节，冻掉了指头也是常事呢。

第三部分诗人表达了自己收复燕云十六州的美好愿望。“安得天子泽，浩荡渐穷荒”！“安得”二字，显示诗人的愿望何等迫切。这不但是诗人自己的愿望，也是当时大宋朝从中央到地方千千万万臣民之望，但这个愿望，这个梦终于没能变成现实。戏台上、小说稗史中的杨家将，穆桂英挂帅，大破天门，五世请缨等都不过是大胆的文艺创造，于事无据，于史无证而已，待燕云十六州收归大宋疆土，“扫去妖氛俗，沐以楚兰汤，东风十万家，画楼春日长。草踏锦靴缘。花入罗衣香。行人卷双袖，长歌归故乡。”梦的确是美丽的，但终究是没能变成现实的梦。这首诗表现了当时人民的愿望，表现了诗人的爱国主义思想。

这应该是这首诗最可点赞之处！

大寒

宋·陆游

大寒雪未消，闭户不能出，

可怜切云冠，局此容膝室。

吾车适已悬（悬车：言年恰已七十），吾驭久罢叱（叱驭：为公为国忘险，奋不顾身），

拂麈取一编，相对辄终日。

亡羊戒多歧，学道当致一，

信能宗阙里（相传为孔子授徒处，在洙泗之间，或曰为孔子故里），百氏端可黜。

为山傥勿休，会见高崒嵂（zúlü，又作嵂崒，山高峻貌）。

颓龄虽已迫，孺子（儿童、后生）有美质。

这实际上是一首劝学诗。

首四句写大寒时节大雪封门不得外出。“切云冠”，典出《楚辞·九章·涉江》“冠切云之崔嵬”，切云，高冠名，为屈原之所戴。“可怜切云冠，局此容膝室”，诗人觉得自己有报国之才，且有报国之志，却不为世用，被困居于此仅可容膝的斗室之中，同屈原之所遇有些相似，“处江湖之远不忘其君”，而今又“位卑未敢忘忧国”。但是自己现如今却是“吾车适已悬，吾驭久罢叱”。诗人说自己已年过七十，即使想为国为民而忘掉艰险、奋不顾身

也是不可能的了。因为“吾驭久罢叱”啊！而现如今在这“大寒雪未消”之日，“闭户不能出”之机，自己这个老翁所能做的也只能是“拂麈取一编，相对辄终日”了，用拂尘拂去灰尘取出一本书来，对这本书常是读个一天。为什么要这样呢？这就很自然地过渡到议论学道的下面八句。

“亡羊戒多歧，学道当致一。”羊走失而寻羊，首先羊走失的那条路，如果多歧路，那是无论如何也是难以寻到羊的，诗人以“亡羊戒多歧”来比喻“学道当致一”，学道应当认准一个目标，努力于一个目标，好高骛远不行，见异思迁也不行。“不专心致志则不得也。”俗话说的“学之道，贵以专”，也是这个道理。“学道”，学什么呢？“信能宗阙里，百氏端可黜。”按照陆游的意见，如果真能以孔子“仁”的学说为主体，那么其他各种学说都真的可以罢黜不学了。为学甚难，但陆游告诉我们：“为山傥勿休，会见高崒嵂”，即使一筐土一筐土地垒积，如果永不停止，那么一座高峰也就将出现在你的面前。“为山傥勿休，会见高崒嵂”的确是读书为学的格言。而作为中国文学历史上一个伟大诗人，陆游自己“韦编屡绝铁砚穿，口诵手钞那计年”（《寒夜读书》），到了晚年，陆游谈到一辈子学习孔孟经典，更说：“平生学六经，白首颇自信。所觊（jì，希冀）未死间，犹有五寸进。”（《病中夜思》）很明白，陆游的诗歌创作之所以成为中国古代诗歌的又一座高峰，岂不也正是他自己“为山傥勿休”，而最终“会见高崒嵂”的吗！诗的最后两句：“颓龄虽已迫，孺子有美质”，上句说自己年已老大，为岁月所限所迫，即使有所进步也不会太大，下句说还是把希望寄托于有美好才质的年轻后生吧。由此，我们可以窥见陆游宽广的胸怀。“芳林新叶催陈叶，流水前波让后波”，这不就是中国上下五千年的文明史吗！

大寒与养生

大寒时节，人们需要的是御寒保暖，而辣椒、生姜、胡椒在饮食上却有此大功效。它们分别含有辣椒素、芳香性挥发油、胡椒碱等物质，有增强食欲，促进血液循环、驱寒抗冻作用，还能改善咳嗽、头痛等症状。

这些食物，因其颜色红润，或因其具辛辣味及甜味，统被营养家们称为“红色食物”。在这个红色家族中，将枸杞搭配桂圆肉或生姜，直接冲泡饮用，就能很好地驱寒发热。另外，红枣也是御寒的佳品，如果将枣肉和黄芪、大米一起煮制，喝前再加进少许白糖，其益气补虚、健脾养胃之功效也属上好。

红色食物不仅能从视觉上吸引人，刺激食欲，而且从中医学角度分析，这类食物还有非常好的驱寒解乏功效，更可贵的是红色食物可以帮助我们增强自信心、意志力、提神醒脑、补充活力。

大寒时节，人的新陈代谢缓慢，各种生理活动活跃性下降，建议喝些红茶或黑茶，对身体保健也是有利的。红茶性味甘涩，蛋白质含量较高，具有蓄阳暖腹之功效；其中，黄酮类化合物含量也丰富，可以帮助人体清除自由基、杀菌抗酸，还能预防心肌梗死。此外，还能去油、清肠胃。冲泡红茶最好用沸水，并加盖保留香气。黑茶存放可产生近百种酶类，具补气升阳、益肾降浊之用，可很好辅助治疗糖尿病与肾病。黑茶还能帮助肠胃消化肉食和脂肪，并调整糖、脂肪和水的代谢。故大寒时节饮用，甚为合宜。专家言：黑茶为发酵茶，泡茶时第一杯水应倒掉不饮为上。

另外燕麦有健脾开胃之用，且对心血管极为有利，对降低胆固醇，促进血液循环、预防心血管疾病有所助益。但煮制燕麦片不宜为时过长，以免其营养成分散失。

在平日生活起居上，还是以早睡晚起为上。寒冬，阴气盛极，万物肃杀。大自然处于休眠状态，以待来年春之生机。人亦宜顺应大自然规律休养身体以蓄阳气，养精蓄锐。故此冬日起居，应与太阳同步，早睡晚起，避寒就暖。尤其是老年人，冬日更不宜早起。尤其年老气血虚衰，切不可提倡什么“闻鸡起舞”。再说冬晨，天气寒冷、气压较低，污浊空气聚集于靠近地面的空间。直待日出气温升高，方始上浮而飘散。晚起而与太阳同步，此亦养生之一道。

还有一点，保证室内空气流通，勤通风换气挺重要。如果没用上天然气，也没用上暖气，尚用煤做饭取暖的家庭，尤其应注意保证室内空气流通，谨防煤气中毒。这可是千万麻痹不得人命关天的大事哟！

至于室外活动，俗话说“大寒大寒，防风御寒”，衣着要随着气温的升降变化适时增减，出门时可根据自身的具体情况穿上外套，戴上口罩、帽子、围巾。出去锻炼，也要等到太阳出来，而且运动前也要做一些准备活动，如慢跑呀、搓脸呀、拍打一下全身肌肉呀，都是少不了的。

冬季健身，据专家说有五忌：一曰忌用口呼吸；二曰忌戴口罩锻炼；三曰忌不做准备活动；四曰忌忽视保暖；五曰忌门窗紧闭，不通风换气。此外，冬季也不宜在煤烟弥漫、空气浑浊的庭院里进行健身锻炼。同时还要注意，气候条件差的日子，如大风沙、下大雪过于冷或有雾霾的日子，都暂时不要到室外锻炼。太阳出来后，是外出锻炼的好时段，向阳、避风是外出锻炼的好地方。切记！切记！

第四篇

二十四节气与中国智慧

一 历史悠久的二十四节气

自从《淮南子·天文训》将二十四节气以语言形式在书面上固定下来不久，也就是前104年，即汉武帝元封七年十一月，汉武帝接受太史令司马迁等人的建议修改历法，召请了一些民间的天文工作者，收集了十八家不同的历法，由司马迁和唐都、落下闳、邓平等人制定新历。他们以天象实测和多年来的天文记录为依据，采用岁实365即所谓“四分历”的数据，以寅正为岁首，又废闰月在岁末，规定以无中气的月份为闰月，并第一次将二十四节气订入历法，并改元，以元封七年为太初元年，颁行新历于天下。这就是中国历法史上所说的“太初历”。

从那时至今两千一百多年过去了，而二十四节气所反映的一年中天文、气象、物候三者规律性的变化同农业生产的关系，并以历法的形式由中央朝廷向全国人民公开颁行，这无异于是以二十四节气为当时全国农民的农事活动立法。其法的核心思想是“道法自然”，其法的核心要求是“不违农时”。从此，二十四节气便成为了广大农民按时进行农事活动的经典性文献，它也成为最高统治者及以下大小臣工对农业生产进行检查督导，即所谓“劝农”的主要依据。旧时封建社会，府县官吏下乡劝农的，以春二三月，尤以清明、谷雨去者为多。如明汤显祖这位大戏剧家在其名著《牡丹亭》中，就特别安排了一出《劝农》，写杜丽娘之父南宋南安太守杜宝的这种例行公事活动。清人周开谟道光年间曾任湖北德安知府，其关于劝农活动的诗，有一首《暮春东郊即目》：

笔点文移散早衙，劝农频过野人家。
莺雏怯雨藏深叶，燕子翻风蹴落花。
漠漠秧田针透颖，溆溆柳堰水盈车。
田园春色看不尽，马足归来日夕斜。

这是劝农抑或是欣赏田园风光呢？这些封建官吏的“劝农”不过尔尔！

1949年新中国成立后，每当春耕及三夏、三秋大忙季节，各级政府尤其是县、乡的基层干部是一定要下乡的。他们同当地农民群众同吃同住同劳动，深入田间地头以督促指导农业生产，并组办农业科技推广学校，向农民传授科学种田知识，受到农民群众的热烈欢迎，这同旧时封建社会那些府县官吏的所谓“劝农”，就真的不可同日而语了。

二十四节气不仅在中国广袤的国土上，在广大农村成为农民从事农事活动必须遵守的规矩，而致家喻户晓，而且流传于周边一些深受中国传统文化影响的国家和地区。甚至随着华人华侨的脚步，在五大洲也造成了一定的影响。

二　指导农业生产的二十四节气

中华民族的先人们，从早期采摘果实、猎禽兽捉鱼虾以延续生命，到不得不保留作物种子开始种植，到取得收成，其实是一个十分漫长的过程。古代典籍说："古者，民茹草饮水，采树木之实，食蠃蛖之肉，多疾病、毒、伤之害。神农以为人民众多，禽兽难以久养，乃求可食之物。相土地燥湿、肥硗、高下，因天之时，分地之利，教民播种五谷。"意思是古时，人民吃的是草，喝的是水。采吃树木的果实，还要吃昆虫和河蚌之类的肉。好多人也因此得了病、中了毒、受到了伤害。至于飞禽走兽那是难以久养的，于是就百般寻找可吃的东西。神农氏考察土地的干燥与潮湿、肥沃与瘦瘠及地势的高低平川，想借四时运行给植物带来的变化为依据，而从土地上分得大自然所带给人们的利益。我们姑且将土地的条件排除在外，仔细推敲一下"因天之时，分地之利"这句话，就是凭借大自然（或曰上天）所给予的种子萌芽之时，凭借大自然所给予的作物成长之时，凭借大自然所给予的作物的开花、结实并成熟之时，换句话说顺天之时，人们才能从生万物的土地上分得作物果实成熟可食的利益。古代典籍还说黄帝与炎帝神农氏是兄弟，那么由神农氏所开创的所谓"相土地燥湿、肥硗、高下，因天之时，分地之利"的原始农业，距今已五千余年了，并且它已具备了现代农业的雏形。而这一雏形不正是我中华农业文明发展的一个光辉起点吗！

但是这个光辉起点并非出自神农氏的一己创造，而是在神农氏之前一两千年里，无数大大小小的神农在艰苦的原始农业劳动实践中，无数成功和失败的经验，以及无数次反复实践积累的一个结果。在公元前三千年至五千年这一仰韶文化所代表的时代，其下可能与炎黄时代相接吧。从考古发掘中，我们不但发现了石斧这样的砍削工具，而且还发现了用于翻土的石铲，用于收割的石刀、陶刀，甚至还发现了加工谷物所用的石磨和石棒。这就清楚地表明，在所谓炎、黄二帝前两三千年前就已出现了更为原始的农业。我们中华民族的先民们在不断的农业生产劳动实践中，在不断的经验总结中，才出现了以神农氏为开创者的作为现代农业雏形的“以天之时，分地之利”的原始农业。其实，神农氏作为原始农业的开创者，不过就是一个符号，一个时代的符号。其真正的原始农业开创者，是那些千千万万手执石铲翻土、手执石刀、陶刀收割又用石磨、石棒加工谷物的无名劳动者。所谓“因天之时，分地之利”，不正是无数无名的农业劳动者实践经验的概括与总结吗！

农业劳动生产能否“分地之利”，关键在于能否“因天之时”。什么是劳动者必须“因”的“天之时”？其实说到底，不过就是在一年中所发生的天文的、气象的以及物候的规律性的变化。

我们知道，地球以每一年 365 天 5 时 48 分 46 秒（或取其整数的 365 天）的速度绕太阳公转一周，我们从地球上看太阳一年在天空中移动一圈，太阳这样移动的路线叫作黄道，太阳在黄道上的位置用黄经度量，春分、秋分，黄道与赤道平面相交，此时黄经分别为 0°和 180°，太阳直射赤道，昼夜相等。夏至，太阳直射北回归线 23. 5°，黄经 90°，北半球白昼最长。冬至，太阳直射南回归线 23. 5°，黄经 270°，北半球白昼最短。春分和秋分（二分），正处于春秋两季中间。夏至和冬至（二至）正处夏冬两季中间。这样，一年就可用春分、夏至、秋分、冬至划为四段。如将每段再分成六小段，太阳在黄道上移动15°，每小段为15天左右，每年就可分为24小段。农历上称太阳在黄道上0°起算，每15°为一“气”。其中15个“气”叫作“节气”，即立春、惊蛰、清明、立夏、芒种、小暑、立秋、白露、寒露、立冬、大雪和小寒；另外十二个气，叫作“中气”，即雨水、春分、谷雨、小满、夏至、大暑、处暑、秋分、霜降、小雪、冬至和大寒。节气与中气相间排列。

纵观节气同天文、气象和农时的关系，反映四时变化的有立春、春分、立夏、夏至、立秋、秋分、立冬、冬至；反映气温变化的有小暑、大暑、处暑、小寒、大寒；反映天气现象的有雨水、谷雨、白露、寒露、霜降、小雪和大雪；反映物候的有惊蛰、清明、小满、芒种。

至此，我们可以说，所谓二十四节气就是数千年来中华民族的先人们在农事活动的漫长实践中，为农事活动的适时而总结出来的，综合了一年中间天文、气象与物候变化规律性的认识。被我们认识的一年之中天文、气象和物候变化的规律，岂不就是“天之时”吗？我们不是要“分地之利”吗？那我们就必须遵循二十四节气这个“天之时”。

三　因应大自然规律的二十四节气

“因天之时，分地之利”，遵循（或者顺应）大自然的规律，农事活动不违农时，就能在大地上有所收获，否则就是徒劳无功。即使当今科学技术的发展，用塑料大棚可以造成小气候，可以生产出反季节的蔬菜，但毕竟是个别的，是小打小闹。大面积的农业生产根本办不到，亩产三千余斤的稻谷绝不可能在塑料大棚里生产出来。二十四节气所反映的是一年中天文、气象和物候运行变化的客观规律，对规律的东西，我们需要的是敬畏而不是轻视，是顺应而不是违背。“顺之者昌，逆之者殃”。这就是成千成万农民从几千年的实践中得出的结论，“立秋种芝麻，老死不开花”“处暑不种田，种了也枉然”“处暑不出头，拔了喂老牛”，广大农民群众不正是从正反两方面的实践经验中，才明白无误地认识到了这一点的吗！

对于二十四节气所反映的这种一年中天文、气象和物候运动变化的规律，只是拜倒在它的面前消极地遵循、顺应是不够的。两千多年前，我们的先人就提出了“制天命而用之”的命题：

> 大天而思之，孰与物畜而制之；从天而颂之，孰与应时而使之；因物而多之，孰与骋能以化之；思物而物之，孰与理物而勿失之也。
>
> ——《荀子·天论》

这里大意是说，把天看得非常伟大而思慕它，何如把天当作物来畜养而控制它；顺从天而歌颂它，何如驾驭自然变化的规律而利用它；盼望天时而坐待好的收成，何如顺应时序之所宜使天时为生产服务；所任物类自然生成而求其增多，何如发挥人类的智能使物类发展变化而增殖！大自然中，草本植物的春萌生，夏成长，秋结籽，冬枯死，同农事活动的春种、夏锄、秋收、冬藏，二者是契合无间的。人们的农事活动，目的明确，而一年中天文、气象、物候三者运行变化的规律则是不以人的主观意志为转移的大自然法则。参照天道而讲人事，通过人事而看天道。中国传统文化“天人合一”的哲学思想不是正在此得到了一次充分的表现吗！虽然天人一体，但并不是说人只能消极地依赖天、顺应天而等待恩赐，坐享其成。当人们认识并掌握了天的规律之后，就可以使自己在天（大自然）面前由自在的人成为自为的人，也就是说当事物（这里指天、大自然）的必然一旦被人认识，人就可以获得自由，即可以最大限度地发挥自己的主观能动性，骑在客观规律（比如二十四节气）的马上自由驰骋，为自己获取丰收，为自己从大地所生的万物中分得更多属于自己的利益。

二十四节气，我们称它是中华先民长期劳动生产实践的产物，它总结了天文、气象和农业之间的关系，反映了季节、寒暑、天气变化的规律，是我国劳动人民的智慧结晶。但它毕竟产生于两千多年前的黄河流域，虽然它顺天时对农事活动的按时进行，有不可替代的指导作用。但也必须将它同当地所处的地理位置、气候特征等结合起来，具体地分析具体的情况，因地制宜，因天时制宜如此才能收到相应的效果。例如，我国地处北纬30°至40°之间的华北平原、黄淮平原与江汉平原等地区或稍南的一些地区，就气温这一点来说在同期也大有差异，因此，比如冬小麦的播种时间自然就各有不同。

在华北大平原北部的北京、天津一带，9月下旬播种，时当秋分，那就是白露早，寒露迟，秋分种麦最当时了。

在京、津以南至黄河流域的华北大平原上，10月上旬播种，时当秋分、寒露之间，就如当地农谚说的那样白露早，寒露迟，秋分种麦正当时，可当地人却说“若届时气温尚高，可往后推迟”。也就是说寒露前则必须种上。

可自郑州往南一点的黄淮地区，麦要在10月中旬播种，却真的是秋分早，霜降迟，寒露种麦最当时了。

如果是在武汉至南京、合肥这一沿江地区，麦子则需要在10月下旬播种，恐怕这儿的农谚会说“寒露早，立冬迟，霜降种麦最当时”了。

如果从武汉过江，在长沙、南昌以北，东到上海、杭州一线，麦子要在11月上旬播种，那就真怪不得当地农谚说“霜降早，小雪迟，立冬种麦最当时”了。

至于二十四节气里有雨水、谷雨、小雪、大雪节气，讲的都是降水。但雨水节气里却没雨，闹春旱的年月也不是没有发生过；小雪、大雪节气里没雪，一冬晴的年月也不是没有发生过。为此真的要人发挥其主观能动性，用各种方式给过冬作物补充水分了。“水是农业的命脉”。如果缺了水，那怎么了得！抗旱保苗，补天之不足。这应是“天人合一”又一义。

在不误农时，顺应二十四节气四时、气象及物候变化规律的前提下，根据我国农民劳动生产的实践经验和科学研究的成果，1958年毛泽东总结出了农作物增产的八项措施，人称为“农业八字宪法”。其内容由下面八个字来表示：土（深耕，改良土壤，土壤普查和土地规律）、肥（合理施肥）、水（兴修水利和合理用水）、种（培育和推广优良品种）、密（合理密植）、保（植物保护，防止病虫害）、管（田间管理）、工（工具改革）。

时间已过去了半个多世纪，这农业增产的“八字宪法”，仍不失为促进农业丰收的八个根本措施，并且对农业增产而言，带有规律性质。从另外看，尊重、敬畏、顺应大自然的规律，而同时在运用规律为大地丰收的艰苦实践中，对规律有了新的认识、新的补充，从而形成新的理论。要晓得，理论是用来指导实践的。在实践中加深对理论的体验与认识，补充其不足，纠其失误，更是促进了理论的发展。实践无止境，理论的发展无止境，在从理论到实践，从实践到理论的多次反复中，农业才获得了增产，农业的科学理论才获得了发展。

中国传统文化中“天人合一”的思想，其含义有二：一是对大自然规律的尊重、敬畏与遵循、顺应；二是“制天命而用之”，因时制宜，因地制宜，充分发挥人的主观能动性。在实践中加深对规律的认识，从而促进理论的发展与创新，从而在不断前进中为人民创造更多更大的利益。

就二十四节气对农业生产不违农时的指导而言，已经历了两千一百多年的历史，当然也有不少农学家对其作了解释、阐发，甚至补充，并且将其扩大到对整个农学的研究。实践无止境，人们对规律的发现、认识无止境。二十四节气这一古老的理论，如今仍在中国广阔的土地上生命不息，已在中国土地里在中国人心里扎下了根。中国春种秋收的农业生产只要存在一天，二十四节气就一天也不缺席地发挥其独特的指导作用。

中国人民农业生产劳动的实践长青！

二十四节气长青！

后　记

这本书之所以成书，是由于郑州师院图书馆及荥阳市文联大力的支持与帮助。

荥阳市农委园艺站安旭华站长给网购了参考书，郑州师院安春华教授从网上下载了大量的参考资料，荥阳市文联卜海峰同志为使文字稿转变成电子稿不惜劳苦奔波，柯达文印社的王莹女士更是在百忙中将此稿子的打印放在第一位，他们对这本书的写成并出版都是功不可没的。

请让我们在这本书的最后，向他们表达最诚挚的谢意！

编　者

2019 年 4 月